SOIRÉES
DU VILLAGE

OU

MANUEL AGRICOLE

A L'USAGE

DES DÉPARTEMENTS DU SUD-OUEST

M. W. DE THÈZE

CONSEILLER GÉNÉRAL DE TARN-ET-GARONNE, PRÉSIDENT DU COMICE AGRICOLE
DU CANTON D'AUVILLARS

AGEN

IMPRIMERIE DE PROSPER NOUBEL

JANVIER 1856

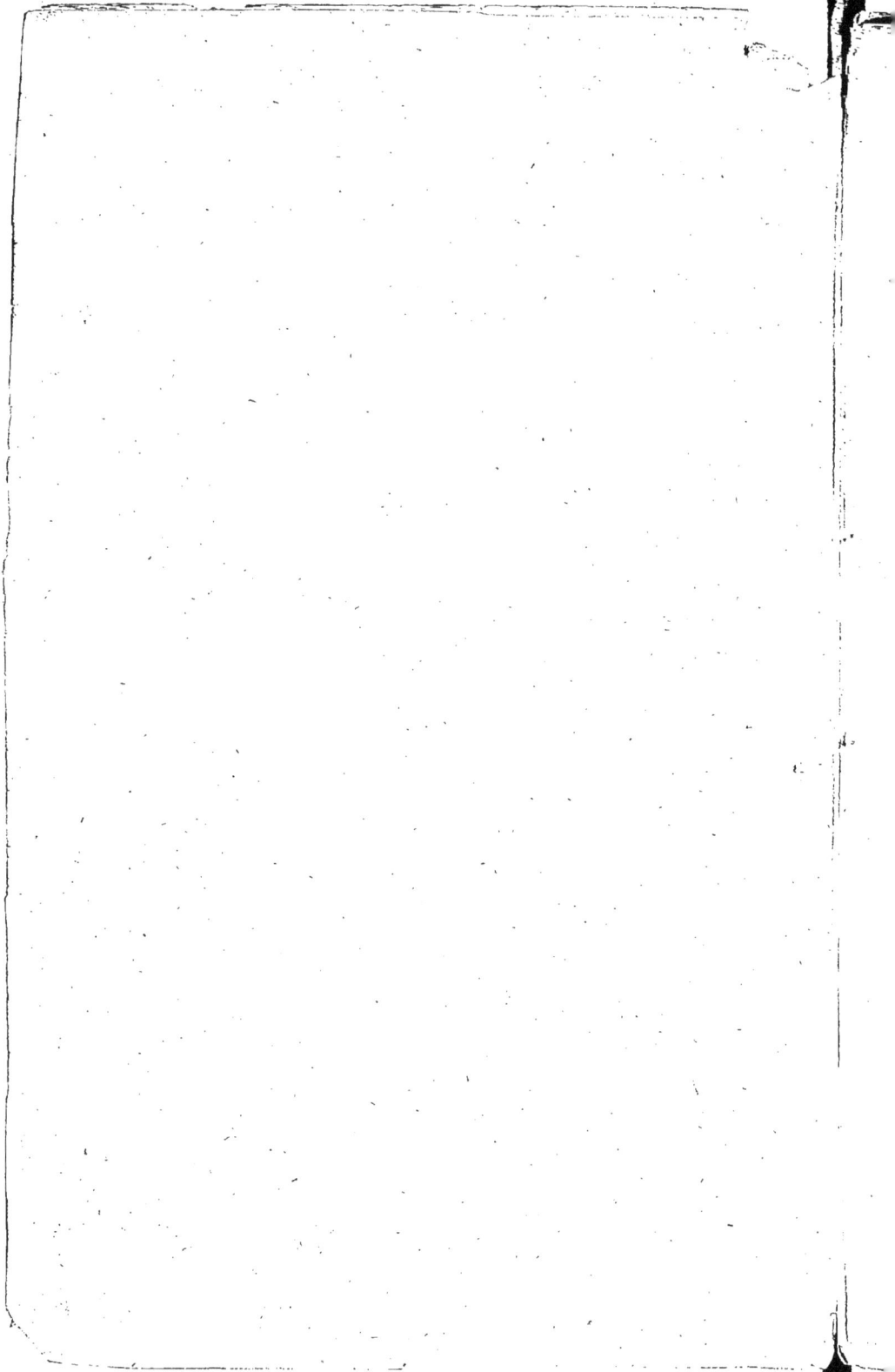

SOIRÉES DU VILLAGE

ou

MANUEL AGRICOLE

❀

SOIRÉES
DU VILLAGE

ou

MANUEL AGRICOLE

A L'USAGE

DES DÉPARTEMENTS DU SUD-OUEST

PAR

M. W. DE THÈZE

CONSEILLER GÉNÉRAL DE TARN-ET-GARONNE, PRÉSIDENT DU COMICE AGRICOLE
DU CANTON D'AUVILLARS

AGEN

IMPRIMERIE DE PROSPER NOUBEL

—

JANVIER 1856
1857

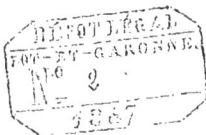

SOIRÉES DU VILLAGE

ou

INSTRUCTIONS AGRICOLES.

———o-o§o§o-o———

Par une de ces soirées longues et froides, qui terminent ordinairement le mois de novembre, le Curé d'un village avait réuni, autour de son foyer, quelques habitants de sa paroisse. C'était un Commandant en retraite, l'un de ces vieux et respectables débris de nos phalanges herculéennes qui avaient promené dans toute l'Europe les aigles impériales; le Maire de la commune, cultivateur intelligent, qui devait son aisance à son travail et à son application agricole; un jeune Instituteur, fils lui-même d'un sergent que Napoléon avait décoré de sa main sur le champ de bataille de Wagram; le Régisseur d'un grand domaine dont les maîtres connaissaient à peine le nom et qu'ils n'avaient jamais habité; enfin deux Métayers des plus huppés de la commune.

Ils devisaient depuis plus d'une heure sur les probabilités d'une guerre avec la Russie, car, dans ce moment, un orage apparaissait à l'orient et semblait porter dans ses flancs l'étincelle qui, peut-être, allumera une conflagration générale. L'ambition moscovite, en face de la résolution prise par la France et l'Angleterre, présage une de ces guerres gigantesques comme celles de l'Empire. Le rouge montait au visage du vieux commandant, lorsque l'un des hôtes du curé témoignait la moindre crainte sur l'issue de cette immense entreprise. Il ne pouvait comprendre que la France, qui avait résisté victorieusement pendant vingt ans à

l'Europe entière coalisée contre elle, ne pût écraser en une campagne la puissance moscovite : aussi prétendait-il que l'Empereur seul aurait dû déclarer la guerre à la Russie. Soit qu'il fût
convaincu, soit qu'il voulût flatter l'amour-propre du vieux guer-
rier, un métayer crut devoir lui répondre que la France d'aujourd'hui ne produisait peut-être pas d'aussi bons soldats que de
son temps. « Que dis-tu, Pierre, répartit vivement le commandant qu'enflammait le souvenir d'Austerlitz ; n'as-tu donc pas
vu manœuvrer nos beaux régiments? La première bataille te l'apprendra. La voix du bon curé coupait court ordinairement au
langage du commandant, lorsqu'il s'y mêlait un peu de colère.
C'est ce qu'il fit sur-le-champ. Quelquefois elle n'était pas assez
prompte pour prévenir cette ardeur. Le jeune instituteur mit un
terme à cette conversation, qui menaçait de troubler la bonne
harmonie qui régnait habituellement dans le cercle du presbytère, en la ramenant sur un terrain qui convenait beaucoup
mieux aux occupations actuelles du commandant, celui de l'agriculture.

« Commandant, dit l'instituteur, vous avez beaucoup appris
dans votre longue pérégrination ; j'aurais bonne envie d'employer
à l'agriculture les loisirs que me laissent les soins de ma classe.
Depuis que j'ai vu votre propriété si bien cultivée qu'elle produit
deux fois autant que certaines de la commune, de même étendue
et aussi de même nature, je me suis dit que la science agricole
avait toute sa raison d'être, et que ceux qui la nient, ou ne la
comprennent pas ou croient se faire pardonner ainsi leur indifférence à son égard. Si M. le curé voulait bien le permettre, je
vous demanderais d'adjoindre à nos réunions journalières quelques métayers intelligents, et de nous dire comment vous procédez pour obtenir d'aussi bons résultats. » Le complaisant
pasteur fit un signe approbatif, et le commandant reprit :
« Jeune homme, la veille du jour où je partis pour la grande
armée, je tenais le manche de la charrue et le laissai à mon plus
jeune frère, en lui recommandant d'être aussi laborieux que je

l'avais été, et de soulager, autant qu'il le pourrait, la santé de notre père, dont les forces diminuaient à mesure que les nôtres s'affermissaient. Dans le nord de la France, comme en Allemagne et en Italie, lorsque, après une campagne, je rentrais en cantonnement et que je me trouvais au milieu d'un pays bien cultivé, je questionnais les agriculteurs; souvent même je me plaisais à m'associer à leurs soins et à leurs fatigues. Je fis ainsi jusqu'en 1809. L'Empereur, alors, en me donnant l'épaulette de sous-lieutenant, m'envoya en Espagne, où je fus fait prisonnier, en 1811, après avoir gagné la croix que je porte et les épaulettes de capitaine. Je fus conduit en Angleterre, où, grâce à un riche et puissant habitant du pays, dont j'avais sauvé le fils à la bataille de Busaco, le 27 septembre 1810, je pus continuer, sans être inquiété, mes observations sur l'agriculture.

« En 1840 je pris ma retraite, après avoir été promu au grade de chef de bataillon sur la terre d'Afrique. Mon frère, qui était venu me joindre en Espagne, fut tué auprès de moi à la bataille où je fus fait prisonnier. Mon père était mort depuis plusieurs années. Je pensai qu'après avoir servi son pays à l'armée il ne pouvait y avoir de plus belle occupation que de travailler à nourrir ses habitants. Vous m'avez dit souvent, mon cher instituteur, qu'avant de partir pour l'armée votre père était maçon; revenu sergent et décoré, il aurait pu reprendre son premier état; il se fit agriculteur. Il pensa qu'il ne dérogeait pas à son titre de membre de la Légion-d'Honneur en prenant la charrue. Beaucoup ont agi de même et démontré ainsi qu'il n'y avait pas d'état plus respectable que celui de cultivateur.

« Puisque vous voulez, mes amis, mettre à profit mes observations sur l'agriculture et l'application que j'en ai faite, j'accepte volontiers de devenir votre professeur; ce mot me fait sourire, car vous ne devez pas vous attendre à ce que je puisse répondre à toutes vos questions. Je savais à peine lire et écrire lorsque je quittai la charrue pour prendre le mousquet. Si M. le curé veut bien se charger de vous démontrer certains phénomènes de la nature que je vois sans me les expliquer toujours, alors, assuré d'être appuyé, en cas d'attaque trop soudaine, je me sentirai plus à l'aise. » Le digne pasteur accepta bien vite le rôle d'auxiliaire qui lui était offert ; et tous, joyeux de la tournure qu'allaient prendre leurs longues soirées d'hiver, se séparèrent après avoir arrêté la liste des agriculteurs qui seraient invités à profiter des leçons du commandant.

PREMIÈRE SOIRÉE.

Etat primitif du globe terrestre. — La société ordinaire du presbytère, exacte au rendez-vous, s'était grossie de six nouveaux membres. Aucun des invités ne manquant à l'appel du curé, le commandant se recueillit un peu et commença en ces termes : « Nous n'avons pas la prétention de faire de vous des savants, mais il me semble bon, mes chers camarades, que vous sachiez que la terre que nous cultivons n'a pas toujours été ce que nous la voyons aujourd'hui. Primitivement fluide et incandescente, notre planète, qui est un astre au milieu des millions d'astres dont l'espace est orné, a pris, dans sa rotation, la forme ronde et un peu aplatie sur les pôles que nous lui connaissons aujourd'hui. Il a fallu bien des siècles pour que la terre obtînt le calme dont elle jouit dans ce moment ; je ne me permettrai pas de poser un chiffre, je craindrais d'être arrêté par M. le curé, car l'âge du monde ne peut s'accorder, peut-être, avec ses croyances religieuses.

LE CURÉ.

Commandant, si les diverses périodes géologiques qui ont amené les savants à penser que la création du globe terrestre remonte à une époque beaucoup plus reculée que celle qui est inscrite dans les livres sacrés, vous avouerez, du moins que, sauf la durée du temps qui s'est écoulé entre la première et la seconde création, entre celle-ci et la troisième, et ainsi de suite, l'étude de la géologie confirme cette vérité : *Que la création a suivi l'ordre indiqué dans les saintes écritures.* L'eau et les poissons n'ont-ils pas été créés les premiers? et l'homme, l'être le plus parfait, n'est il pas venu le dernier comme pour couronner l'acte sublime de la création? Que les six jours assignés à la création deviennent des époques séparées par tel nombre de siècles qu'on voudra, tout cela ne diminue en rien la grandeur de l'univers. Le génie de l'homme, les études des savants n'oseraient pas intervertir l'ordre de la création. Notre premier père, mon cher commandant, de tous les êtres animés, est arrivé le dernier sur la terre comme pour prendre le sceptre du monde.

LE COMMANDANT.

Plût à Dieu que vos confrères, mon cher curé, eussent toujours appelé la raison à leur aide comme vous le faites en ce moment. Copernic, ce savant et immortel polonais, dont le génie mit fin aux nombreuses hypothèses à l'aide desquelles les anciens philosophes cherchèrent à expliquer le mouvement des astres, mourut le jour même où on lui apporta le premier exemplaire de son ouvrage exposant le système du monde. Dieu ne permit pas que le grand homme qui avait découvert un des plus beaux mystères de la création, fût tourmenté sur la terre : en l'appelant vers lui, il permit son immortalité au milieu des hommes. Galilée, moins heureux, fut longtemps persécuté pour avoir défendu le livre du grand astronome. — Chez les anciens, les uns faisaient tourner quelques planètes autour du soleil, tandis que celui-ci, avec la lune et quelques autres planètes, tournaient autour de la terre immobile. Le système de Ptolémée, qui domina au moyen-âge, plaçait, au centre de l'univers, la terre autour de laquelle tournaient le soleil, la lune et les étoiles que, maintenant, nous appelons fixes. Mais comment se faire une idée de la marche en vingt-quatre heures du soleil, dont la distance de nous est de 34 millions de lieues, et dont la marche serait de plus de 200 millions de lieues en vingt-quatre heures ? — Que penser surtout de l'orbite décrit autour de la terre par certaines étoiles dont la distance est telle que leur marche, en vingt-quatre heures, serait de plusieurs centaines de milliards de lieues. Le jeune astronome polonais, Copernic, pensa qu'une disposition aussi compliquée, qu'un système aussi irrégulier ne pouvait être l'œuvre du grand génie créateur, qui n'aurait même pas permis de démontrer le retour des saisons que par la marche vagabonde et arbitraire du soleil ; Copernic, dis-je, pensa que des lois plus simples devaient régir le système de l'univers. Après y avoir médité pendant longtemps, il publia l'ouvrage immortel qui renversait de fond en comble l'ancienne philosophie, et imprima à l'astronomie une marche nouvelle. Copernic mourut en 1543, après avoir démontré que le soleil était le centre d'un système dont la terre faisait partie, et que notre globe, avec toutes les autres planètes, tournaient autour de ce centre en des temps et à des distances variables.

Nous devons tous laisser à la science un libre accès dans les mystères de la création. En plaçant l'homme sur la terre, Dieu lui a dit : Je te donne le génie et te permets de rechercher la grandeur de mes actes : plus tu sauras, mieux tu concevras la beauté de la création de l'univers. Découvre les lois qui le régissent ; je laisserai à ton génie tous les moyens d'y parvenir, et ton admiration croîtra avec tes découvertes.

Puisque me voilà bien à l'aise auprès de vous, mon cher curé, je puis continuer sans crainte de blesser vos croyances religieuses, et vous remercie de votre tolérance.

Il a fallu bien des siècles, disais-je, pour que notre globe, cette grande sphère de feu pût subir un refroidissement tel à sa surface, qu'il s'y formât une croûte solide capable de supporter les premiers animaux et la première végétation. Que de cataclysmes, que de bouleversements a dû subir notre planète dans les temps primitifs ! Ils ont laissé sur tous les points de la croûte solide d'imposants vestiges des révolutions physiques qui ont eu lieu à diverses époques. Combien faudrait-il en compter jusqu'au moment où Dieu manifesta sa toute-puissance par la création des premiers êtres ! Les études géologiques démontrent que les unes ont été promptes et violentes, les autres lentes et successives. Le feu et l'eau ont été les premiers agents de la volonté divine; l'ensemble du présent et du passé le démontre d'une manière irrécusable.[1] Dès que la première croûte solide a entouré le globe, les vapeurs aqueuses qui l'enveloppaient sont venues se condenser à sa surface et ont aidé ainsi au refroidissement; la combustion intérieure développant des gaz et des vapeurs dont la force expansive ne permettait pas de les retenir prisonniers, ils brisaient facilement cette croûte primitive dont le temps refermait les cassures, et d'autres ne tardaient pas à être produites. Les substances cristalisées qui, les premières, forment la croûte terrestre sont renversées sur un plan incliné; souvent, même des masses puissantes sont rejetées et mises sur un plan vertical. J'ai vu des montagnes de granits primitifs, ainsi disposées, qui sont les preuves imposantes et sublimes de ces grands bouleversements. Aucun être vivant n'a été le témoin de ces violents combats; aucune de ces masses soulevées ne recèlent de débris d'êtres organisés. La chaleur devait être trop intense pour que des animaux ou des végétaux pussent résister à son action. Après une longue lutte entre le refroidissement lent et progressif de la croûte terrestre se faisant de la circonférence au centre, et la chaleur centrale qui tendait toujours à fournir un passage à ses produits, la croûte acquit enfin en certains endroits des points solides et assez refroidis pour que la condensation des vapeurs atmosphériques formât des mers et des lacs. Ces mers reçoivent de terribles secousses; poussées par la force centrale des montagnes s'élèvent dans leur sein. Des continents s'abaissent et sont envahis par les eaux. L'inégalité de la surface du globe augmente bientôt. Arrive enfin la première création d'êtres vivants; les mers et les lacs servent d'asile à un grand nombre d'êtres animés, mais placés à un degré bien inférieur dans l'échelle animale. Ces premiers habitants du Globe ont depuis

[1] Leçons de Géologie de M. Constant-Prévost, 1836.

longtemps disparu. Dans les terrains primitifs l'on trouve les squelettes de ces animaux, et la création actuelle ne présente pas d'analogues de ces premiers êtres dont quelques uns étaient d'une taille gigantesque. Aucun animal terrestre ne peuplait encore les continents à cette époque, et la végétation ne présentait pas de familles nombreuses. On trouve surtout à l'état fossile des fougères d'une hauteur prodigieuse qui prenaient la proportion de grands arbres. C'est entre la troisième et la quatrième révolution qu'ont eu lieu les dépôts de ces premières plantes qui ont constitué les houillères (charbon de terre). Cinq ou six révolutions ont eu lieu sur notre globe tourmenté, avant que les animaux terrestres eussent pris possession des continents. Pendant toutes ces révolutions, les premières créations disparaissaient pour faire place à de nouveaux êtres dont l'organisation atteste des progrès dans les degrés de l'échelle animale. Les êtres qui succèdent aux êtres qui ont disparu sont toujours d'une organisation plus complète. Il semblerait vraiment que la nature s'est essayée dans la création pour arriver à l'homme, le fini de son ouvrage. Il serait bien difficile, sans doute, de fixer la durée du calme qu'éprouva notre globe après la sixième révolution qui donna lieu au redressement de certaines montagnes et au dépôt du grès vert, lorsqu'un septième et immense cataclysme vint bouleverser la croûte terrestre, produire nos monts pyrénéens et plusieurs autres grandes chaînes de montagnes. Les investigations faites dans les dépôts et les sédiments qui suivirent la sixième révolution, nous ont appris que la terre était alors peuplée d'animaux remarquables par leur forme, leur taille gigantesque, et dont les squelettes fossiles ont été recueillis entiers sur plusieurs points du globe. Parmi eux figurent le mégalosaurus, reptile du genre saurien (le crocodile appartient à cette division), dont la longueur était de quinze mètres et la circonférence de quatre ; l'iguanodon, lézard colossal, dont la longueur atteignait neuf mètres.

Après la septième révolution qui détruisit en grande partie les animaux qui peuplaient la terre, les continents reçurent des animaux mammifères qui vivaient le long des lacs et des fleuves où se sont formés les grands dépôts de sulfate de chaux (le plâtre), qui renferment leurs restes.

Nous devons à l'immortel Cuvier les fouilles de ces vieux tombeaux d'où les squelettes ont été exhumés et rendus aux espèces auxquelles ils appartenaient. Aucun des animaux qui peuplent actuellement la terre n'est semblable à ces anciens habitants du monde. A cette époque vivait le mastodonte, être colossal dont la taille dépassait de beaucoup celle de l'éléphant, et beaucoup d'autres animaux de diverses grosseurs dont les uns atteignaient à peine les proportions d'une loutre. Tous ces animaux vivaient auprès des fleuves et des lacs au fond desquels leurs cadavres ont été recouverts, et où on les retrouve aujourd'hui. Le développement considérable de leurs queues prouve qu'ils devaient être d'excellents nageurs et devaient chercher leur nourriture dans les eaux. Quelques animaux carnivores appartiennent à cette époque géologique; mais tous sont de petite taille et dépassent à peine la grosseur d'un renard; quelques restes d'oiseaux sont mêlés à ces squelettes. La flore de cette époque était en rapport avec l'élévation générale du climat. Des bois et des plantes fossiles accusent une végétation des plus luxuriantes; nos contrées même produisaient des plantes comme en produisent aujourd'hui les feux des tropiques.

Entre la septième, la huitième et la neuvième révolution, les continents d'Europe acquirent un grand développement. Des animaux nouveaux peuplèrent la terre. Des éléphants au pelage laineux, des carnivores d'une très-haute taille, des ours, des hyènes, des hippopotames, des rhinocéros, etc., dont les restes fossiles attestent la présence, étaient les maîtres des continents. Tous ces animaux avaient quelque analogie avec ceux qui peuplent actuellement la terre; mais leur taille et leur conformation les éloignent beaucoup de leurs analogues actuels.

Il ne reste d'eux que leurs empreintes et leurs débris fossiles. Le globe, probablement trop refroidi, n'a pu convenir à leur organisation; ils ont disparu pour faire place à d'autres animaux. Comme l'a dit l'immortel Cuvier : les ossements fossiles sont des médailles qui portent les inscriptions et les légendes des vieilles familles d'animaux; elles nous apprennent à classer leur ordre, leur famille et leur espèce. — J'ai vu, au cabinet d'histoire naturelle de Madrid, le squelette d'un animal carnivore trouvé dans la vallée du Tage, en creusant un canal, dont la taille dépassait d'un mètre celle d'un beau lion. Ses griffes et ses dents, parfaitement conservées, dénotaient une force prodigieuse. Il appartenait aux animaux de cette époque géologique.

La dixième révolution laissa les continents à peu près comme ils le sont aujourd'hui. La chaleur plus tempérée de la terre avait permis à un plus grand nombre de végétaux de couvrir les continents. Les animaux de cette époque géologique ou ressemblent aux animaux actuels, ou ils ont la plus grande analogie avec eux. Cependant les oiseaux, les reptiles et certains mammifères étaient plus grands qu'ils ne le sont aujourd'hui. Le décroissement de leur taille a dû suivre le décroissement de la chaleur du globe. C'est à ce moment qu'apparaît l'homme mis à la tête de la création par le génie dont Dieu l'a doué. Il devint le maître du monde.

Le onzième cataclysme a été le dernier; le souvenir s'en est conservé chez les Hébreux comme chez les Egyptiens. Connu sous le nom de déluge universel, il a laissé de nombreuses traces de son immense action. La grande chaîne des montagnes des Andes dans l'Amérique du Sud, date de cette époque. Un grand nombre d'accidents du globe, comme les souvenirs des peuples, attestent son existence. De cette époque aussi datent la formation des glaciers qui couronnent nos plus hautes montagnes et dont on pourrait presque déterminer l'âge. La progression lente mais mesurée des attérissements des deltas aux embouchures des fleuves sont la preuve incontestable que le calme dont jouit le monde n'est pas très-ancien. La formation des tourbières, comme leur origine, attestent aussi la jeunesse du règne actuel.[1]

Chose bien remarquable, mes amis, c'est que les études géologiques s'accordent parfaitement avec les traditions des écritures saintes et les souvenirs des peuples pour expliquer les phénomènes produits par ce dernier cataclysme. Il s'ensuit de cet accord que les calculs géologiques faits sur les mondes plus anciens ont toute leur raison d'être. Cet accord démontre combien ont été et sont encore consciencieux, ingénieux et souvent admirables les travaux qui ont mis à nu les mystères des temps et de la création.

UN MÉTAYER.

Je vous ai entendu dire tout à l'heure, M. le commandant, que le charbon de terre était formé d'arbres et de plantes. J'ai toujours cru que ce charbon était une espèce de terre ou de pierre.

LE COMMANDANT.

Non, mon ami, le charbon de terre, la houille, n'est ni de la terre ni de la pierre. Les courants considérables d'eau dont la terre était sillonnée à cette époque devenus d'autant plus furieux en temps d'orage, que la main de l'homme n'était pas là pour contenir leurs berges et faire des travaux agricoles, qui arrêtent toujours beaucoup d'eau, entraînaient en nombre considérable de grands arbres et des plantes, et en comblaient des bassins, des lacs ou des vallées. Entassés là en couches nombreuses dont la masse arrive souvent à plusieurs centaines de mètres sur des longueurs plus grandes encore, ces végétaux ont subi pendant la durée des siècles une décomposition chimique qui les a réduits à l'état compacte, où on les trouve aujourd'hui, qui fait ressembler ces dépôts à une couche noire et luisante. La décomposition qu'ils ont subie les rend méconnaissables. En examinant cepen-

---

[1] Cours de géologie de M. Constant Prévost, 1836.

dant avec attention les roches qui les recèlent, on trouve un grand nombre de plantes dont on distingue parfaitement la texture. Les preuves multipliées que l'on a déjà ne permettent pas de nier leur origine végétale.[1]

L'épaisseur des couches de charbon de terre varie de quelques centimètres à cinq ou six mètres, et sont séparées les unes des autres par des dépôts argileux et schisteux. Soixante couches quelquefois sont ainsi stratifiées les unes au-dessus des autres. Les dépôts houillers contiennent en grande quantité des débris d'animaux et surtout des poissons. On suppose que les parties bitumineuses que renferme la houille, sont dues à l'huile formée par la décomposition de ces animaux.

L'INSTITUTEUR.

J'avais toujours cru que l'homme avait toujours commandé en maître aux animaux qui ont peuplé la terre; aussi l'histoire des vieux mondes et du nouveau, dont vous venez de dérouler devant nous le rapide tableau, M. le commandant, nous a-t-il vivement intéressé. Vous nous avez dit que notre continent nourrissait, avant et après le déluge, beaucoup de grands animaux qui ne s'y voient plus aujourd'hui. Par quelle cause ont-ils donc disparu puisqu'il n'y a plus eu de révolution depuis cette époque ?

LE COMMANDANT.

L'homme, en prenant le sceptre du monde et en multipliant sa race, a fait une guerre continue aux animaux nuisibles ou dangereux. Il les a poursuivis et détruits dans toutes les parties du globe dont il prenait possession. Sur tous les points des continents européens on trouve des cavernes, d'anciens ravins comblés où sont enfouis des restes de ces grands animaux. Beaucoup ont déjà disparu d'au milieu de nous ; et à mesure que les populations et la civilisation embrassent de nouveaux pays, certains autres

---

[1] Cours de géologie de M. Constant Prévost, 1836.

animaux deviennent tellement rares, que bientôt il ne restera
d'eux que le souvenir et les débris.

LE CURÉ.

J'ai cru, tout à l'heure, mon cher commandant, que vous vous
écarteriez un peu trop des traditions des saintes écritures. J'étais
au moment de vous faire quelques observations, lorsqu'au contraire vous nous avez dit que la science géologique, après avoir
fouillé les couches des terrains anciens et nouveaux, a reconnu
l'existence du déluge auquel *l'homme a assisté*. Je vous abandonne donc volontiers les anciens animaux, fils aînés de la nature, dont l'écriture sainte ne pouvait nous entretenir, puisque
l'homme n'était pas là pour les considérer. Le climat, trop brûlant à cette époque, ne pouvait convenir à son organisation. La
nature, d'ailleurs, dans ces temps reculés, ne produisait pas les
animaux, les fruits et les grains propres à son alimentation. Dès
aujourd'hui je verrai sans déplaisir les savants fouiller ces vieux
tombeaux de la primitive nature, sans m'alarmer de leurs écrits
que je lirai, au contraire, avec intérêt et satisfaction.

LE COMMANDANT.

Je suis très-satisfait, mon cher curé, ne n'avoir pas blessé vos
croyances religieuses en vous retraçant le court tableau de notre
vieille nature. Dorénavant nous n'aurons plus à craindre des démêlés de ce genre. Nous n'aurons plus qu'à nous occuper du travail de l'homme pour lequel Dieu l'a fait.

LE RÉGISSEUR.

Jusqu'à présent, commandant, vous ne nous avez parlé que
des matières cristalisées et de ces roches dures qui composent
nos hautes montagnes. Je ne conçois pas comment a pu se former
la terre que nous cultivons. Je serais bien aise de le savoir.

LE COMMANDANT.

Je vous ai déjà dit, mes amis, que le feu et l'eau avaient été les premiers agents de la volonté divine. Encore ils poursuivent leur œuvre de destruction et de recomposition. Après la formation de la croûte terrestre et le refroidissement général de la surface du globe, les eaux suspendues dans l'atmosphère à l'état de vapeur se condensèrent et formèrent dans ses anfractuosités les inégalités de la croûte des mers, des bassins, des lacs et des courants. Alors commença l'œuvre lente mais continue de la destruction des roches, comme elle se fait de nos jours, et dont le résultat fut la formation des terrains qui couvrent nos continents. Ces terrains ont dû participer nécessairement des éléments chimiques dont ces roches sont composées. Certains courants charriaient dans les bassins des parcelles des roches dont ils avaient suivi les anfractuosités. Ces courants chargés quelquefois d'une seule matière parce qu'ils n'avaient attaqué qu'une seule roche, formaient des dépôts homogènes. D'autres courants arrivant dans les mêmes bassins par des points différents, après avoir rencontré des roches différentes aussi, formaient des dépôts d'une autre nature que les premières. Ainsi s'explique la différence de formation qui, par les éléments dont ils sont composés ou par la variété des couleurs, caractérisent les dépôts superposés dont l'épaisseur varie souvent de quelques centimètres à plusieurs mètres. Plus tard, les courants apportèrent et mêlèrent à ces dépôts des plantes qu'ils avaient arrachées et des corps d'animaux qu'ils avaient entraînés; c'est ce mélange qui constitue l'humus. La terre végétale sur laquelle nous exerçons notre industrie agricole est donc composée de débris très-ténus provenant de la désagrégation des roches diverses et de détritus de plantes et d'animaux.

LE RÉGISSEUR.

Je comprends maintenant comment s'est formée la terre de nos champs; heureux ceux qui ont reçu les débris de ces roches en quantité convenable et assez de détritus organique! Tous n'ont pas eu cet avantage.

LE COMMANDANT.

Éléments de la terre végétale. — Peu de roches entrent dans la composition de nos champs, et, comme vous venez de le dire, mon cher régisseur, leur bonté dépend de la proportion convenable dont ils sont formés. Quatre substances principales entrent dans la composition de la terre végétale : 1° la silice; 2° le carbonate de chaux; 3° l'alumine; 4° l'humus. Quelques autres éléments s'y trouvent encore, mais en très-petite quantité. Un sol qui ne serait composé que de l'une de ces quatre substances serait stérile; dans les sols les meilleurs, au-contraire, il entre une juste proportion de tous ces éléments. Mais, comme vous devez le penser, ces proportions varient beaucoup : de là viennent les divers degrés productifs de nos champs.

La silice. — La silice est un des éléments les plus répandus dans la constitution de nos terres. Elle ne s'y trouve pas dans un état de pureté parfaite, mais mélangée à d'autres matières. Le sable, les pierres à feu, les pierres meulières sont composés de silice, dans un état plus ou moins pur. Les roches ou les débris de roches siliceuses ne sont pas solubles dans l'eau. Leur insolubilité, cependant, ne doit pas être assez absolue pour que certaines plantes ne puissent s'assimiler la silice. Les céréales surtout en contiennent beaucoup.

Le carbonate de chaux. — Le carbonate de chaux est composé d'acide carbonique et de chaux. Dans son état de pureté, il est considéré comme insoluble, mais uni à l'acide carbonique, il le devient beaucoup, au-contraire. Aussi le sol le transmet-il aux plantes. Les pierres à bâtir, les marbres sont du carbonate de chaux.

L'alumine. — Comme la silice, l'alumine ne se rencontre pas dans un état de pureté absolue. Elle est l'élément principal de l'argile qu'elle forme par sa combinaison avec la silice. L'alumine a beaucoup d'affinité avec l'eau.

L'humus. — Comme nous l'avons déjà dit, l'humus est le

produit de la décomposition des matières végétales et animales. Il joue le plus grand rôle dans la végétation en aidant, par sa présence, le sol à absorber les principes nutritifs que contient l'atmosphère. Il diminue la ténacité des terrains argileux qu'il divise ; il donne de la cohésion aux terrains siliceux qui ne retiendraient pas assez l'humidité. La fécondité du sol dépend donc beaucoup de la proportion de l'humus qu'il contient. Il se détruit par l'évaporation et par l'alimentation des plantes. Il faut donc chercher à le remplacer continuellement par des engrais et des fumiers, et abandonner au plus tôt cette habitude destructive qu'ont beaucoup d'agriculteurs encore de suppléer par des labours fréquents à la disette des engrais.

Autres éléments divers du sol. — D'autres matières sont aussi mêlées au sol végétal, mais pas à beaucoup près en aussi grande quantité que celles que nous venons d'énumérer. Telles sont : la magnésie qui s'y trouve le plus souvent à l'état de carbonate ; elle absorbe l'eau à un très-haut degré et rend le sol plus frais et plus accessible à l'action des agents atmosphériques.

Lorsque, sur quelques points, la magnésie se trouve en trop grande quantité, elle frappe le sol de stérilité et détermine de fréquents éboulements sur le penchant des coteaux, à cause de son extrême solubilité.

Oxides de fer. — Les oxides de fer entrent toujours pour une proportion, dans les terrains arables, de 1 à 10 pour cent. Selon son degré d'oxidation, un oxide de fer teint le sol en noir, en brun, en jaune et en rouge. Le noir est produit par le plus faible degré d'oxidation, le rouge par le plus fort. D'abord on pourrait se demander à quoi sert la présence du fer plus ou moins oxidé pour la fertilité de la terre, car il ne sert guère à la nourriture des plantes ; aucun ne se l'assimile en quantité appréciable. Sans sa présence, cependant, la terre serait plus ou moins blanche, et plus elle le serait, plus elle réfléchirait, repousserait les rayons solaires, et ne recevrait que bien difficilement leur action vivifiante. En colorant le sol, les oxides de fer déterminent la pénétration de la chaleur solaire et avancent ainsi la végétation des plantes.[1] Sa présence, d'un autre côté, rend les terrains d'autant plus stériles qu'il s'y trouve en plus grand excès, en les échauffant outre mesure.

La soude et la potasse. — Ces substances, la dernière surtout, se trouvent en quantité très-appréciable. Les céréales, les graminées, mais le froment par dessus tout, absorbent beaucoup de potasse. Les cendres en contiennent notablement : de là leur utilité bien connue comme amendement.

L'eau. — L'eau que contient le sol joue un rôle puissant dans la végétation. Selon que, par sa composition, le sol l'absorbe plus ou moins et la retient à divers degrés, ressort l'action fécondante ou destructive qu'elle exerce sur les plantes. Quand une terre la laisse évaporer trop facilement, c'est qu'elle contient trop de silice ou trop de carbonate de chaux. Cette terre peut être corrigée par des amendements dont nous parlerons plus tard. Si une terre la retient trop, elle est alors argileuse et compacte. Il faut dès lors avoir recours au drainage dont nous nous occuperons aussi. — Les suçoirs placés aux extrémités des racines des plantes sont chargés d'absorber les corps fluides. Quelle que soit la ténuité des corps solides, les suçoirs ne pourraient s'en emparer pour les transmettre aux végétaux, si, en les dissolvant, l'eau ne se chargeait d'introduire avec elle les diverses substances dont les plantes se nourrissent.[1] L'eau est donc l'indispensable auxiliaire des éléments qui fécondent les plantes; quelle que fût la richesse du sol, sans son aide la végétation ne pourrait avoir lieu. L'eau, que longtemps on a regardé comme un élément simple, est formée de deux gaz, qui, réunis ensemble, ont la propriété de se liquéfier; ce sont le gaz hydrogène et le gaz oxigène : deux parties du premier et une partie du second.

[1] Cours de chimie de M. Dumas, 1836. — [2] *Idem.*

L'air. — Comme l'eau, l'air passait pour un élément simple. Nous devons au célèbre Lavoisier d'en connaitre la composition depuis un peu plus de soixante ans. Il est formé de soixante-dix-neuf parties de gaz azote et de vingt-une d'oxigène. Dans la masse de l'air on compte aussi de trois à cinq millièmes de gaz acide carbonique. Les plantes qui embellissent la terre ne prennent pas tout au sol au moyen de leurs racines et de leurs suçoirs, elles vivent aussi des fluides de l'air. En analysant les plantes parvenues à leur entier développement, on trouve, en effet, que la plus grande partie des matériaux qui les composent sont des éléments que la terre seule n'a pas pu fournir et qu'ils appartiennent à l'air qui les leur a fournis. Ces données qui sembleraient n'avoir pas une grande importance au premier abord en ont au contraire une immense quand il s'agit d'en appliquer la théorie. C'est quand nous parlerons des fourrages et des engrais verts que nous la développerons. Le sol de nos champs n'absorbe pas l'oxigène au même degré. L'humus est celui qui l'absorbe le plus ; les terrains argilo-calcaire l'absorbent beaucoup aussi, et les terrains siliceux sont ceux qui l'absorbent le moins.

Nature des terrains. — Je n'entreprendrai pas, mes amis, de faire une classification des terrains ; leurs variétés infinies sous le rapport de la composition matérielle et chimique, résultat du mélange des éléments divers dont nous avons déjà parlé, exigeraient pour chaque nature de terre et chaque variété de cette nature une formule pour indiquer leur composition ; de là naîtrait une nomenclature longue et difficile que tous les efforts possibles laisseraient sans résultat satisfaisant. De combien de circonstances climatériales et de position même du sol dans chaque division climatériale faudrait-il tenir compte pour résoudre une pareille question ! Nous ne nous occuperons que des terrains que nous connaissons tout en leur laissant les noms génériques sous lesquels ils sont désignés dans le pays.

Les terrains qui contiennent une proportion convenable des éléments qui les constituent tous, sont, sans contredit, les meil-

leurs. Nous les nommerons argilo-calcaire siliceux. Par une analyse que le célèbre Fourcroy fit d'une terre de cette nature, il
trouva les proportions suivantes sur cent parties :

Sables siliceux.....................	49
Carbonate de chaux...............	25
Alumine.........................	20
Humus ou débris végétaux-animaux...	6
TOTAL..........	100

Les terrains ainsi constitués sont propres à toutes les cultures;
ce sont ceux de nos meilleures plaines. Ils absorbent l'eau à un
degré considérable et la conservent convenablement aussi. Les
engrais s'y conservent longtemps parce qu'ils sont préservés
contre l'action trop active de la chaleur et des autres agents atmosphériques.

Les terres fortes et argileuses avec proportion moins forte de
silice, de chaux et d'humus constituent ce que nous appelons le
terre-fort. Ce sol absorbant et retenant convenablement l'humidité a, sous notre climat surtout, un avantage marqué sur les
terres siliceuses et calcaires. L'humus et l'engrais enveloppés
d'une fraîcheur presque continuelle, s'y conservent longtemps.
Si le cultivateur des terrains de cette nature s'applique à choisir
le moment opportun d'exécuter ses labours, il se convaincra
qu'ils sont excellents pour les céréales. Humides au printemps,
ils deviennent très-difficiles en temps de sécheresse; c'est à l'agriculteur à se prémunir contre ces deux extrêmes.

Les terres argileuses, proprement dites, doivent contenir au
moins 40 à 45 p.% de sable siliceux avec de l'humus. Ainsi
constituées, elles sont bonnes pour le froment. Si la proportion
du sable atteint 60 p. %, ces terrains prennent la dénomination de silice argileux et ne donnent plus en froment que des
produits casuels. Dans cet état, ils conservent peu l'humus et les

engrais que les agents atmosphériques consument très-vite.
L'orge et l'épeautre y donnent encore d'assez bons produits.
A 70 p. %, le froment y fructifie à peine, mais le seigle s'y
maintient encore bien. Lorsque la proportion du sable atteint
4 ou 5 p. %, l'avoine et le seigle seuls y donnent des produits
très-casuels. Au delà de ce chiffre, le terrain devient impropre à
la culture et ne fournit qu'un mauvais pâturage et de chétives
bruyères.

Les terrains argilo-calcaires sont ceux qui contiennent de
40 à 50 % d'argile, de 20 à 25 % de carbonate de chaux (ou de
parties calcaires), de 15 à 20 % de sable siliceux. Dans ces
terrains, la présence du calcaire augmente beaucoup la fertilité
du sol en le rendant friable et d'un travail facile. C'est sur ce sol
que croissent les froments les mieux nourris et qui pèsent
le plus.

Nous appellerons *terrains calcaires* ceux dont la proportion
contient et dépasse 30 p. %. Au-dessus de 35 p. %, la constitution du sol devient vicieuse, car ces terrains absorbant beaucoup
l'humidité, la perdent aussi avec la plus grande facilité. Ces
terrains, dans nos contrées méridionales, donnent des produits
très-casuels et d'autant plus casuels que grandit la proportion
du calcaire ; ils ont besoin d'être souvent arrosés, aussi sont-ils
plus estimés dans les départements du Nord que sous notre
climat. Les champs de cette nature sont très-propres aux
légumes semés avant l'hiver que développent promptement les
premières chaleurs du printemps.

Les terrains argilo-siliceux, nommés terres blanches en bien
des pays sont ceux que nous appelons *boulbènes ou boubées.*
Tenaces et d'un travail difficile, ces terres ont besoin de toute la
sagacité des cultivateurs pour être remuées en temps opportun.
La gelée ne les délite guère, et la sécheresse les durcit promptement. Se tassant fortement par l'effet des pluies, elles produisent sur les plantes une action souvent mortelle pour elles en

comprimant leur collet et en arrêtant ainsi leur développement. Plus elles sont blanches, plus elles deviennent froides, car dans cet état elles réfléchissent les rayons solaires qui ont beaucoup de peine à les pénétrer. On remédie à ce grave inconvénient avec des fumiers chauds et peu consommés. La constitution de ces sols, souvent ingrats, varient beaucoup. L'argile y entre dans une proportion de 50 à 80 p. %, le sable de 10 à 30, et le calcaire de 2 à 10.

Il contient ordinairement peu d'humus. Il est cependant des boulbènes assez fortement colorées qui contiennent de 20 à 30 % de sable et de 6 à 12 de calcaire. Dans nos climats, ces sols sont fertiles et peuvent le devenir beaucoup si l'agriculteur qui les cultive sait aider les bonnes dispositions de ces terres par des travaux bien combinés et de bons assolements. Les labours profonds, les assainissements, la culture des fourrages artificiels et l'abondance des fumiers, sont les moyens que le cultivateur doit appeler à son aide. C'est sur des terrains de cette nature surtout que j'ai opéré. Vous savez, mes amis, où mes soins m'ont permis d'arriver.

Les terrains que nous appelons vulgairement *des graves* sont formés de galets, de silex plus ou moins gros, mêlés le plus souvent à de l'argile et du sable. Ils sont utilisés principalement pour la culture de la vigne qui y fournit un vin sec et généreux.

UN MÉTAYER.

M. le commandant, puisque la richesse d'un terrain dépend de sa composition, il serait fort utile que nous connussions le moyen de savoir distinguer les divers éléments qui composent le sol d'un champ. A la vue et au toucher cela me paraît difficile

LE COMMANDANT.

Cette observation, mon cher ami, est très-judicieuse et mérite notre attention. On ne connaît rigoureusement la nature d'un terrain que par un procédé qu'on appelle *analyse*. Cette opéra-

tion a pour but de séparer les divers éléments du sol et de déterminer ainsi la quantité relative de chacun de ces éléments.
M. le curé, je le sais, s'est occupé d'une science nommée
chimie; il voudra bien, je l'espère, vous indiquer les moyens les
plus simples pour faire l'analyse d'un terrain quelconque.

LE CURÉ.

Je suppléerai volontiers, non à votre ignorance, mon cher
commandant, car je sais que vous avez cherché toujours à vous
rendre compte des phénomènes de la nature; mais pour vous
éviter un peu de peine et pour ne pas mésuser de votre complaisance. Demain donc, une heure avant la nuit, car une analyse
ne se fait bien qu'avec le jour, j'essaierai de vous remplacer un
moment. Tout sera prêt pour le faire.

DEUXIÈME SOIRÉE.

LE CURÉ.

Analyse des terres. — J'ai pris dans le champ de Pierre,
derrière le presbytère, un peu de terre à dix centimètres au-
dessous du sol, que je mets dans un plat de terre non vernissé.
Nous allons mettre ce plat sur un fourneau, pour faire dessécher
la terre à petit feu, après l'avoir bien écrasée, et nous la remue-
rons avec un petit morceau de saule blanchi. Il faut ménager le
feu, et quand le bois changera de couleur, la terre sera suffisamment desséchée. — Nous y voilà... Retirons la terre pour
qu'elle se refroidisse. Nous allons prendre une quantité quelconque de cette terre : soit cent grammes; elle ne contient plus
d'eau. Nous n'avons que les éléments terreux du sol. Remettons

notre petit plat sur le feu, avec les cent grammes, jusqu'à ce que
le feu fasse rougir le vase, et remuons la terre avec un morceau
de verre. — Maintenant que la terre et le vase sont rouges, il
n'y a plus d'humus; la décomposition de toutes les parties
organiques que la terre contenait ont disparu par la combustion. Nous allons voir maintenant combien le terrain contient
d'humus. Le résidu pèse quatre-vingt-dix-huit grammes, la
terre contenait 2 p. %₀ d'humus.

LE COMMANDANT.

Ce n'est pas assez, Pierre; il faut te hâter de corriger ta terre.
Fais des prairies artificielles, nourris beaucoup de bestiaux, tu
auras du fumier pour tes champs. Avec ton système de culture,
c'est-à-dire toujours du blé et encore du blé, tu appauvriras ton
sol tellement que tu ne le répareras jamais.

LE MÉTAYER.

C'est cependant le meilleur de mes champs. Vous m'avez fait
tellement peur, M. le commandant, que je suis tout disposé à
suivre vos préceptes. J'ai plus que vos conseils, j'ai vos
exemples.

LE CURÉ.

Nous savons donc que le terrain que nous analysons contient
2 p. %₀ d'humus. Il nous faut savoir maintenant ce qu'il contient
de sable siliceux. Mettons le reste de cette terre dans un vase
d'argile avec une quantité d'eau suffisante pour que le tout devienne une bouillie très-claire en la remuant quelques instants.
Il n'y a plus de grumeau; l'ayant laissé reposer deux minutes, il
faut découler sans agiter le vase. Ce qui reste au fond du vase est
du sable siliceux, peut-être un peu de carbonate de chaux, mais
nous allons le détruire. Jetons sur le sable un peu d'acide chlorhydrique étendu de deux fois son volume d'eau. Nous versons
petit à petit; il y a un peu d'effervescence; il y avait un reste de
carbonate de chaux. Nous versons encore un peu... toute effer-

vescence a cessé. Le carbonate de chaux n'existe plus, et à sa place il s'est formé du chlorhydrate de chaux qui est liquide. Ajoutons de l'eau et lavons le sable jusqu'à ce qu'il soit propre; ce que nous obtiendrons en lavant le sable à deux ou trois eaux..... Maintenant il est pur : faisons-le sécher sur un fourneau, comme nous l'avons fait pour la terre. Ce sera bientôt fait, car le sable siliceux se sépare trop facilement de l'humidité. Pesons maintenant... Il y a trente-trois grammes de sable ou *trente-trois pour cent*. Il nous reste maintenant à connaître la quantité de calcaire que contient le terrain de *Pierre*; mais nous ne pouvons plus nous servir du résidu de la première opération qui ne contient plus de calcaire. Nous l'avons en partie détruit lorsque nous avons fait calciner la terre pour connaître la quantité d'humus qu'elle renfermait; le reste a été décomposé par l'acide chlorhydrique. Prenons encore de la même terre; faisons-la dessécher avec précaution, comme la première, pour lui enlever l'eau qu'elle contient. Prenons cinquante grammes de cette terre et mettons-la dans un grand verre. Versons dessus, peu à peu, de l'acide chlorhydrique étendu d'eau comme précédemment. Il n'y a plus d'effervescence; le carbonate de chaux a disparu. Comme nous savons déjà que le chlorhydrate de chaux est liquide, nous allons placer le tout dans un entonnoir de verre qui est garni d'un filtre en papier sans colle. A mesure que le liquide s'écoulera, nous ajouterons de l'eau pure jusqu'à ce que le mélange ne soit plus acide, ce que nous connaîtrons lorsqu'il ne rougira plus le papier bleu de tournesol. Maintenant que le papier reste bleu, quoique je l'ai plongé dans le liquide, laissons filtrer le reste. Maintenant nous allons faire dessécher sur le fourneau, dans un vase de terre, ce résidu que nous pèserons ensuite... Il est assez essuyé.... Il pèse quarante-sept grammes et demi. Nous avions cinquante grammes de terre; elle contient par conséquent 5 p. % de calcaire seulement.

Voici donc le résultat. Sur cent parties, le terrain contient :

Sable siliceux...............	33
Carbonate de chaux........	5
Humus...................	2
Argile....................	60
TOTAL..........	**100**

Une analyse, plus rigoureuse, faite par un chimiste, pourrait changer un peu le chiffre de l'argile, car la terre pouvait contenir en petites quantités du fer et d'autres sels dont j'ai déjà parlé, ce qui pourrait faire descendre le chiffre de l'argile de deux ou trois centièmes. Cette exactitude n'est pas nécessaire en agriculture, et une analyse, comme nous venons de la faire, suffit toujours.

On trouve chez tous les pharmaciens ce qui est nécessaire pour faire cette analyse.

LE COMMANDANT.

Tu vois, Pierre, combien l'abus des céréales fait descendre sur un champ la proportion d'humus, car celle qui se trouve dans le tien est une petite partie de celle qu'il devrait y avoir. Nous allons parler des moyens à prendre pour relever une terre ainsi épuisée. Ce n'est pas en les laissant de temps en temps ou tous les deux ans en jachère que tes champs reprendront la vigueur qui leur manque. Je n'ai jamais de jachère complète sur les miens ; cependant ils produisent de belles récoltes. Change souvent tes cultures, et tu arriveras où je suis arrivé.

LE CURÉ.

Ce que vous venez de dire, commandant, me rappelle quelques vers de Virgile, un auteur latin, qui écrivait il y a plus de deux mille ans. Au livre premier des *Géorgiques*, il conseille de faire succéder au froment une récolte de pois, de vesces ou de lupin. Et il ajoute : *C'est ainsi que ton champ se repose par le seul alternat des récoltes, sans que tu éprouves aucune perte en le laissant en jachère.* [1]

> Sic quoque mutatis requiescunt fetibus arva ;
> Nec nulla intereâ est inaratæ gratia terræ.

LE COMMANDANT.

Considérations générales. — Des conseils que donnait Virgile, on doit conclure que dans les champs de Mantoue la jachère loin d'être regardée comme un repos nécessaire, était repoussée par l'expérience des anciens comme l'expérience moderne tend à faire disparaître d'une saine culture ce repos improductif. De la décadence de Rome il nous faut traverser les guerres et les révolutions du moyen-âge, où l'homme s'instruisait plutôt pour détruire que pour conserver et améliorer, et arriver jusqu'au règne paternel d'Henri IV, pendant lequel, secondée et appréciée par le grand cœur de ce roi, l'agriculture, aidée du dévouement de Sully, prit un essor qui ne s'est pas arrêté depuis, quoi qu'il restât quelque temps stationnaire pendant la seconde moitié du règne de Louis XIV.

C'est en Piémont que j'ai puisé les premiers principes d'une saine culture. J'ai pu y apprécier les systèmes proposés par Torello, le premier des Européens des temps modernes qui ait stigmatisé la culture rétrograde qui admettait la jachère. Les contrées qui, les premières, abandonnant la jachère, adoptèrent les assolements proposés par ce célèbre agronome, virent bientôt doubler et tripler leurs revenus agricoles. Dans ce moment, par la richesse et la variété de ses produits, par l'augmentation et l'amélioration des animaux qui servent à l'alimentation de l'homme, par la diminution du travail, résultat toujours certain de l'abandon du vieux système, le Piémont peut être offert comme un modèle à beaucoup d'autres pays. Voilà donc un avantage im-

---

[1] Jachère vient du mot latin *jacere,* se reposer.

mense obtenu par l'abandon facile d'un système de culture ruineux et la propagation d'une méthode simple: *l'alternat raisonné
des produits agricoles sans jachère.*

Une partie de l'Angleterre peut être présentée comme la terre
classique des bons agriculteurs. Mais tout ce pays, tant s'en faut,
ne mérite pas cette réputation. Certains comtés ont conservé une
culture tout aussi vicieuse que les portions de la France les plus
arriérées. On y conserve encore des instruments aratoires dont
le type date des siècles les plus reculés, qui exigent l'emploi de
forces et de soins ruineux. D'autres comtés, au-contraire, présentent aux voyageurs étonnés un luxe de prospérité agricole
qu'on ne peut se lasser d'admirer. Dans ces parties de l'Angleterre, où l'art de l'agriculture est arrivé à cette hauteur, la jachère
est oubliée et remplacée par des assolements judicieux et productifs qui ont permis de multiplier les bestiaux et les engrais,
sources de toutes richesses agricoles. Certains écrivains enthou-
siastes de l'agriculture anglaise nous dépeignent ce pays comme
présentant dans toutes ses parties une intelligence parfaite des
assolements les plus productifs. Ne serait-il pas plus avantageux,
plus logique même, de nous faire connaître les procédés employés par les bons agriculteurs français que je crois aussi nombreux en France qu'en Angleterre? La connaissance de ces méthodes, plus en rapport avec les divers climats qui divisent la
France, ne seraient-elles pas plus profitables que les louanges
outrées et stériles décernées à nos voisins d'outre-Manche.

L'INSTITUTEUR.

Je comprends très-bien, commandant, qu'il serait souvent
dangereux de suivre exactement, sous un climat quelconque, une
méthode agricole suivie dans un climat différent. Nous, habitants
du Midi, lorsque nous puisons notre instruction dans les écrits
des agriculteurs du Nord de la France, nous ne devons pas nous
arrêter à la lettre de leurs écrits ; nous devons rapprocher leur
méthode de notre climat, et, en prenant le principe, nous réserver

de modifier le détail. Il faut encore distinguer le but de leurs écrits.

LE COMMANDANT.

C'est très-bien, mon cher instituteur; c'est ainsi qu'il faut comprendre les préceptes d'un agriculteur qui habite sous un climat différent du nôtre. Si certains agronomes écrivent par zèle et avec conviction, d'autres, au-contraire, écrivent *surtout* par spéculation. Ne connaissant à fond que les moyens de gagner de l'argent, ils nous mentent impunément en nous faisant payer fort cher le droit qu'ils s'arrogent de nous tromper. Comme vous le dites donc, il faut savoir distinguer les écrits consciencieux de ceux qui n'ont d'autre but que le lucre.

Le cultivateur, en général, lit peu ou ne lit pas du tout les mémoires et les divers ouvrages qui traitent de son art, parce-qu'il aime à continuer la routine, bonne ou mauvaise, que les générations passées ont léguée à celle-ci. Il cultive comme cultivait son père et ne songe pas à sortir de l'ornière vicieuse où restent enfouis des résultats qui feraient son bien-être. Il lit peu aussi parce qu'il se méfie des livres qui, trop souvent, sont écrits avec exagération et ignorance de l'objet qu'ils traitent; mais presque toujours sous des couleurs si vives et si attrayantes que ceux qui les lisent se trouvent fascinés sans avoir acquis le moindre degré d'instruction. L'agriculteur prudent, je le conçois, observe une retenue suffisamment motivée par ce fatras de procédés douteux ou exagérés qu'on lui indique. Son intérêt lui démontre, lentement il est vrai, mais sensément, le chemin qui le conduit à une pratique dont une longue expérience lui a démontré l'efficacité. Il faut l'avouer, la marche du progrès est lente et laborieuse, parce qu'elle est constamment arrêtée par des opinions erronées, malheureusement trop répandues, dont s'empare l'ignorance pour les livrer à la crédulité des agriculteurs timides et insouciants. C'est une grande erreur de croire, par exemple, que les assolements, heureusement pratiqués dans le Nord de la France, ne peuvent être introduits dans nos départements méridionaux et que chaque division climatériale d'un pays doit conserver son antique culture. Comment! la jachère serait nécessaire sous le climat de Montauban, que les habitants du nord appellent un pays privilégié? Il serait défendu aux cultivateurs de ce département de suivre, en ce sens, les progrès de la culture du Nord? Non; nous pourrions et nous devrions mieux faire. Comme nous le disait tout-à-l'heure M. l'instituteur, ne prenons que le principe des agriculteurs du Nord et réservons nous le détail. Les habitants du Nord ont-ils plus de prédilection pour telle ou telle plante, parce qu'elle convient mieux à leur climat? choisissons-en une autre qui se trouve mieux des exigences du nôtre. Les agriculteurs du Nord sèment-ils telles graines, telles prairies artificielles après l'hiver qu'ils redoutent et parce que ces grains et ces prairies viennent toujours sur un sol souvent arrosé pendant le printemps et l'été? semons, au-contraire, avant l'hiver qui ne peut pas nous effrayer autant. Nos semences grandiront aux premiers jours du printemps et notre récolte se fera de bonne heure. Nous n'aurons dérogé en rien au principe; nous aurons, au-contraire, sur le Nord l'avantage d'avoir deux mois de plus pour disposer nos champs, par une bonne jachère d'été, à recevoir convenablement telles semences qu'on leur confiera. Nous devons le dire ici, et c'est un reproche à adresser à presque tous les auteurs agricoles; trop absolus dans l'exposé de leurs principes: ils *fixent trop*, généralement, la route que *doit* suivre l'agriculteur et ne laissent pas une part assez grande à son intelligence et à son initiative. Au lieu de tromper l'agriculteur en lui indiquant des procédés qu'il a le bon esprit de ne pas mettre en pratique, parce qu'il ne les comprend pas toujours, on doit ménager sa prudence en lui présentant une méthode simple appuyée sur des faits; en lui expliquant sagement l'action qu'exerce sur les végétaux l'air, la lumière, les engrais et le sol; lui faire comprendre la part que chacun de ces agents de sa fortune a dans les admirables phénomènes qui se passent sous nos yeux. L'agriculteur voit ces merveilles, mais, en général, il n'en comprend pas la cause. Il faut donc l'instruire simplement, l'amener à saisir les phénomènes qui se produisent et les effets qui en résultent.

Chaptal nous dit : « Le reproche qu'on fait chaque jour à
« l'homme des champs de son indifférence à adopter de nou-
« velles méthodes ne me parait pas fondé. Il veut d'abord voir
« et comparer s'il n'a pas les lumières et les moyens nécessaires
« pour apprécier d'avance, *par lui-même*, les avantages qu'on
« lui propose. Il conserve donc ses habitudes jusqu'à ce qu'un
« voisin, ou plus riche ou plus éclairé, lui présente par de nou-
« velles cultures des résultats plus avantageux. »

M. LE MAIRE.

Ce que vous venez de nous dire est si vrai, commandant, que jamais peut-être je n'aurais adopté votre méthode agricole, si les résultats que vous obtenez ne m'eussent frappé. J'ai trouvé souvent sur des ouvrages agricoles des procédés bien prônés qui n'ont rien changé à mes habitudes. Je disais bien : ce serait bien beau si c'était vrai; mais je m'en tenais là. J'en conviens donc : c'est aux yeux des agriculteurs qu'il faut parler. Il faut placer à côté des conseils qu'on leur donne des faits démonstratifs.

LE COMMANDANT.

Vous le savez mieux que personne, M. le maire, ces moyens sont les seuls capables de former la conviction des agriculteurs et de triompher de l'incrédulité qui sera longtemps encore la cause qui s'opposera à l'augmentation de leur bien-être. Vous rappelez-vous le jour où je vous conseillai de supprimer les jachères et de les remplacer par des prairies artificielles; vous me répondîtes avec une conviction profonde : Ce sont les fainéants qui ont inventé les prairies artificielles; c'est pour ne pas travailler et labourer aussi souvent leur terre; pour moi, plus je laboure mes guérets (jachères), plus j'ai confiance dans la semence que je confierai à mes champs.

Vous avez vu les résultats enfin que j'obtenais par les procédés si simples que je vous indiquais. Vous n'êtes plus maintenant aussi grand partisan de l'improductive jachère que vous remplacez volontiers par le trèfle, les vesces, les fèves et des récoltes sarclées. Certainement vous n'êtes pas devenu plus paresseux que vous n'étiez autrefois.

M. LE MAIRE.

Je travaille avec plus de goût encore qu'autrefois, commandant; car jadis j'achetais annuellement la majeure partie des fourrages nécessaires à mes bestiaux. J'ai cependant plus de blé et de paille. Je dois conclure de là qu'au cultivateur qui ne veut pas raisonner ni entendre raison, il faut des exemples qui frappent ses yeux et éveillent ses instincts intéressés, pour l'empêcher de se mouvoir dans le cercle vicieux où se mouvaient ses pères.

LE COMMANDANT.

Puisque vous avez lu des ouvrages d'agriculture, vous avez dû remarquer qu'au milieu des principes plus ou moins absolus, plus ou moins praticables qui nous sont proposés sous toutes les formes, il est bien difficile de distinguer ce qui est bon et ce qui est mauvais. Ce qui paraît bon peut ne l'être que relativement; ce qui paraît mauvais peut ne l'être que relativement aussi. En toutes choses les doutes diminuent en raison directe de l'étude, du travail et de l'expérience. Aussi ne cesserai-je de blâmer les auteurs agricoles qui ont la manie, il faut le dire, d'assigner des époques fixes aux divers travaux des champs, de déterminer la quantité des semences nécessaires à un espace donné de terrain et l'époque à laquelle cette semence doit lui être confiée : indications que l'état plus ou moins humide de l'atmosphère, que la différence entre les diverses qualités du sol, que l'état de préparation de la terre plus ou moins accompli se chargent de démentir. Tout cela sont des soins, des détails que le cultivateur doit *seul* déterminer. La quantité de semence nécessaire varie non seulement d'une nature de terrain à une autre, mais encore sur deux points rapprochés d'un même terrain dont la constitution paraît sensiblement la même : ce qui fait dire aux agriculteurs qui ont fait cette remarque *qu'il y a des parcelles de terre qui perdent la semence.*

Comme vous, M. le maire, les agriculteurs français sont actifs et intelligents, mais ils sont timides. Ils ne le seront plus si on leur prouve qu'ils trouveront dans les préceptes qu'on leur enseigne, leur avantage et leur intérêt. En agriculture, comme en toutes choses, la réussite augmente toujours l'application, et le succès démontre bien vite l'intérêt que le cultivateur prend aux récoltes, s'il croit avoir mis un peu d'art dans la préparation de ses terres. Il sera incrédule en face de ces conceptions théoriques dont la librairie nous inonde, parce qu'il est très-réservé quand il s'agit d'innovations; il ne sera convaincu, je le répète, que par des résultats visibles. A Dieu ne plaise que je veuille contester ici à certains hommes qui ont écrit sur l'agriculture leurs connaissances profondes dans les sciences et leur aptitude pour l'agriculture. Mon rôle est plus humble, et je me permettrai de dire seulement qu'il faut à l'écrivain *une étude de l'agriculture, dans le climat où doivent être répandus ses écrits et d'une manière pratique au milieu des champs.*

LE FERMIER.

Ce que vous venez de nous dire, commandant, me rappelle qu'après avoir lu dans un ouvrage d'agriculture intitulé : *La Maison rustique,* quelques lignes où il était question d'un assolement triennal de blé, avoine et jachère, vanté par l'auteur de cet article; je voulus suivre cette méthode que j'abandonnai bientôt après m'être convaincu qu'il n'y avait pas d'assolement plus épuisant que celui-là. Ce mode de culture laissant peu de place aux prairies artificielles, je fus obligé d'appeler à mon aide les produits des prairies naturelles du domaine qui ne suffisaient même pas. Aujourd'hui, au moyen de l'assolement triennal sans jachères, que j'ai adopté d'après vos conseils, je n'emprunte rien aux prairies naturelles, dont je vends tous les produits, et je trouve, sur les terres labourables, les fourrages nécessaires pour nourrir mes bestiaux, dont j'ai pu même grossir le nombre. Vous savez tous, Messieurs, que mes greniers ne sont pas moins pleins depuis que j'ai suivi cette dernière méthode et que j'ai plus que doublé le revenu que je retirais de l'élève du bétail. J'ai pu joindre aussi à la culture des céréales, à laquelle je me bornais autrefois, celle des plantes du commerce qui ont beaucoup grossi mes ressources.

LE COMMANDANT.

Oui, mes amis, la bonne agriculture est la source la plus féconde et la plus respectable de la richesse d'un état et de ses habitants, et cette richesse croîtra toujours en raison directe des progrès qu'elle fera. Un gouvernement qui saura favoriser les productions du sol verra grandir sa fortune avec les progrès de l'agriculture; les ressources du premier se rattachent intimement au bien-être de celle-ci, car en fécondant le sol on alimente dans les mêmes proportions les ateliers industriels qui sont, avec l'agriculture, les deux bases où reposent la fortune d'un peuple. L'agriculture est sur la voie d'obtenir des lois utiles à ses intérêts. La sagesse et les hautes intentions du chef de l'Etat la débarrasseront de quelques unes qui gênent ses transactions. L'Etat et son chef ont compris les besoins de notre époque; ce n'est plus qu'une question de temps, de réflexion et d'opportunité : nous devons y répondre par le travail, la raison et la confiance.

UN MÉTAYER.

Voudriez-vous nous dire, commandant, quels sont les premiers moyens qu'il faut employer quand on veut changer l'assolement de ses champs et arriver à la culture alterne des plantes ?

LE COMMANDANT.

Premiers principes des assolements. — Le premier soin d'un agriculteur qui voudra changer l'assolement de ses terres sera d'établir des prairies artificielles sur ses meilleures parcelles. Il s'apercevra bientôt que ce qui lui paraît d'abord un sacrifice sera, au contraire, une source de prospérité pour ses terres médiocres qui, se trouvant enrichies par les fumiers produits par les premières, recevront ensuite, avec plus d'énergie, les amendements qu'elles retireront des prairies artificielles qui leur seront confiées à leur tour. S'il possédait quelques parcelles trop rebelles et dont le produit en céréales, récoltes sarclées ou prairies artificielles, serait trop minime pour solder les travaux de culture, il ne devrait pas hésiter un moment à jeter sur cette terre, après deux labours et un hersage, de la graine de foin. Quel que soit le produit de ces prairies temporaires, soit comme consommation en sec ou en vert à l'étable, ou comme consommation sur place; il vaut mieux encore ce faible produit qui ne coûte rien annuellement que tout autre mauvais produit dont le coût serait aussi élevé que celui des meilleures terres. La durée plus ou moins longue de ces prairies changerait, sans le moindre doute, leur nature difficile et improductive ou mêlant au sol annuellement des détritus fécondants qui les ameubliraient et les rendraient propres à produire, sans frais, les premières années, des récoltes abondantes en céréales. Ces terres de mauvaises qu'elles étaient viendraient prendre dans les degrés de fertilité des autres un rang qu'elles n'auraient jamais occupé sans cette sage opération.

M. LE CURÉ.

Ce principe dont vous venez de nous entretenir était connu des anciens, car Tacite, un auteur latin, nous dit en parlant des habitants du nord : *Arva per annos mutant et superest ager.* Ce qui signifie mot à mot : *Ils changent leurs champs par années parce qu'ils ont des terres en abondance;* et non que ses an-

ciens agriculteurs avaient une année de jachère et une année de
céréales.

Les terrains, relativement à la population, plus considérables
qu'ils ne le sont aujourd'hui, étaient défrichés et produisaient,
sans autres soins que les labours annuels, des récoltes de céréales,
jusqu'à ce que le sol épuisé donnât un faible produit. *Ils aban-
donnaient* dès-lors ces terres au pâturage, en défrichaient de
nouvelles pour revenir dans un temps plus ou moins éloigné à
cultiver les premières.

LE COMMANDANT.

La citation que vous venez de nous faire encore, M. le curé,
est des plus à-propos. N'avons-nous pas aussi tous les jours sous
nos yeux des preuves multipliées de l'inutilité de la jachère? Un
jardinier actif et intelligent ne condamne jamais son sol à un repos
improductif. A peine une récolte est-elle enlevée que le terrain
est remué sur-le-champ et bientôt occupé par un nouveau produit. Le travail, l'engrais et la variété des plantes sont les seuls
moyens qu'un jardinier appelle à son aide.

Si le repos de la terre, si la jachère est inutile à la culture du
jardinage, pourquoi le serait-elle à la culture des champs? La
solution, il faut en convenir, serait en faveur de ma proposition,
car les plantes que cultive le jardinier sont beaucoup plus épuisantes que celles de nos champs. Il nous est toujours loisible
dans nos assolements de faire succéder à des plantes épuisantes
celles, au contraire, qui engraissent la terre en lui rendant beaucoup plus qu'elles ne lui ont pris. C'est par une culture raisonnée que l'agriculteur pourra combattre les déperditions que
le sol a éprouvées, et par des engrais et des plantes fécondantes.
Il vaincra la souillure et l'endurcissement qui sont la suite inévitable de certaines cultures par des travaux aratoires judicieusement combinés; mais il ne devra jamais avoir recours à la jachère
absolue pour obtenir ce résultat. Il combattra par la seule jachère
d'été l'envahissement d'un champ par les plantes à racines tra-

çantes, si nuisibles, telles que le chiendent, l'avoine à chapelet, l'agrastide, etc., en labourant plusieurs fois son champ pendant les fortes chaleurs de l'été, et sans se priver d'une récolte de fourrage qu'il aura semée avant l'hiver et cueillie dans les mois d'avril ou de mai. Il aura atteint le même but que s'il eût laissé son champ en jachère absolue, car ce n'est que par des labours fréquents, exécutés pendant les journées brûlantes de la fin de juillet et du mois d'août, qu'il parviendra à éradiquer ces plantes parasites.

UN MÉTAYER.

Je puis, à l'appui de ce que vous venez de nous dire, M. le commandant, citer un exemple qui ne laisse aucun doute à cet égard. Il y a quelques années, j'avais un champ complétement infesté par le chiendent qui ne permettait à aucune récolte d'été de fructifier convenablement. J'avais cherché à le détruire par les labours et l'arrachage qui était très-coûteux. J'eus la bonne idée de semer sur ce champ des vesces d'automne qui eurent le temps de venir très-belles, avant que le chiendent eût pris au printemps son développement annuel. Ma récolte se fit en mai et je labourai mon champ immédiatement. D'un travail difficile, les détritus des vesces et leurs racines l'avaient singulièrement ameubli. L'effet qui se produisit aida beaucoup à l'action de la chaleur qui put pénétrer facilement dans le sol remué, et quatre labours faits avec la sécheresse détruisirent en grande partie le chiendent que j'anéantis l'année suivante.

LE COMMANDANT.

Tu le vois, Jean, tu n'as eu besoin de personne pour agir avec discernement. Il faut toujours y réfléchir quand on veut combattre un mal quelconque, si les moyens ordinaires n'y suffisent pas. Si quelques cas, mes amis, indiquent au cultivateur qu'il doit avoir recours à la jachère d'été; si le besoin d'un défrichement ou d'un défoncement l'oblige aussi à la jachère d'hiver, s'ensuit-il que les jachères doivent être absolues et revenir en des temps périodiques ? Non certainement : l'opération qui a motivé la jachère, terminée, rien ne doit en motiver le retour désormais inutile. Ainsi, la jachère peut être employée utilement dans des cas exceptionnels et rares ; mais son emploi, dans ces circonstances, ne peut affaiblir le principe sur lequel est fondée son inutilité dans l'assolement d'une exploitation rurale.

Dans les terres les plus compactes qui semblent réclamer la jachère absolue pour obtenir un ameublissement si nécessaire, on obtient ce dernier résultat d'une manière plus efficace au moyen des fèves, des vesces, du sainfoin, du trèfle de Hollande, etc. Plusieurs expériences consécutives m'ont démontré cette vérité. Dès-lors, l'agriculteur intelligent substituera toujours des récoltes-fourrages ou sarclées qui amélioreront le sol et lui fourniront un produit constant à la jachère qui ne produit rien et n'améliore pas.

Thaër, Menuret, Chambaud, Arthur Yong et autres auteurs agricoles distingués ont aussi stigmatisé, comme ruineux, l'emploi de la jachère.

Le premier de ces agriculteurs nous rapporte qu'un riche allemand du nom de Landrost de la Hühe, ayant reconnu les avantages des assolements qui permettaient la culture en grand des prairies artificielles, abandonna le système de l'assolement triennal : froment, avoine ou orge et jachère, et en adopta un autre d'où il avait proscrit la jachère. Il est quelquefois si difficile d'introduire au milieu des populations des campagnes les procédés les plus simples, quoique les plus productifs, que cet agriculteur fut bientôt en bute aux railleries et aux invectives de ses voisins et de ses confrères (il était seigneur). Sa résistance lui attira des querelles et des démêlés désagréables qui mirent le désordre dans sa nouvelle culture et le ruinèrent. Il eut cependant quelques imitateurs ; mais imitateurs d'abord secrets, qui mirent en pratique son système avec quelques modifications qui en atténuassent la ressemblance. Bientôt on s'aperçut que les domaines soumis autrefois à l'assolement triennal et qui avaient vu s'épuiser

leurs ressources améliorantes, reprenaient un grand degré de
fécondité au moyen du nouveau système, lequel, aujourd'hui, se
trouve généralement répandu en Allemagne.

Je pourrais répondre par vingt exemples concluants à l'opinion
qu'ont émise un grand nombre d'agriculteurs : *que la suppression absolue de la jachère n'est possible que sur les terres de
qualités supérieures.* Elle peut l'être partout, puisqu'à la ferme
de Roville, elle est remplacée sur des terrains de la pire espèce
au moyen d'un assolement quadriennal de pommes de terre,
d'orge, de trèfle, de seigle ou de froment. Un agriculteur du
Gers a substitué, avec le plus grand succès, sur une terre où reposait un assolement biennal, froment et jachère qui fournissait à
peine la paille nécessaire à l'entretien des bestiaux de travail qui
étaient maigrement nourris aux moyen de ses prairies naturelles,
il a substitué, dis-je, un assolement, sans jachères, avec des
prairies artificielles, fèves, haricots, maïs, pommes de terre et
froment. Le résultat, en quelques années, a été si considérable, que
cet habile agriculteur a pu destiner à son usage particulier ou à
la vente le produit des prairies naturelles qui, primitivement,
suffisaient à peine à l'entretien du bétail. Il a doublé le nombre
de ses bêtes à cornes qui sont copieusement nourries avec le produit des prairies artificielles : il sème moins de blé; il en récolte
plus d'un tiers de plus qu'autrefois.

Lorsque je pris la direction de l'exploitation que vous connaissez tous, et dont le sol méritait l'épithète de *mauvais* qui lui
était généralement attribuée; pas un seul quintal de foin ou de
fourrages n'était recueilli sur le domaine. Il fallait donc pourvoir à
la nourriture du bétail. Dès la première année, je m'aperçus que
la moitié de la récolte de froment ne suffisait pas à acheter le foin
et la paille nécessaires à l'entretien des bestiaux de travail. Je sup-
primai d'abord les jachères dans les meilleures parcelles de terre
que je remplaçai par des prairies artificielles. Le froment semé
sur ces parcelles, après l'enlèvement des fourrages, pour être
consommés soit en vert soit en sec, fut plus beau et plus pro-

ductif que sur le sol qui était resté en jachère. Les fourrages secs, produits des prairies artificielles, ne suffirent pas
dès la première année; mais le déficit qu'il fallut combler,
était loin du chiffre auquel il fallait atteindre dès le principe.
Encouragé par le résultat de ce premier essai, je compris
qu'il serait facile de remédier au mal. Pour être assuré d'un
succès complet, je devais étendre à tout le domaine l'abandon
des jachères; car je n'avais opéré encore que sur les meilleurs
champs. L'année suivante, je diminuai encore les jachères sur
une plus grande échelle, et le résultat fut relativement aussi satisfaisant. A partir de ce moment, j'ai poursuivi mes réformes avec
un succès toujours croissant. Depuis plusieurs années, les fourrages récoltés sur le domaine fournissent largement à l'entretien
du bétail dont j'ai pu grossir le nombre. Les terrains qui composent l'exploitation pouvaient passer à juste titre pour très-médiocres, puisque le rendement des céréales s'élevait en moyenne à
six pouces un, au plus, tandis que depuis quelques années, il
s'est constamment élevé de douze à quatorze. Après mon essai,
je me déterminai à soumettre définitivement mon domaine à un
assolement triennal ainsi conçu : première année, prairie artificielle; deuxième, récolte sarclée; troisième, froment. Les deux
premières rotations furent assez productives, et à la troisième,
j'obtins sur les meilleures parcelles jusqu'à plus de vingt-deux
pour un. Rien, mes amis, ne me parait plus concluant que les
indications que je viens de vous fournir en faveur d'un assolement raisonné avec suppression de jachère. C'est alors que j'ap-
pliquai les observations que j'avais recueillies sur les méthodes
des agriculteurs étrangers que j'ai seulement modifiées suivant
les exigences de notre climat.

LE CURÉ.

Si j'avais dirigé une exploitation agricole, mon cher commandant, dans l'état ruineux où se trouvait la vôtre, si je n'avais
pas été conduit à la réforme que vous avez opérée par des obser-

vations antérieures, j'en aurais trouvé le principe dans une leçon de M. Dumas, de l'Institut. Tant il est vrai que si l'intelligence peut suffire dans de rares conditions, la science devient utile à toutes les entreprises. En 1837, ce savant professeur nous disait : « En bonne agriculture, il faut multiplier d'abord la culture des « plantes qui vivent de l'azote de l'air ; nourrir de ces végé- « taux de nombreux bestiaux, qui fourniront aux céréales l'azote « qui leur est nécessaire et qu'elles ne savent prendre que de la « terre et des engrais qu'on lui fournit. » Comme vous le voyez, Messieurs, M. le commandant vous a démontré que la pratique avait sanctionné la théorie proposée par le savant professeur de chimie. Si quelquefois on doit se méfier des utopies de quelques écrivains, on ne doit pas craindre de suivre les conseils d'un homme dont le savoir et la conscience sont à l'abri de toute atteinte.

L'INSTITUTEUR.

Comme vous le savez, commandant, je possède auprès de la maison paternelle un champ qui jouit d'une assez bonne réputa- tion. La culture du froment et celle du maïs s'y sont succédé pendant longtemps sans interruption. Malgré les soins que j'y ap- portais et l'encouragement que je puisais dans les bons résultats des premières années, je vis descendre graduellement et très- sensiblement les produits de ce champ. On me conseilla, pour le rehausser, d'y semer des fèves en place du maïs ; je suivis ce conseil et m'en trouvai parfaitement la première fois. Je semai du froment après les fèves, et fus si satisfait du rendement que je semai de nouveau des fèves après le blé. Je réussis moins bien que la première fois et semai du blé encore après les fèves. La cinquième année je confiai de nouveau des fèves, qui ne produi- sirent presque rien, et le froment qui suivit fournit un mauvais rendement. Je n'ai pu deviner la cause de ce résultat, et cette année même je suis revenu à ma culture de maïs.

LE COMMANDANT.

Qui sera probablement très-bonne, mon jeune ami. Le conseil qui vous a été donné était très-bon, mais vous avez dépassé le but. Pour arriver à un bon résultat, au moyen d'un assolement quelconque, il ne suffit pas de diviser sa propriété en deux, trois ou quatre parties, suivant le mode d'assolement qu'on a adopté, et revenir sans réflexion à une récolte fourrage ou une récolte sarclée. Il faut encore raisonner, combiner l'alternat des récoltes de manière à éloigner autant que possible le retour d'une plante sur le même terrain. C'est là une condition qu'il ne faut pas négliger ; ainsi le veulent les lois naturelles qu'il ne nous est pas permis de transgresser. Ces lois, qui n'ont pas été méconnues, mais auxquelles on a donné une action beaucoup plus considérable qu'elles ne l'ont effectivement, ont fait dire à beaucoup d'agriculteurs, à des savants même, *que chaque famille de plantes se nourrissait exclusivement de certains sucs qui lui étaient propres.*

Cette pensée, qui était loin d'être le fruit de l'étude et moins encore celui de l'expérience, a été démentie par la science comme elle l'est tous les jours par la nature elle-même. S'il était vrai que les plantes se nourrissent de sucs qui leur sont propres, la terre qui donne la vie à des myriades de végétaux divers fournirait à l'analyse une infinité d'éléments du sol cultivable. Les analyses les plus rigoureuses, au contraire, démontrent qu'il entre dans la constitution du sol un très-petit nombre d'éléments. Les analyses qui ont été faites des plantes, à leur tour, prouvent que leur texture présente également un petit nombre d'éléments constitutifs. Ne voyons-nous pas, en effet, une infinité de plantes différentes vivre sur un terrain de même nature.

Ce qui est incontestable, ce que l'expérience démontre tous les jours, c'est que certains végétaux sont doués d'une organisation telle qu'ils absorbent avec plus d'avidité certains éléments. D'où il résulte que les plantes, en général, vivent des mêmes éléments, mais qu'elles les absorbent à divers degrés et dans des conditions différentes. Les unes les prennent à l'air, les autres au sol. Parmi ces dernières, les unes les prennent à la surface; les autres plus ou moins profondément. Il résulte de ces indications qu'il ne faut pas faire succéder à une plante une plante semblable ou de la même famille. Une terre qui aurait produit du froment, donnerait l'année suivante peu de froment, mais pourrait produire une assez belle récolte d'orge, par exemple, à cause de la différence botanique qui existe entre cette dernière plante et le blé. L'avoine pourrait donner encore un meilleur résultat, car il existe moins d'analogie encore entre cette céréale et le froment qu'il n'en existait entre ce dernier et l'orge. Un sol qui a produit des fèves, non seulement, en produirait moins l'année suivante ou deux ans après, mais ne fournirait pas une abondante récolte de vesces à cause de la ressemblance botanique de ces deux plantes classées toutes deux dans la famille de légumineuses. Le trèfle, la luzerne et le sainfoin ne se succèderont jamais avec avantage, toujours par le même motif.

Quoique certains agronomes aient affirmé avoir obtenu pendant plusieurs années de bonnes récoltes consécutives sur le même terrain, notamment M. de Chancey qui assure dans un mémoire qu'un cultivateur du Rhône avait semé pendant dix ans du froment sur un même terrain et avait obtenu, cependant, de très-bonnes récoltes. Malgré ces faits isolés, ces rares expériences faites sur des terrains probablement d'une très-grande fertilité, il restera toujours évident que l'alternat des cultures offrira un avantage incontestable. Quelle que fût la fertilité du champ sur lequel a été faite l'expérience que je viens de citer, il est permis d'assurer que ces résultats sont dus à des engrais abondants, à des labours profonds faits en temps convenable, à des soins incessants, toutes choses enfin qu'un agriculteur qui a *peu à soigner* et beaucoup de *moyens* peut faire, mais qu'il devient impossible de pratiquer sur les exploitations en général. Les rares exceptions à cette loi naturelle, qu'on peut observer quelquefois, ne sauraient infirmer le principe fondamental de l'alternat des plantes, de leur retour calculé sur un même terrain et combiné d'après les circonstances de toute nature dont on est entouré.

Permettez-moi de vous interrompre de nouveau , M. le commandant, pour appuyer par une preuve la proposition que vous venez de nous présenter : *que les plantes ne se nourrissent pas de sucs particuliers qui leur sont propres exclusivement.* Cette preuve, je la trouverai dans une leçon de M. Dumas où le savant professeur disait : « La vie des plantes s'exerce sur des « éléments peu nombreux; tels sont le carbone, l'azote et l'oxi- « gène qu'elles accumulent sous un petit nombre de formes. « Soumises à l'analyse, les plantes nous montreront constam- « ment les mêmes éléments constitutifs joints à d'autres matières « *en quantités peu importantes.* »

Je vous remercie, mon cher curé, de me venir en aide, quand il s'agit d'expliquer un phénomène de la nature. Les preuves dont vous appuyez mes propositions sont plus péremptoires que ne le sont les miennes. Les vôtres sont basées sur la science, les miennes reposent sur l'observation. Je poursuis l'explication de ces phénomènes, bien persuadé que vous viendrez à mon secours, quand vous le jugerez nécessaire.

De ce qu'il est vrai que les plantes absorbent ou retiennent en proportions différentes les sucs dont elles se nourrissent , il ne faut pas cependant en déduire la conséquence, que si un pommier est planté à la place où vient de mourir ou d'être abattu un arbre de son espèce, il végète quelque temps et finit le plus souvent par mourir; ce phénomène est dû à ce que l'arbre remplacé avait épuisé les sucs qu'il absorbe le plus volontiers. Loin de là, au contraire. Qu'un orme, qu'un poirier soit abattu, alors que l'un et l'autre étaient dans toute leur vigueur, un ormeau ou un poirier plantés à la place de leur congénère ne prendrait pas un développement plus grand que si l'ormeau ou le poirier eussent péri avant l'abattage. Que penser de ces phénomènes? On serait vraiment tenté de croire que les racines, que les détritus d'un végétal quelconque qui pourrissent dans le sol où a vécu ce végétal fournissent aux végétaux de la même espèce un principe de mort qui devient au contraire un engrais pour ceux d'espèces différentes. Quoiqu'il en soit, ce phénomène si sensible, lorsqu'il agit sur des plantes de même espèce, se fait ressentir aussi entre plantes du même genre et son action diminue en raison directe de l'éloignement dans les rapports et les caractères que présentent les espèces qui se succèdent sur un même terrain. La nature prévoyante place constamment le remède à côté du mal : ainsi l'action des phénomènes dont je viens de parler disparaît dans un temps calculé sous l'influence des agents atmosphériques.

LE RÉGISSEUR.

Pour vous, commandant, qui devez être fatigué, pour nous aussi qui avons besoin de nous arrêter quelque temps sur les faits que vous venez de dérouler devant nous, pour les mieux comprendre, nous vous prions de renvoyer à notre prochaine réunion la suite de vos intéressantes leçons. Ces faits sont si nouveaux pour nous, que pour les bien saisir, il nous y faut réfléchir avant que vous occupiez notre esprit d'autres phénomènes.

LE COMMANDANT.

Je terminerai d'autant plus volontiers que, croyant m'être assez étendu sur les principes d'assolements, j'allais actuellement vous entretenir des labours et de leur action sur le sol. Avant d'entamer ce chapitre, laissez-moi vous prier, mon cher régisseur, qui procédez avec tant de soin à ce travail capital de l'agriculture et qui apportez tant d'intelligence dans le choix des instruments, de m'aider de votre expérience, lorsque j'y ferai un appel. Allons : je connais déjà la réponse que vous dicterait votre modestie; permettez-moi donc, sans l'attendre, de remettre à notre prochaine réunion la demande des secours dont j'aurai besoin.

TROISIÈME SOIRÉE.

LE COMMANDANT.

Labours, division du sol. — Un des buts les plus essentiels que devra chercher à atteindre l'agriculteur, sera de diviser le sol le plus complètement possible, afin de le rendre propre à l'absorption de l'air et de l'humidité ; car il est d'autant plus fécond, qu'il possède cette qualité à un plus haut degré. L'air et l'humidité sont deux agents indispensables à la végétation. L'agriculteur doit d'autant plus favoriser aussi leur action qu'ils servent d'auxiliaires exclusifs à la vertu fertilisante des engrais. Ils dissolvent les sels que les eaux pluviales amènent sur la terre et que la chaleur et la lumière se chargent d'élaborer dans les organes des plantes. Ce ne sont pas précisément les labours fréquents, multipliés, qui donnent à la terre cette division si nécessaire. Les labours faits en temps opportun, les hersages, surtout, saisis judicieusement, sont les meilleurs moyens pour préparer la terre à recevoir avec fruit l'action fécondante des engrais et à la saturer convenablement des eaux pluviales. Qu'il me soit permis ici de combattre l'opinion erronée émise par certains auteurs que les eaux pluviales ne se chargent ni d'acides ni de sels au milieu des couches d'air qu'elles traversent et qu'elles n'apportent sur la terre aucun principe fertilisant.

LE CURÉ.

Permettez-moi, commandant, d'appuyer par des preuves
l'opinion que vous venez d'émettre, quoi qu'elle soit contraire à
celle de quelques écrivains. Le problème en question a été résolu
par plusieurs chimistes et surtout par les savantes analyses de
MM. Dumas et Boussingault qui ont rendu la vérité évidente.
M. Dumas, en outre, dans une de ses leçons que j'ai soigneusement conservées nous disait : « La décomposition des éléments
« de l'air, la combinaison de certains d'entr'eux viennent de
« l'action des étincelles électriques qui, en éclatant, produisent
« l'acide azotique, l'acide carbonique et l'azotate d'ammoniaque.
« Ces principes fécondants du sein même de la tempête descen-
« dent sur la terre renfermés dans les pluies d'orage, car l'acide
« azotique et l'azotate d'ammoniaque ne peuvent demeurer long-
« temps mêlés à l'air, à cause de leur solubilité dans l'eau. Dès
« que l'acide azotique, l'acide carbonique et l'azotate d'ammoniaque
« sont produits, un autre phénomène se passe : la lumière
« force l'acide carbonique à céder son carbone aux plantes ;
« l'eau son hydrogène, l'azotate d'ammoniaque son azote. La
« matière s'organise et la terre se pare des plus riches produc-
« tions destinées à la consommation du règne animal. »

LE COMMANDANT.

Je vous remercie, mon cher curé, de me fournir le moyen,
en m'appuyant sur des autorités aussi respectables, d'affirmer
de nouveau que ce ne sont pas les labours qui donnent les sels à
la terre, mais qu'ils la préparent à les recevoir avec avantage. Il
est donc évident que les eaux de pluies et surtout celles d'orage
apportent sur le sol de puissants éléments de sa fécondité. Si
toujours les pluies d'orage entraînent sur la terre des acides et
le sel d'ammoniaque, quelquefois aussi, et dans des circonstances
particulières, elles tiennent en dissolution d'autres sels. Ainsi, au
mois d'août 1851, je trouvai une quantité appréciable de sel

marin dans de l'eau que j'avais recueillie pendant un orage venu du nord-ouest, la ligne la plus courte de l'Océan au département de Tarn-et-Garonne, tandis que je n'en avais découvert aucune trace dans de l'eau fournie par un orage venu d'un autre point. De ces propositions si bien éclaircies maintenant, et sur lesquelles il n'est pas permis de conserver un doute, tirerait-on la conclusion que la jachère absolue, plus longuement exposée que la jachère d'été aux influences atmosphériques, serait nécessaire pour augmenter la somme des principes fertilisants qui descendent des nues? Je répondrai qu'une jachère d'été, qui commencerait à recevoir dès les premiers jours de juin les influences des phénomènes atmosphériques, pourrait se saturer plusieurs fois et convenablement des pluies qui lui apporteraient pendant six mois les sels et les acides, c'est-à-dire du commencement du mois de juin aux semences d'automne. Les six mois de jachères d'hiver, ou en d'autres termes, pendant tout le temps nécessaire au développement complet des plantes fourragères, alors même qu'elles recevraient autant de sels et de gaz que pendant les six mois de jachères d'été, ne compenseraient jamais les bienfaits produits par une récolte de fourrage sur le sol que cette dernière enrichit par les détritus qu'elle abandonne pendant sa vie, et par les nombreuses racines qu'elle laisse après son enlèvement. On sera plus convaincu encore, si on ne perd pas de vue que les plantes fourragères que l'agriculteur appelle le plus souvent à son aide, empruntent peu à la terre, et qu'elles se nourrissent en majeure partie des éléments de l'air. La division du sol que les plantes fourragères déterminent toujours, le rend plus propre à recevoir avec plus d'énergie l'action bienfaisante des pluies et des engrais qu'on lui confie, en lui procurant un plus haut degré d'absorption. En outre, la formation dans l'air d'acides et de sels, se produisant en plus grande quantité sous l'action répétée des décharges électriques, il en résulte que la somme en est beaucoup plus considérable en été qu'en hiver, quoique l'analyse chimique en ait découvert quelques traces dans les pluies de cette dernière saison, et notamment dans la neige. De ce que nous venons de dire, il doit en résulter la conclusion rigoureuse : 1° Que les eaux de pluie, en traversant l'air, s'y chargent de principes fertilisants en plus grande quantité pendant l'été que pendant l'hiver ; et quand des hommes comme MM. les professeurs Dumas et Boussingault, ont fait entrer cette vérité dans le domaine de la science par leurs écrits et dans leurs leçons, il n'est pas permis de la révoquer en doute; 2° que les jachères d'hiver ne recevant qu'une faible somme des bienfaits de ces influences atmosphériques, elles ne pourraient compenser les avantages que le sol reçoit d'une prairie artificielle ou d'une récolte de fourrage ; 3° enfin, que la texture du sol, en hiver, n'est pas autant améliorée par les principes fertilisants des pluies que par la faculté d'expansion que possèdent les gelées. Ces principes bien compris maintenant nous conduisent à un autre non moins essentiel : celui de la profondeur des labours qui présente une série d'avantages qu'il convient d'énumérer et d'apprécier. Les labours profonds tendent à détruire plus facilement les plantes à racines traçantes; ils rendent plus accessible à l'air une plus grande masse de l'un des principes de vie auquel, généralement, on n'attribue pas une part assez grande dans l'acte de la végétation. Il diminue l'humidité nuisible en obligeant à descendre à une profondeur plus convenable l'excès d'eau si nuisible aux plantes et agissant, dans ce cas, comme fait le drainage, quoique sur une moindre échelle, tout en maintenant aux pieds des végétaux l'humidité qui leur convient. Ils permettent aux sols arables de se saturer d'une plus grande quantité de pluie (cette saturation sera d'autant plus intense que les labours seront plus profonds), et par suite, de retenir une plus grande quantité des sels qui se forment sur la terre par le contact des acides que les pluies précipitent sur le sol, et des sels déjà formés que ces pluies tiennent en dissolution. Ces avantages sont les éléments d'une riche végétation que favorisent ensuite les assolements bien combinés.

4

UN MÉTAYER.

Pensez-vous, M. le commandant, que la terre du sous-
sol que l'on mêle à la terre végétale et qui n'a jamais ressenti les
influences naturelles ou artificielles qui entourent le sol supérieur, ne nuise pas à celle-ci et n'atténue pas ses forces? Pour moi
j'ai toujours craint cet effet lorsque je soulevais le sous-sol avec
ma charrue; je m'arrêtais alors et diminuais la profondeur du
labour.

LE COMMANDANT.

C'est là une objection, mon cher ami, à laquelle je répondrai
par l'expérience que j'ai acquise en exécutant des labours profonds sur des champs qui, de temps immémorial, étaient labourés comme l'étaient tous nos champs il y a vingt ans à peine et
comme la plupart le sont encore.

Si, par exemple, on fouillait le sol à un mètre de profondeur
en enfouissant le sol supérieur sous une couche aussi profonde
de sous-sol, l'objection serait fondée, car le résultat immédiat
serait l'énervement général, puisque la portion du sol qui a reçu
les influences de toute nature serait noyée dans une masse trop
grande. Il faudrait plus de temps et d'engrais pour la relever, et
on obtiendrait une grande diminution dans le produit qu'il serait
facile de grandir à la longue avec des moyens énergiques. Mais
en fouillant à vingt-huit ou trente centimètres, c'est-à-dire en mêlant dix à douze centimètres de sous-sol aux seize ou dix-huit
centimètres de terre proprement végétale, le résultat est tout opposé. Quoique ces dix ou douze centimètres de sous-sol ne contiennent pas beaucoup de principes fécondants, ils en contiennent
cependant une portion variable. L'eau qui les humecte souvent
en traversant le sol arable, n'a pas entièrement abandonné à celui-ci les sels dont elle est chargée. Les principes fertilisants des
fumiers ne s'arrêtent pas en entier non plus au milieu de la terre
labourée ; une partie est entraînée par l'infiltration des eaux jusqu'à une profondeur variable. Les labours qui atteignent une

profondeur de vingt-huit à trente centimètres mêlent au sol supérieur une couche qui contient des principes féconds et qui n'affaiblit pas sensiblement la couche primitivement labourée. Cet affaiblissement de force existerait-il même, qu'il est largement compensé par les avantages nombreux qu'on retire toujours des labours profonds, et dont nous venons de parler tout à l'heure. J'ai éprouvé le résultat de ces faits lorsque j'ai réformé la culture de ma propriété. Je ne puis avoir aucun doute à cet égard comme vous pourrez vous en assurer aussi, lorsque vous mettrez en pratique les labours profonds. J'observerai, cependant, que sur les champs où la profondeur ordinaire ne dépasse pas douze à quinze centimètres, il ne faut d'abord aller chercher le sous-sol qu'à vingt-quatre ou vingt-cinq centimètres, et les cultiver ainsi deux ou trois ans avant d'arriver à une plus grande profondeur.

Il n'est pas utile, du reste, que tous les labours nécessaires à la bonne préparation du sol pour recevoir un ensemencement, soient faits à une profondeur de trente centimètres. Un seul labour, à chaque rotation d'un assolement suffit pour obtenir les bienfaits qu'on doit en attendre, pourvu, toutefois, que ce labour soit exécuté en planches très-larges. Il soumettra une couche végétale très-convenable aux influences atmosphériques, et il devra être suivi ensuite d'un nombre de labours que déterminera l'agriculteur suivant les circonstances dont il sera entouré. Ces labours pourront être exécutés avec une charrue en fer fouillant à vingt ou vingt-cinq centimètres environ.

Il faut bien se convaincre qu'il n'est pas, non-seulement de cultures perfectionnées sans labours profonds, mais même *de bonnes cultures ordinaires*. Toutes les plantes sont plus ou moins pivotantes et pivoteront d'autant plus qu'elles seront radiquées sur un sol plus profond. C'est ainsi que le trèfle, qui n'est pas considéré comme une plante à racines pivotantes, pénètre cependant jusqu'à plus de trente centimètres sur une terre profondément labourée. Le blé, dont les racines tallent et descendent à une faible profondeur sur une couche mince de terre végétale, descend à vingt-cinq centimètres sur un sol meuble et profond. Enfin, quelle que soit la nature d'une plante, elle végétera plus vigoureusement sur un sol profond que sur une couche mince. Elle ne souffrira pas autant de l'humidité parce que l'excès de l'eau ne viendra pas si facilement s'évaporer à la surface du sol où l'évaporation détermine un abaissement considérable de la température, effet si nuisible au développement des plantes. La plante ne souffrira pas autant de la sécheresse parce qu'une grande épaisseur du sol arable maintient, pendant la chaleur du printemps et de l'été, plus d'humidité en absorbant davantage l'évaporation du sous-sol et les vapeurs aqueuses que l'atmosphère dépose pendant la nuit. Les labours profonds qu'on donne aux jardins et qui fournissent des résultats si grands, viennent à l'appui de ce principe qui n'est plus contesté aujourd'hui par les agriculteurs pratiques et instruits.

Les méthodes varient beaucoup, et on peut même le dire, selon le caprice de chacun, dans la manière de disposer le sol par les labours. Dans nos contrées, et principalement dans le département de Tarn-et-Garonne, les agriculteurs ont adopté, depuis un temps immémorial, le labour en billon de quatre sillons. De toutes les méthodes, il faut l'avouer, c'est celle qui présente le plus d'inconvénients. Le hersage, si nécessaire, ne peut s'y exécuter ou s'y exécute mal. Le laboureur est obligé, et en prend l'habitude qu'il perd difficilement, de maintenir la charrue démesurément penchée, défaut qui fait varier plus qu'on ne le croit généralement la profondeur des labours et sa régularité. Les semences jetées superficiellement, comme celle des prairies artificielles par exemple, ne peuvent se maintenir sur le sommet du billon d'où elles sont entraînées par l'action de l'émottage et par la pluie, dans le fond du sillon divisoire de manière à rendre chauve le haut des billons. Ces inconvénients si grands doivent éloigner d'une bonne agriculture cette méthode vieillie et défectueuse. En proscrivant cette méthode, on obtiendra une économie de temps considérable, car elle oblige à trois labours pour que le sol d'un champ soit remué en totalité. Il n'en est pas de même des labours en planches, les plus larges possibles, au moyen desquels tout le sol se trouve presque entièrement remué dès la première façon et surtout d'une manière plus régulière.

Pour défendre l'emploi des petits billons, plusieurs considérations sont émises ordinairement par la routine. Cette disposition, disent les uns, est plus favorable à l'écoulement des eaux, et la terre est plus aérée. Je ne répondrai qu'à ces deux moyens de défense qui, seuls, pourraient paraître avoir leur raison d'être aux yeux d'un agriculteur qui n'y réfléchit pas, et d'ailleurs, comme étant ceux que l'on présente le plus souvent aux agriculteurs qui attaquent le mode vicieux des labours usités dans nos contrées. Un seul exemple détruira le premier moyen de défense. Le sommet du sillon, c'est très-vrai, retient peu d'eau ; mais il n'en retient pas assez, car au fur et à mesure qu'elle tombe, elle vient s'accumuler dans le fond du sillon où le sol est remué à *peu de profondeur*. Ne pouvant s'infiltrer facilement sur ce point, elle y détermine l'étiolement ou la mort des plantes qui y ont germé, au lieu de leur apporter la vie, rôle que la nature lui a assigné. Ainsi la moitié du sol arable se trouve privée de l'humidité qui lui est nécessaire, tandis que l'autre moitié souffre de l'excès qui l'entoure, se débilite au lieu de s'enrichir. Un terrain, dans un bon état d'entretien, ne devrait laisser échapper aucune partie de l'eau qui tombe à sa surface que dans les cas très-rares, en retenir celle qui lui convient et permettre à l'excédent de descendre au-dessous de la couche arable après avoir déposé dans son passage les principes nutritifs dont elle est chargée. Un excédent d'eau qui court à la surface du sol, entraîne la terre la plus fertile et emporte avec elle les éléments de vie qu'elle tient en dissolution pour les transporter en pure perte dans les ruisseaux ou les rivières.

Croire que l'air pénètre mieux dans les petits billons, est encore une erreur que la routine seule maintient malheureusement. Ce second moyen n'a pas, en effet, plus de fondement que le premier, car l'eau ne peut pénétrer dans un sol où elle ne trouve pas d'issue. Ce sont donc les labours profonds et faits à propos, ce sont les hersages, judicieusement exécutés, qui entretiennent l'état meuble du sol et permettent le passage facile de l'air, comme ils lui donnent ce degré d'absorption des principes solubles si nécessaires à la végétation. Il faut conclure de ce que nous venons de dire, qu'il n'est pas de perfectionnement de culture possible avec la méthode des labours suivie dans notre contrée. Les agriculteurs qui s'obstinent à croire que les labours profonds mêlant l'humus à une certaine épaisseur du sous-sol produisent un mauvais effet, peuvent consulter les ouvrages de M. Mathieu Dombasle pour s'édifier sur ce point. Cet habile expérimentateur leur apprendra que les prairies artificielles seront considérables et leur fourniront le moyen de porter sur leurs champs une quantité de fumier qui sera en rapport avec la profondeur du sol soulevé.

La profondeur des labours, sans doute, demande des soins et des cultures autres que celles qui sont généralement adoptées dans nos pays. Elle exige l'extension des fourrages et des prairies artificielles qui fournissent la quantité de fumier qu'elle exige. L'assolement triennal, sans jachère, devient, dès-lors, indispensable. Cela s'explique et se comprend facilement. En augmentant le sol arable on n'augmente pas l'humus qui se trouve disséminé, au contraire, dans une couche plus épaisse. D'un autre côté, on a des moyens prompts et surs pour ramener la nouvelle couche végétale à une homogénéité nécessaire; c'est la culture immédiate des prairies artificielles. En résumé, plus la couche arable sera profonde, plus elle aura besoin du secours des engrais, mais plus aussi les résultats en sont grands. Ainsi les sous-sols, complètement improductifs, comme les craies, les terrains à minerai de fer, les tuffaux et les sables grossiers, sont les seuls sur lesquels on ne puisse augmenter la profondeur du sol arable.

LE FERMIER.

Je vous demande la permission, commandant, d'appuyer ce que vous venez de nous dire sur les labours profonds par un exemple frappant. Je me trouvais à Paris, en 1837, où j'entendis beaucoup parler d'un maître de poste, propriétaire d'une ferme située non loin de cette ville, et sur laquelle toutes les cultures et les préparations de sol étaient dirigées avec un soin et une intelligence remarquables, et que ce propriétaire possédait une charrue disposée d'une façon toute particulière, qui remuait la terre à une très-grande profondeur. Cette charrue fonctionnait ordinairement pendant les mois d'avril, mai et septembre, m'assurat-on. Par une belle matinée du mois de mai, je partis de très-bonne heure et j'arrivai sur les lieux au moment où les charrues traçaient les premiers sillons. Une charrue Dombasle, traînée par deux chevaux flamands d'une taille et d'une force peu communes, dirigée par un valet de ferme jeune et vigoureux, ouvrait un sillon d'une profondeur moyenne de trente centimètres, et de trente à trente-deux de large avec une facilité due, en partie à la force de l'attelage, mais aussi à la disposition du sol que des labours profonds, exécutés depuis plusieurs années, maintenaient dans un état de division très-grande. Une seconde charrue, sans versoir, placée sur deux roues, très-rapprochées puisqu'elles entraient dans la largeur de la tranche retournée par la charrue Dombasle, traînée également par deux chevaux non moins vigoureux que les premiers et aussi bien dirigée que celle-ci, soulevait la terre du sous-sol jusqu'à une profondeur de vingt à vingt-deux centimètres qui ne pouvait être rejetée en-dehors, puisque la charrue était sans versoir. La terre remplissait, à mesure que la charrue avançait, le vide formé par le soc sur un plan presque uni, il ne se formait à la surface qu'un léger enfoncement en crémaillère. La charrue Dombasle venait de nouveau creuser un sillon et recouvrait, au dépens de celui-ci, la terre soulevée au fond du sillon précédent. Cette charrue qui portait alors le nom de l'inventeur, a reçu depuis celui de *fouilleuse*. C'est ainsi que le propriétaire de cette ferme obtient un labour de cinquante centimètres de profondeur en moyenne dont les résultats sont merveilleux comme le prouvait la végétation luxuriante dont était couverte une bonne partie de la ferme. La terre que les valets de ferme labouraient ainsi, était destinée à recevoir des semences de dragées-fourrage, c'est ainsi qu'on appelle un mélange de plusieurs plantes fourragères, et qui étaient destinées à être consommées en août ou septembre. Selon ce que me dirent les valets, la ferme était soumise à une rotation d'assolement sexennale comme il était facile de s'en convaincre, d'après la division du sol et la diversité des cultures. L'assolement était ainsi fixé : Première année, froment ; deuxième, prairies artificielles et fourrages ; troisième, récoltes sarclées ; quatrième, avoine ; cinquième, prairies artificielles ; sixième, récoltes sarclées pour recommencer la septième par du froment. La division était combinée de telle sorte que tous les ans un sixième était en froment et un sixième en avoine, et que toute autre culture quelconque ne revenait sur le même sol que tous les six ans. Les labours préparatoires étaient disposés en larges planches, et les terrains ensemencés en planches de six à huit sillons.

La comparaison qu'on pouvait faire des cultures obtenues sur la ferme avec celles des champs voisins indiquait surabondamment combien avaient été fructueuses les dispositions prises par le propriétaire de la ferme.

LE COMMANDANT.

La preuve que vous venez de nous donner, mon cher ami, des avantages que présentent les cultures alternes, est trop frappante, comme vous nous l'avez dit, pour chercher à l'étendre plus que vous ne venez de le faire. J'ajouterai cependant que s'il est difficile de faire accepter un tel assolement par les petits cultivateurs, il peut l'être facilement sur une exploitation agricole un peu importante.

De tout ce que vous venez d'entendre, il s'ensuit que, pour entrer dans la voie des progrès, il est nécessaire d'abandonner tout d'abord les labours, les billons qui ne permettent pas un travail profond, et ne pas s'arrêter aux objections futiles faites pour les conserver. Il n'est pas un seul cultivateur qui les défende après avoir soumis à une expérience comparative la méthode des labours en billons et ceux à larges planches. Il est malheureusement trop vrai que les préjugés les plus nuisibles se transmettent sans examen et sans vérification. Que les cultivateurs essaient une fois, et ils se convaincront du peu de fondement de l'opiniâtreté qu'ils opposent.

Célérité des labours. — Il est des soins particuliers, des combinaisons indispensables à la célérité des labours, beaucoup trop négligés, en général, par les agriculteurs. Les laboureurs de nos contrées prennent ordinairement une tranche de terre égale, quel que soit l'état du sol ou le but qu'ils se proposent. En un jour donné, cependant, l'évaluation de travail d'une charrue doit être subordonnée à plusieurs circonstances : comme la nature du sol, son état actuel, la saison où le travail s'exécute, et s'il doit être ou non ensemencé promptement. Si le labour s'exécute sur un terrain qui doit rester longtemps en repos avant de recevoir une semence, le labour doit se faire à larges tranches, de 30 centimètres environ. Les agents atmosphériques se chargeront de déliter cette terre sans le secours du hersage. Si, au contraire, le terrain à labourer doit recevoir de suite ou bientôt après une semence quelconque, les tranches doivent être de 16 à 20 centimètres seulement, pour que le hersage devienne facile et accélère la préparation du sol. Ces deux circonstances doivent être examinées ; car avec un labour qui sépare les tranches de 30 centimètres, on fera presque le double de travail qu'au moyen d'un labour qui sépare des tranches de 16 centimètres. De la longueur des sillons dépend beaucoup encore la rapidité du travail ; aussi, autant que le permet la configuration du sol, faut-il les établir dans le sens le plus long du champ. Lorsque le champ a une longueur convenable, un bon attelage doit labourer en huit heures 34 ares, en soulevant des tranches de 30 centimètres de large et de 20 à 22 de profondeur. Si les sillons étaient courts l'attelage ne labourerait pas au-delà de 26 à 28 ares et serait plus fatigué que dans la condition précédente, car les retours fréquents fatiguent plus les animaux que le labour plus continu. Quand le terrain est d'une nature tenace, compacte, il est nécessaire de diminuer un peu l'épaisseur de la tranche. Le concours de ces deux circonstances fait qu'il n'est guère permis au laboureur de retourner plus de 24 ares. Ce que je viens de dire a rapport aux labours en planches, car au moyen des labours en billons, qui ne remuent à chaque façon que le tiers du sol, la superficie du sol ainsi labouré devrait s'étendre davantage.

Il est rare de trouver deux, trois ou quatre attelages également actifs et, aussi, également dirigés. Ainsi, si on fait suivre les attelages les uns derrière les autres, si l'un s'arrête, les autres sont obligés de s'arrêter. Il importe plus qu'on ne le croit habituellement de ne jamais faire suivre les charrues, mais de leur faire tailler leur travail les unes loin des autres; ce travail sera plus régulier, d'abord, et chacun des laboureurs tiendra que sa tâche ne soit pas inférieure à celle des autres.

Nombres de labours. — Les terrains destinés à une jachère morte et ceux qui doivent recevoir une récolte sarclée ou fourrage, au printemps, doivent être labourés avant l'hiver, et aussitôt que faire se peut, après l'enlèvement des céréales. Ce labour devra être aussi profond que possible et il faut se bien garder de le herser. Je n'excepte pas même de ce premier labour les terres argileuses, pourvu qu'on ait le soin de ne faire la seconde façon qu'au printemps et quand la terre sera bien essuyée. Deux labours suivis d'un au moins, mais mieux de deux hersages au printemps, suffiront pour préparer la terre à recevoir quelques semences que ce soit. -

Les champs qui auront reçu, au mois de septembre ou d'octobre, des semences de fourrages destinés à être consommés en vert, comme des vesces, des farouchs (trèfle incarnat), des dragées, de l'avoine, de l'orge ou du seigle, devront être labourés partiellement et à mesure de l'enlèvement du fourrage. Vous savez, mes amis, comment je pratique chez moi cette méthode : je fais prendre sur le champ que je fais entamer, *dans le sens du labour*, la portion que mes bestiaux peuvent consommer dans deux jours seulement; j'ai fait immédiatement labourer le sol dénudé pour recommencer, deux jours après, à labourer la seconde tranche, et ainsi de suite jusqu'à la fin. De cette manière je ne suis jamais surpris par la sécheresse, et mes champs à récoltes fourrages reçoivent une première façon bonne et profonde qui permet d'y revenir quand je le juge à propos. Pour moi qui ai adopté un assolement triennal, je laisse ce premier labour jusqu'au mois d'août. Le laps de temps qui sépare ces deux labours permet aux mauvaises herbes de naître et de croître assez pour enrichir le sol de leur détritus. Le labour du mois d'août exécuté profondément, comme le premier, le champ attend dans cet état les travaux du printemps suivant, qui disposent la terre à recevoir les récoltes sarclées qui sont suivies de l'ensemencement des céréales.

Lorsque le sol est soumis à l'assolement triennal, on doit forcément exécuter un second labour avant celui du mois d'août, et terminer la préparation de la terre par la quatrième façon, à la fin du mois de septembre. Mais je dois me hâter de dire qu'on n'obtient pas ainsi, aussi radicalement, la destruction des plantes parasites.

QUATRIÈME SOIRÉE.

LE COMMANDANT.

Je vous ai prié, mon cher régisseur, de me venir en aide lorsque je ferais appel à votre expérience. Veuillez donc traiter la question des instruments aratoires et de leur perfectionnement, que vous connaissez si bien.

LE RÉGISSEUR.

J'obéis au désir que vous venez de manifester, M. le commandant, non parce que je crois que vos auditeurs gagneront au change, mais pour vous laisser un repos dont vous devez avoir besoin.

Instruments aratoires et leurs effets. — Je crois inutile de parler des différentes pièces qui composent une charrue à des hommes qui, élevés au milieu des champs, les voient confectionner et fonctionner tous les jours. Je me contenterai de comparer notre charrue, la vieille charrue grecque, aux charrues perfectionnées, au point de vue des services qu'elles rendent.

Pour qu'une charrue fonctionne bien et laisse peu à désirer, il faut qu'elle tranche la terre sur un plan horizontal bien net et qu'elle rejette la terre sur un angle de quarante degrés au moins, résultat qu'il est impossible d'atteindre avec la charrue ordinaire du pays, combinée de telle sorte qu'elle exige un tirage assez fort et peu en rapport avec les services qu'elle rend, à cause du frottement qu'opposent toutes ses parties et de la résistance produite par l'épaisseur du cep (du pli). C'est une grande erreur de croire que la charrue en fer exige un tirage plus grand que la charrue en bois. Cette erreur, très-répandue il y a quelques années, tend à disparaître, au grand avantage de l'agricul-

ture, car les cultures, en général, n'entreront dans une voie de
progrès réels que lorsque les instruments si défectueux qui les
retardent auront été remplacés par des instruments perfectionnés.

La profondeur des labours produite par la charrue en bois
atteint à peine, en moyenne, 12 à 13 centimètres à l'extrémité
de l'angle obtus tracé au fond du sillon, de telle sorte que les angles supérieurs sont à 9 centimètres environ de la superficie,
ce qui constitue une moyenne de 10 à 11 centimètres de profondeur, dont souffrent très-peu les plantes à racines traçantes
qu'il est nécessaire d'atteindre plus profondément pour les détruire. Tels sont le chiendent, l'avoine à chapelet, l'agrostide
genouillée, qui font le désespoir des cultivateurs.

La charrue en fer, confectionnée par un ouvrier intelligent,
coupe uniformément la terre à une profondeur de 20 à 22 centimètres sur un plan horizontal bien net. C'est là certainement
un résultat appréciable, quoiqu'il n'atteigne pas la perfection
qu'on peut attendre d'un bon instrument. Je ne connais pas de
charrue qui offre un résultat plus satisfaisant que la charrue
Dombasle modifiée, c'est-à-dire sans roues et à âge fixe, qui
trace une tranchée de 28 à 30 centimètres de profondeur, si nette
qu'on la croirait creusée avec un instrument tranchant dirigé
par la main de l'homme.

On objectera, sans doute, que la charrue Dombasle, étant plus
lourde, grandit le tirage en proportion. C'est là une erreur qu'il
faut se hâter de détruire. Comme nous l'a appris M. Mathieu de
Dombasle lui-même, après les expériences décisives qu'il a faites,
le tirage n'est pas en raison directe de la pesanteur de la charrue,
mais en raison de la masse de terre remuée. Pour rendre cette
expérience concluante et définitive, il plaça un dynamomètre
pour mesurer le tirage de la charrue; il doubla ensuite la
pesanteur de l'instrument au moyen d'un surpoids de 75 kilogrammes, *qui n'ajouta rien à la traction produite avant
cette addition.* La traction diminuait seulement lorsqu'on diminuait la largeur de la tranche de terre rejetée par sa charrue, et

augmentait en la prenant plus grande. On ne peut expliquer plus clairement et plus sûrement un fait si remarquable, qui d'abord peut paraître impossible, mais que la réflexion fait comprendre et que l'expérience rend indubitable.

En agriculture, il faut resserrer les faits et les résultats et fournir des preuves mathématiques que chacun puisse comprendre. Essayons : La charrue ordinaire en bois, en fouillant le sol à une profondeur de 12 centimètres, remue 1,200 mètres cubes de terre sur un hectare. Une charrue en fer convenablement disposée, pénétrant à une profondeur de 24 centimètres, en soulèvera 2,400, tandis que la charrue Dombasle, tranchant uniformément le sol à 35 centimètres au moins, remuera sur un hectare 3,500 mètres cubes de terre. Si nous nous reportons maintenant aux avantages nombreux qu'offrent les labours profonds, dont nous a entretenus M. le commandant, on comprendra combien il importe de remplacer les instruments défectueux du pays par des instruments perfectionnés. La charrue en bois du pays a encore l'inconvénient de ne pas nettoyer suffisamment le creux des billons ou de le faire toujours d'une manière variable en laissant des coussinets qui arrêtent les eaux et produisent de nombreux points de stagnation très-nuisibles aux jachères comme aux semences. Si la perfection des labours dépend un peu de l'adresse du laboureur, elle dépend beaucoup plus de la perfection des instruments. Il n'est pas nécessaire que tous les labours soient faits à une profondeur de 32 à 35 centimètres. Un labour à cette profondeur suffit à chaque rotation, c'est-à-dire tous les deux ans si l'assolement est biennal, tous les trois ans s'il est triennal; mais il ne faudrait pas l'éloigner davantage.

[1] « Pour qu'une charrue remue beaucoup de terre avec peu « de tirage, il faut qu'elle réunisse les conditions suivantes :

---

[1] Les lignes guillemettées ont été fournies à l'auteur par M. Larramet, son collègue au Conseil général.

« 1º La courbe du corps, vulgairement appelé *pli*, doit être calculée de manière que pendant l'effort du tirage le talon touche constamment le sous-sol non remué.

« 2º Le soc doit être assemblé avec le corps de charrue, de telle sorte qu'il chemine horizontalement dans le sens de la longueur et dans le sens de la largeur. On obtient ce résultat en le réunissant au corps de la charrue, selon un angle de cent dix degrés. Ce système a l'avantage de permettre à l'araire de marcher inclinée du côté opposé au versoir, et de couper le sol horizontalement. Lorsqu'au contraire, le soc est assemblé à angle droit avec le corps, les laboureurs ayant l'habitude d'incliner leur charrue, ils labourent en crémaillère, en laissant un coussinet, non remué, d'une hauteur proportionnelle avec le degré d'inclinaison de la charrue.

« 3º Le soc doit être triangulaire, bien tranchant et dépasser de deux à trois centimètres la ligne qui suit l'extrémité postérieure et inférieure du versoir.

« 4º Le versoir doit être fortement entourné de manière à renverser la bande de terre tranchée par le soc et le coutre. Il ne doit pas butter la terre, mais la retourner sans effort. Dans la charrue en bois de notre pays, le versoir agit comme un coin. Nos laboureurs reprochent à ces versoirs d'être trop *doux*, mais ils ne comprennent pas le mécanisme de la charrue.

« Si la largeur du soc vis-à-vis l'angle tranchant est de 35 centimètres, la distance qui sépare la pente inférieure et supérieure du versoir et du contreversoir ne doit pas dépasser 33 centimètres.

« 5º Le coutre, au lieu d'être presque vertical, doit être incliné de manière à couper la terre en la soulevant. Il faut que le trou du *pli* soit percé bas.

« 6º La courbe antérieure du versoir qui fait suite à la partie droite du soc doit être très-allongée. La pointe du soc ne doit jamais être surbaissée. »

La charrue, dite rouquette, lorsqu'elle est construite d'après ces principes peut remplacer avantageusement l'araire en bois du pays.

LE COMMANDANT.

Nous ne saurions mieux vous exprimer notre satisfaction, mon cher régisseur, qu'en vous priant de compléter l'instruction que vous venez de nous faire par votre appréciation sur la herse et l'extirpateur, comme sur les services que rendent ces deux instruments.

LE RÉGISSEUR.

Puisque ce que je pourrai vous dire, au sujet de la herse et de l'extirpateur, vous paraît le complément de ce que vous voulez bien appeler mon instruction, je m'empresse de vous obéir.

Du hersage. — La forme des herses varie beaucoup : il en est qui ont la forme d'un quarré long de 2 mètres 50 centimètres environ sur 60 à 80 centimètres, armées de dents croisées en fer ou en bois, auxquelles est attachée une âge rigide (fixe). D'autres sont triangulaires et à l'un des angles est fixé un crochet en fer, auquel s'adapte l'âge mobile qui sert à la traîner. La meilleure, à mes yeux, est la herse Valcour.[1] Sa forme est un parallélogramme (losange) de 1 mètre 30 centimètres sur 1 m. 10 centimètres; elle est armée le plus souvent de 24 fortes dents de fer qui ont toutes une inclinaison régulière, de laquelle découle la facilité d'employer plus ou moins de forces, selon la nécessité, en changeant de côtés et de coin la chaîne mobile qui s'adapte à des crochets fortement attachés aux quatre angles de la herse, changements qui constituent quatre degrés d'action et par suite de tirage.

La durée et l'utilité de cet instrument sont telles que le prix est largement compensé par les services qu'il rend.

---

[1] Son prix varie de 60 à 75 fr. Deux ouvriers charrons, d'Auvillars, en confectionnent dans de très-bonnes conditions.

Le hersage, qu'on peut appeler un labour superficiel, n'est pas toujours possible : dans certains cas même il est nuisible. Il est impossible lorsque les tranches d'un labour ont été laissées longtemps sous l'influence de la chaleur. L'effet du hersage, dans ce cas, serait loin de compenser la perte de temps et la peine que prendraient l'attelage et le conducteur. Le hersage est nuisible quand le sol est mou, son effet et le piétinement de l'attelage tendraient à rendre le sol compacte et le disposerait mal pour recevoir les labours ultérieurs : il compromettrait sûrement les effets, si féconds, des influences atmosphériques.

Il est nuisible encore lorsqu'on le pratique après le labour sur un champ envahi par le chiendent dont il entretient la vigueur en maintenant la fraîcheur du sol. Dans ce cas, et j'en ai fait l'expérience plusieurs fois, le hersage doit précéder le labour pour le rendre plus facile. Les racines du chiendent descendent tout au plus à 16 ou 18 centimètres. Quelques labours à cette profondeur, exécutés pendant la grande chaleur, vaincront cette pernicieuse plante. Il faut dès-lors que les labours soient complets, c'est-à-dire en planches les plus larges possibles pour qu'il ne reste pas de terre à remuer. Aussi le labour en billon étant loin de présenter ce résultat ravive le chiendent au lieu de le détruire, car, appuyé d'un côté sur la terre ferme et trouvant à sa portée de la terre ameublie, il s'y précipite et y talle avec une vigueur désespérante.

Ainsi, toutes les fois qu'on n'aura pas à combattre cette plante pernicieuse, ou celles à racines traçantes qui s'y rapportent, les hersages devront suivre les labours à des intervalles mesurés sur l'état du sol. Lorsqu'il sera humide il faudra attendre qu'il soit suffisamment ressuyé *et veiller le moment opportun.* S'il est suffisamment ressuyé au moment du labour les hersages devront être faits à la suite de la charrue. Exécutés à propos, ils deviennent une des opérations agricoles les plus fructueuses. Il vaut mieux atteler des vaches que des bœufs à la herse; plus vives que ceux-ci, elles font un tiers de travail de plus.

5

Extirpateur. — Les labours superficiels s'exécutent encore au moyen d'un instrument nommé extirpateur, il s'emploie sur les jachères ainsi que pour sarcler les récoltes en lignes. D'un emploi général dans le nord, il est malheureusement fort rare dans nos contrées. Cet instrument est disposé de manière que le cultivateur peut le faire pénétrer à son gré, de 6 à 12 centimètres dans le sol qu'il coupe horizontalement et uniformément, de telle sorte que sur son passage il ne reste pas un seul pied d'herbe qui ne soit soulevé, et c'est là son rôle principal; il tend en outre à faciliter le passage de l'air dans toute la couche arable. Sur les exploitations où cet instrument est utilisé, on se contente de donner à la terre deux bons labours, puis on fait passer deux fois l'extirpateur. Comme il produit quatre fois plus de travail que la charrue avec le même résultat, l'économie de temps qui s'ensuit permet, au besoin, de remuer le sol superficiellement une ou deux fois de plus qu'avec la charrue. La préparation de la terre se trouverait bien de ces fréquents bouleversements si elle était envahie par des plantes parasites.

On fait aussi des extirpateurs de moindre dimension que le premier, auxquels on a donné le nom de houe à cheval. Attelé d'un seul cheval, il doit être conduit par deux hommes, l'un à la tête du cheval pour le guider, l'autre derrière pour diriger l'instrument. Comme il ne sert qu'à sarcler les récoltes en lignes, cette précaution doit être prise pour éviter que, par une marche irrégulière, l'instrument et l'animal ne froissent ou n'arrachent les plantes. La houe à cheval peut biner par jour jusqu'à deux hectares ou un hectare et demi, si on y attèle une paire de vaches avec un joug long.

Pour que la houe à cheval remplisse convenablement le but qu'on se propose, il ne faut pas trop laisser grandir les plantes nuisibles qu'on veut détruire : les racines, devenues trop fortes, arrêtent la marche de l'instrument ou l'obligent à une marche irrégulière qui pourrait causer des dégâts aux plantes qu'on cherche au contraire à protéger. Pour obtenir les meilleurs résultats de ce mode de culture, il faut que le terrain soit plutôt sec qu'humide.

Scarificateur. — Le scarificateur n'est autre qu'un extirpateur dont le travail est beaucoup plus énergique. Il peut pénétrer dans le sol de 16 à 22 centimètres, il exige conséquemment de forts attelages. On l'emploie habituellement sur les jachères.

LE COMMANDANT.

Notre soirée a été trop bien remplie, et votre attention trop captivée par l'exposé si précis de M. le régisseur, pour que je songe à parler après lui. Je remets donc, à notre prochaine réunion, la continuation de nos entretiens que je reprendrai en vous parlant des engrais et des moyens d'en augmenter la valeur.

CINQUIÈME SOIRÉE.

M. LE MAIRE.

J'ai souvent entendu confondre, entre eux, les engrais et les amendements. S'il existe une différence entre ces deux producteurs de notre richesse agricole, je vous prierai, commandant, de vouloir bien nous la faire connaître.

LE COMMANDANT.

Très-certainement, mon cher magistrat, il y a une grande différence entre les engrais et les amendements. On doit appeler engrais les substances qui, répandues sur le sol, fournissent aux plantes des matériaux à leur assimilation, ou en d'autres termes, on doit appeler engrais les corps dont se forment et se nourrissent directement les végétaux. Les corps amendants sont ceux qui facilitent l'assimilation, qui favorisent l'absorption des éléments constitutifs des plantes. Je vous entends dire souvent, mes amis, lorsque vous engraissez des porcs et qu'ils sont dégoûtés, que vous mettez du sel dans leurs aliments pour exciter l'appétit de vos bêtes. Le sel que vous ajoutez ne constitue pas une nourriture, mais il rafraîchit la bouche des animaux; il aide chimiquement à la digestion et ramène l'appétit. Les amendements agissent de même sur les plantes et sur la terre, soit par le changement qu'ils apportent dans la constitution du sol, soit par l'action chimique qu'ils exercent entre les plantes et les engrais. L'embarras de déterminer d'une manière bien précise que tel corps est un engrais ou un amendement, a donné lieu souvent à de longues discussions qui n'ont pas abouti, par la raison que les preuves contraires n'ont pas été concluantes. Nous reviendrons sur cette question quand nous parlerons du plâtre qui, principalement, a donné lieu à ces discussions. Quel que soit le caractère de ces discussions, il sera vrai de dire que si, dans l'organisation végétale, on retrouve quelques traces des corps amendants, ils s'y retrouvent en si petites quantités qu'ils ne sont certainement pas indispensables à la vie des plantes, tandis qu'elles renferment, dans leurs tissus, les éléments qui composent les engrais, et en quantité d'autant plus grande que les engrais auront été plus abondants.

Ainsi donc, ce que nous nommerons engrais sera les débris des corps organiques que l'on jette sur la terre plus ou moins décomposés, et les matières animales qui ordinairement mêlées à ces débris déterminent plus promptement la décomposition. Les matières animales contiennent beaucoup plus de parties nutritives que les matières organiques ; c'est pourquoi les engrais formés des premières sont plus énergiques que les engrais d'une autre origine. Les premiers agissent comme engrais, proprement dits, les seconds agissent un peu comme engrais et comme amendements. Dans l'acception entière du mot, les amendements sont de nature inorganique, comme les terres, les marnes, les sels, etc.

Suivant le langage agricole, j'appelle engrais les matières orga-
nisées, soit végétales, soit animales, seules ou mélangées, et dans
un état de décomposition plus ou moins avancé.

Engrais. — Les engrais sont la richesse de l'agriculture. Ils
sont sa pierre philosophale. C'est donc vers les engrais, vers les
moyens de les augmenter et d'en conserver la valeur que doivent
se tourner tous les efforts des cultivateurs.

Le premier de tous les engrais, le plus énergique que nous
connaissions comme le plus durable, celui que nous produisons
tous les jours, mais auquel nous ne donnons pas le soin qu'il
mérite, est le fumier de nos étables. Ce fumier se compose,
comme vous le savez tous, des excréments et de l'urine des animaux de toutes espèces que nous élevons dans nos fermes, mêlés
à la litière.

L'action fécondante des matières animales et végétales est due
aux principes azotés qu'elles contiennent. Soumises à une fermentation plus ou moins vive, plus ou moins prolongée, ces matières et l'eau qu'elles contiennent subissent une décomposition.
Il se forme de l'ammoniaque qui se compose de deux parties
d'azote et de six d'hydrogène, comme l'indique sa formule
atomique : az.^{2}; h.^{6}. L'azote vient de la texture des plantes et des matières animales; l'hydrogène vient également de
l'eau qu'elles renferment. L'abondance et la qualité du fumier est
en raison directe de l'abondance et de la qualité de la nourriture
distribuée aux animaux. Les fumiers des animaux bien nourris en
hiver sont plus azotés que les fumiers produits lorsqu'ils sont
nourris avec des fourrages. Mais ordinairement les produits des
prairies artificielles sur nos fermes sont encore si minimes; les
animaux y sont si pauvrement nourris pendant la saison morte,
qu'ils produisent relativement peu de fumier et d'assez mauvaise
qualité. La litière qui sert de couche aux animaux et aussi de
récipient des matières fécales est le plus souvent aussi distribuée
avec parcimonie, parce que la paille qui ne devrait servir qu'à la

litière est réservée en majeure partie pour la nourriture des animaux; c'est là encore une condition complétement anormale qui
ne cessera que lorsque des théories de cultures nouvelles et d'assolements plus progressifs auront mis à la disposition des agriculteurs les fourrages nécessaires à leurs exploitations.

La quantité de litière doit être en rapport avec la nourriture
du bétail et la saison. Une tête de bétail mal nourrie en hiver consommera pour sa litière un kilogramme et demi de paille; si elle
est bien nourrie, 3 kilogrammes suffiront à peine. La même,
abondamment pourvue en fourrage vert, consommera de 5 à
6 kilogrammes de paille, tandis que nourrie avec la réserve
qu'indique trop souvent la pénurie, 3 kilogrammes lui suffiront grandement. Je ne parle pas ici des bêtes à l'engrais; leur
consommation est quelquefois énorme.

UN MÉTAYER.

Croyez-vous, M. le commandant, qu'il soit indifférent de répandre les engrais en toutes saisons et dans un état de décomposition plus ou moins avancé? J'ai cru remarquer une très-
grande différence d'effets dans le choix du moment, et je serais
bien aise d'apprendre que mes remarques sont conformes aux
vôtres.

LE COMMANDANT.

Cette question, mon cher ami, mérite un assez long développement. Je vais tâcher de répondre à votre désir.

Emploi des engrais. — Les engrais doivent être employés de
différentes manières, en temps opportun, et à des époques variables. Il y a des engrais dont l'action ne se fait pas sentir promptement, et qui, par conséquent, doivent être répandus longtemps
avant les semailles; tels sont : les compost pailleux, les boues de
basse-cour et les os moulus. D'autres, au contraire, dans un état
de décomposition avancé lorsqu'on les répand et dont l'action est
immédiate, doivent être répandus lorsque la végétation s'opère;

telles sont les urines, les matières fécales et les colombines. Beaucoup d'agriculteurs répandent ces engrais, les colombines surtout,
au moment des semailles ; il serait beaucoup plus avantageux de
ne le faire que lorsque les semences ont levé ; après l'hiver, par
exemple, pour les semences d'automne.

Les végétaux absorbent leur nourriture sous deux états :
1° Les corps solides ou liquides que nous répandons, rendus solubles par les alcalis, sont absorbés par les racines, mais il faut
que ces corps se trouvent en contact avec leurs suçoirs ; 2° les
corps gazeux qu'ils prennent dans l'atmosphère ; ces derniers
sont absorbés par les parties vertes des plantes, par les tiges et
les feuilles. D'après ces principes établis, il ne serait pas conséquent de répandre les engrais d'une prompte et facile décomposition avant les semailles ou quand la végétation est arrêtée, c'est-
à-dire pendant l'hiver, ou même quand les cultures, trop faibles
encore, ne pourraient s'assimiler qu'une très-petite partie des
éléments qu'on leur distribue. La fin du mois de mars est, dans
nos contrées, le moment le plus opportun pour répandre ces engrais sur les semailles d'automne, et quand la végétation a acquis
une certaine force pour les semailles du printemps.

Les fumiers, proprement dits, ceux de nos étables, entrent
promptement en fermentation lorsqu'on les met en tas, et perdent beaucoup de leur valeur si on les abandonne trop longtemps
à la fermentation qui s'opère. L'azote qui constitue la richesse de
ces engrais s'évapore sous forme d'ammoniaque. Lorsque le fumier est arrivé à un état avancé de décomposition, il a perdu la
moitié de son volume et la moitié de ses principes les plus riches.
Il est donc nécessaire d'éviter cette excessive déperdition, à moins
qu'on ne fasse subir au fumier une préparation dont nous parlerons bientôt, et dont M. le curé voudra bien nous faire connaître
la théorie ; le moyen le plus simple et le plus facile est de porter
le fumier sur les champs en le sortant de l'étable, lorsque la saison le permet, et de le laisser le moins possible entassé quand on
a été obligé de recourir à ce moyen. Le fumier, dans tous les cas,

doit être enfoui immédiatement après son transport sur les champs. On a longtemps discuté sur les avantages qu'il y avait à employer immédiatement les fumiers au sortir de l'étable ou à les entasser pour un temps plus ou moins long. Les nombreuses expériences qui ont été faites par des agriculteurs pratiques et l'expérience que j'ai acquise aussi me déterminent à vous conseiller la méthode de l'emploi des fumiers frais aussi souvent que les circonstances le permettent, comme une garantie contre la perte énorme qu'éprouvent les fumiers entassés. L'emploi de cette méthode est le plus souvent impossible en hiver ; mais, à cette époque, les agriculteurs doivent se prémunir contre la perte que peuvent éprouver les fumiers.

Conservation des fumiers. — Comme pourra vous l'assurer M. le curé, l'eau peut dissoudre quatre cents fois son volume de gaz ammoniaque, qui est le principe le plus riche des fumiers. Cependant la plupart des agriculteurs de notre pays placent leurs fumiers dans les plus mauvaises conditions en les sortant de l'étable. Les fosses sont placées le plus souvent de manière à ce que les eaux pluviales, venant des toits ou des cours, y pénètrent de toutes parts, et l'on pratique à l'une des extrémités une tranchée qui permet à l'excès de ces eaux d'aller se perdre sans but et sans profit dans un fossé ou sur un chemin. Il est évident que les eaux, en passant au travers du fumier qu'elles lavent, entraînent avec elles les sels et les gaz qu'elles ont dissous, et conduisent ces précieux éléments de la fécondité de nos champs dans un trou ou un fossé qu'on pourrait appeler un parc à vers. Ces fumiers ainsi lavés, ainsi déshérités de leurs forces fécondantes, n'agissent plus sur le sol que comme terreaux d'assez mauvaise nature. Quand on ne peut transporter les fumiers sur les champs à mesure de leur extraction de l'étable, et qu'on n'a pas de fosses couvertes, ce qui est sans contredit la meilleure disposition, on doit les placer du moins dans une fosse entourée d'un accotement qui empêche l'eau d'y arriver, et assez profonde pour que le fumier s'élève le moins possible au-dessus du sol où il ne doit pas séjourner longtemps : soit un délai qui ne dépasse pas 30 jours, délai qu'on doit amoindrir quand cela se peut, mais qu'on ne peut prolonger sans désavantage, car l'action de l'air et la moisissure détruiraient très-certainement une grande partie de ses principes fécondants. Pour éviter en partie cette action, le fumier doit être placé en couches étendues avec soin et fortement tassées.

LE MÉTAYER.

Je suis très-content, M. le commandant, que la manière dont j'avais envisagé la question soit en tout conforme à votre appréciation. Autrefois, et suivant l'errement général, je laissais les fumiers se consommer beaucoup. Plus ils l'étaient au moment du transport sur mes champs, plus j'étais satisfait. Je m'aperçus cependant que des fumiers frais, répandus dans le même moment, avaient mieux opéré que les fumiers consommés. Je réitérai mon expérience, et j'obtins le même résultat. Depuis ce moment, je ne mets mes fumiers en tas que lorsque je ne puis faire autrement. J'attribue le rendement supérieur de la métairie que j'exploite au mode que j'ai adopté. J'ai remarqué aussi que les colombines que je répandais au printemps sur les blés agissaient avec plus de force que celles que je recouvrais au moment des semailles. Quant à la conservation du fumier, je profiterai de votre enseignement; car, comme beaucoup de mes collègues, je ne les traitais pas toujours comme ils le méritent.

LE COMMANDANT.

Vous êtes sur la voie du progrès, mon cher ami; il faut y marcher résolument. Si le hasard vous a conduit à un bon résultat, il faut écouter maintenant les leçons de l'expérience pour redresser les torts que vous vous faites vous-même.

Je vous prie, mon cher curé, de vouloir bien nous expliquer théoriquement les expériences que nous avons faites ensemble sur les fumiers ; pour moi, je me contenterai de faire connaître les résultats que j'ai obtenus des fumiers après le traitement que vous leur avez fait subir.

LE CURÉ.

Puisque vous le désirez , mon cher commandant, je vais vous remplacer un moment, indiquer à vos auditeurs les moyens que vous avez pris pour éviter la déperdition que les fumiers éprouvent, et leur faire comprendre les effets que ces moyens procurent.

Traitement des fumiers ; moyen de les augmenter. — Les faits incontestables dont nous a entretenus M. le commandant, et qui sont si préjudiciables aux engrais, base de la richesse de l'agriculture , lui firent rechercher le moyen de fixer l'ammoniaque, indispensable à l'action des engrais en général, mais surtout aux fumiers d'étables, qui forment la presque totalité des engrais que consomment les cultures de nos contrées. Je savais que le gaz ammoniac avait une propriété particulière : *celle d'agir comme base solifiable.* Il ne s'agissait plus, pour arriver à une solution convenable, que de le combiner de manière à obtenir un sel suffisamment soluble. Au commencement de 1845 , je conseillai au commandant de faire dissoudre dans de l'eau une certaine quantité de plâtre de Rouen (sulfate de chaux) et d'arroser avec ce liquide le fumier des étables , à mesure qu'on le relevait pour le placer sur la civière et le mettre en tas au-dehors. Sans nul doute, pendant la fermentation, la décomposition avait lieu et il se formait du sulfate d'ammoniaque; mais soit que ce liquide, un peu pâteux, ne fût pas propre au développement d'une forte fermentation, soit même qu'il s'y opposât, nous n'obtînmes, dans le fumier ainsi traité, qu'une température de 45 à 50 degrés de chaleur. Nous abandonnâmes quelque temps après ce procédé, qui n'atteignait pas le but que se proposait le commandant et qui, en outre, était d'un coût assez élevé ; car le plâtre employé revenait à plus de 3 fr. les 50 kilogrammes. Il entrait 10 kilogrammes par charroi présumé de fumier.

Au mois de septembre 1846, le commandant eut l'avantage de voir un professeur de chimie à Bordeaux, auquel il soumit le traitement qu'il avait fait subir au fumier ; ce professeur l'approuva.[1]

Le commandant lui demanda encore son avis sur l'emploi d'un sulfate moins coûteux que celui avec lequel il avait expérimenté ; il lui indiqua le sulfate de fer, qu'on livrait dans le commerce à très-bas prix, et voulut bien, même, lui promettre de lui en expédier de Bordeaux pour essai, promesse que ses occupations, sans doute, lui firent oublier. Au mois d'août 1847, je fis venir de Toulouse 50 kilogrammes de sulfate de soude qui devait me servir à un mélange réfrigérant pour produire de la glace. Nous nous en servîmes aussi avec le commandant pour poursuivre nos expériences sur les fumiers. Nous fîmes dissoudre 4 kilogrammes de ce sel, divisés ensuite dans 3 hectolitres d'eau (trois comportes) ; nous fîmes arroser le fumier avec un arrosoir comme je l'ai indiqué tout-à-l'heure, et il fut placé en tas élevé bien tassé et égalisé. Six jours après cette opération, nous plongeâmes le thermomètre dans le fumier où se trouvaient déjà 48 degrés de chaleur. Le huitième jour la chaleur était montée à 66, et à 76 le dixième.

C'en était fait, nous avions obtenu un double résultat : la décomposition du gaz ammoniac et la formation d'un sel plus fixe, du sulfate d'ammoniaque d'une part ; de l'autre, la destruction de toutes les semences qui salissent la terre sur laquelle sont répandus les fumiers ; car aucune de ces semences ne saurait conserver ses propriétés germinatives dans un milieu de 76 degrés de chaleur. Il nous restait encore une expérience comparative à faire entre l'emploi du fumier composé et celui qui n'avait pas

[1] Ces questions ont été adressées par l'auteur à M. Fournet, d'Agen, professeur de chimie au collége de Bordeaux.

subi de préparation. M. le commandant vous dira le résultat de ses expériences.

LE COMMANDANT.

Maintenant, mes amis, que M. le curé a bien voulu vous expliquer la théorie de la préparation des fumiers, je vais, à mon tour, vous faire connaître les résultats pratiques de cette opération. J'ai poursuivi pendant plusieurs années des expériences qui m'ont démontré jusqu'à l'évidence la double action de l'augmentation de l'engrais et de la destruction des graines contenues dans les fumiers. Avant de constater mes diverses épreuves, je tenais à faire l'essai d'un sulfate qui pût être livré à meilleur marché que le sulfate de soude lorsque, il y a deux ans environ,[1] je reçus de MM. Rolland et Compagnie, de Toulouse, une notice sur la préparation des fumiers. J'y lus que M. Rolland, qui avait eu la même pensée, se servait du sulfate de fer, qu'il offrait de livrer à un prix assez modéré. Je fis venir immédiatement 25 kilogrammes de ce sel et j'expérimentai sur-le-champ comme je l'avais fait avec le sulfate de soude. Le thermomètre plongé dans le fumier s'est toujours élevé graduellement à 76 degrés, que la chaleur atteignait du huitième au dixième jour. J'ai toujours continué de traiter ainsi les fumiers. L'année dernière, la différence des froments qui avaient reçu ces fumiers était telle que, d'assez loin, on distinguait la ligne de démarcation qui formait une plus grande hauteur des tiges comparées à celles des froments voisins qui avaient reçu les fumiers ordinaires.

Si les fumiers non préparés doivent être transportés sur les champs aussitôt que possible, les fumiers préparés doivent l'être après le dixième jour, s'il n'a pas été ajouté des matières étrangères pour en augmenter le volume, et après le dix-huitième ou vingtième si cette opération a été exécutée. Je ne prétends pas, comme on l'a assuré, qu'au moyen du traitement du fumier par le sulfate de fer on puisse en sextupler la quantité en intercalant

---

[1] L'auteur écrivait cette page au mois de mars 1852.

entre des strates de fumier de 20 centimètres d'épaisseur d'autres matières, comme des feuilles, des pailles, de la bruyère ou
des herbes. L'expérience m'a démontré qu'il est impossible d'atteindre cette augmentation, mais qu'on pouvait, qu'il fallait
même, autant que possible, l'augmenter d'un quart pendant la
belle saison et d'un tiers pendant l'hiver, parce qu'ils peuvent
séjourner plus longtemps en tas hors de l'étable et que l'on
peut facilement laisser s'opérer la fermentation pendant 20
ou 25 jours. Il est bon, pour obtenir une augmentation de
fumier, de se servir de paille qui ait déjà subi un certain degré
de consomption, ou de bruyères, des restes de bourrées qui
aient été mises en tas depuis longtemps. Il est nécessaire de
mouiller l'une et l'autre de ces matières avec de l'eau ordinaire
avant de les intercaler. Pendant plusieurs mois de l'année, on
pourra se servir avec avantage de mauvaises plantes qu'on peut
se procurer partout et dont l'enlèvement profite à la netteté du
sol. Quand ces plantes sont fraîchement coupées l'arrosage devient inutile.

Je ne crois pas avoir besoin d'insister plus longtemps pour
prouver qu'outre l'avantage qu'ont les fumiers préparés sur les
autres, l'agriculteur qui adoptera cette méthode sera complètement payé de ses frais par l'augmentation du quart au tiers qu'il
peut obtenir. Avec 25 kilogrammes de sulfate de fer, qui coûte-
ront 3 fr. 75 c., il pourra traiter 25 charrois ordinaires de fumier, qu'il lui sera facultatif d'élever jusqu'à 30 ou 32 sans
diminuer la fécondité des premiers par l'addition que j'ai indiquée. Que quelques agriculteurs fassent de nouvelles expériences;
je ne doute pas que, confirmatives des miennes, elles n'amènent, de proche en proche, les agriculteurs les plus timides à
s'emparer d'une méthode dont les résultats seront appréciés.

Dans le cas même où les fumiers seront transportés aux
champs au sortir de l'étable, il est très-avantageux d'arroser
ces fumiers en les relevant pour les charger. Deux kilogrammes
de sulfate de fer divisés dans trois comportes d'eau, ou 700

grammes par comporte et par charretée de fumier, suffiront amplement. La personne chargée de l'arrosage doit être attentive et arroser dès que la fourchée de fumier est retournée, et il faut qu'il fume le moins possible.[1]

L'INSTITUTEUR.

J'ai souvent entendu parler de l'emploi de la poussière de chaux pour la conservation des fumiers, et j'ai moi-même quelquefois employé ce moyen ; permettez-moi, commandant, de demander à M. le curé si cette méthode est bonne à quelque chose.

LE CURÉ.

La chaux employée pour les fumiers. — La chaux jetée sur le fumier ne sert qu'à accélérer le dégagement des gaz qui s'y forment. Il faut donc se garder, mon jeune ami, d'en mêler au fumier, non plus que des cendres, qui produisent le même effet, quoique moins énergiquement que la chaux. Lorsque vous n'aurez pas de sulfate de fer, vous pourrez répandre, avant de faire la litière de votre bétail, du plâtre pulvérisé qui se convertira en sulfate d'ammoniaque et qui se conservera dans le fumier jusqu'au moment de le répandre sur vos cultures. Il faudrait l'y répandre tous les deux jours en petite quantité : soit un kilogramme par tête de bétail quand elle est nourrie avec du fourrage sec, et deux kilogrammes lorsque le pensage se fait avec du fourrage vert.

L'INSTITUTEUR.

Combien pensez-vous, commandant, que peut fournir de fu-

---

[1] J'ai lu depuis le mois d'août 1852, époque à laquelle M. le rédacteur du *Journal de Castelsarrasin* voulut bien insérer dans ses colonnes ma notice sur les fumiers et leur préparation, un ouvrage de M. Bartayrès, professeur de physique et de chimie à Agen, dans lequel il conseillait d'arroser le fumier avec une dissolution de sulfate de fer. La longue et solide expérience de ce professeur, en confirmant ma pensée, déterminera, plus que je ne pourrais le faire moi-même, les agriculteurs à s'emparer du procédé indiqué. (*Note de l'auteur.*)

mier une tête de bétail? Pensez-vous encore que la quantité du fumier au sortir de l'étable est sensiblement la même, ou varie-t-elle suivant les conditions dans lesquelles elle a été produite?

LE COMMANDANT.

Quantité de fumier produite. — Bien des causes, mon cher ami, concourent à l'augmentation ou à la diminution du produit; aussi rien de plus variable que la quantité fournie par une tête de bétail ordinaire. Elle dépend d'abord de la stabulation plus ou moins permanente. Les bestiaux de peine, seraient-ils tous les jours sous le joug, à huit heures de travail par jour, ne seraient hors de l'étable que le tiers de l'année et pourraient ainsi produire une assez grande masse de fumier. Mais, dans nos contrées, la pénurie des fourrages est si grande que, le plus souvent, au sortir du travail ou après quelques instants de repos, le bétail est conduit au pacage, où il reste d'autant plus longtemps que le pacage est plus maigre. Nous pouvons assurer qu'en moyenne il ne reste pas à l'étable la moitié de l'année. Si après ses heures de peine le bétail demeurait à l'étable pour y prendre sa nourriture et s'y reposer, chaque tête pourrait produire 150 quintaux de fumier en moyenne. Mais la quantité diminue ou augmente non seulement en raison de la stabulation, mais elle est proportionnelle encore à la masse des aliments consommés. De telle sorte que si une tête de bétail de peine bien nourrie et restant à l'étable les deux tiers de l'année peut produire en moyenne 150 quintaux de fumier, cette quantité diminuera en raison directe de la privation qu'éprouvera cette bête; aussi la quantité produite se maintient-elle, dans notre pays, entre 80 et 150 quintaux.

Naturellement, la quantité produite par un élève de 1 à 2 ans est bien moindre encore et dépend aussi de la stabulation et de la masse des aliments distribués. Suivant les conditions, elle variera de 20 à 40 quintaux. On comprendra facilement cette différence quand on saura que le fourrage sec comme la

litière doublent de poids par leur réduction en fumier. Cette
évaluation dépend des soins donnés aux fumiers, de la litière
faite à propos et en quantité convenable.

La qualité du fumier dépendra toujours non seulement des
soins qui y seront apportés, mais encore de la qualité nutritive
des aliments.

Si la quantité de litière distribuée est insuffisante, elle ne
pourra absorber toute l'urine des animaux; si elle est trop abondante, elle ne pourra être humectée en entier : dès-lors sa qualité ne sera pas en rapport avec le volume produit. Pour arriver
aux meilleures conditions, il vous faut donc, mes amis, obtenir
la plus grande quantité de fourrage possible et approcher ainsi
de la stabulation permanente si vous ne pouvez l'atteindre. Il
faut répandre la litière en quantité convenable et ne pas la dépasser.

Les excréments humains sont l'un des engrais les plus énergiques que nous connaissions, et l'usage en est fréquent dans les
contrées où l'agriculture est en grand progrès. Dans les deux
Flandres l'emploi en est général et le commerce très-étendu.

Chez nous, au contraindre, nous négligeons cette riche partie
des engrais qu'il serait si important d'utiliser dans nos fermes.
Il faut chercher un moyen pour vaincre la répugnance que son
emploi inspire dans nos campagnes : j'en emploie un qui est simple et peu coûteux. J'ai fait construire, à portée de la ferme,
deux petites latrines dans l'intérieur desquelles j'ai fait placer un
baquet mobile masqué par une porte de la hauteur du siége.
Une comporte contenant du plâtre pulvérisé est placée près du
siége, et tous les jours on répand dans le baquet une petite
quantité de plâtre. Quand le baquet est plein, on le répand sur
la terre et je le fais recouvrir immédiatement. Cet engrais ne
m'a servi encore que pour mon jardin, où les résultats sont
prodigieux. Il s'exhale de ce baquet très-peu d'odeur, qui pourrait être complétement détruite si, au moment de l'enlèvement
du baquet, on jetait sur les matières qu'il contient du charbon

pulvérisé. Ainsi préparés, les excréments ne font éprouver aucune répugnance dans leur manipulation.

- *Engrais végétaux.* — On classe sous le nom d'engrais végétaux le résidu de graines et de fruits, et les plantes enfouies. Dans les premiers figurent les tourteaux que l'on obtient par l'extraction de l'huile des graines oléagineuses. Ces résidus contiennent beaucoup d'azote, de 4 à 10 pour cent. Dans le nord de la France, en Flandre et en Piémont, où l'usage de cet engrais est très-répandu, on jette de 7 à 8 quintaux par hectare de ces tourteaux broyés.

Si les plantes enfouies ne sont pas un engrais aussi énergique que les engrais animaux, il constitue cependant un avantage appréciable auquel il est bon de recourir. La terre s'engraisse de tous les végétaux qu'elle produit, qu'ils soient semés à dessein ou qu'ils viennent spontanément pourvu qu'ils soient enfouis avant la maturité de leurs semences. Les plantes qui peuvent être semées à dessein sont nombreuses, nous allons nous occuper seulement de celles qui sont les plus usitées chez nous ; telles sont le lupin, les fèves, les vesces, le sarrasin et les spergules. Ces plantes empruntent beaucoup à l'air et puisent peu de nourriture dans le sol avant la formation de leurs graines ; c'est ce qui les a fait choisir pour l'enfouissement de préférence à celles qui vivent peu de l'air et prennent leur nourriture des sucs de la terre, comme les céréales par exemple.

Lupin. — La plus usitée de toutes ces plantes est le lupin commun à fleurs blanches, connu aussi sous le nom de féverole. Sur les terres médiocres, il vient avec assez de vigueur pourvu qu'elles ne soient pas tenaces ou trop calcaires. Les semences, qui sont d'un coût peu élevé, se jettent sur la terre après un labour et doivent être enfouies avec une herse légère. Beaucoup d'agriculteurs même ne les recouvrent pas du tout, car elles sont protégées contre la voracité des volatiles par leur extrême amertume. Le lupin doit être semé au mois d'octobre pour être enfoui

6

au printemps lorsque les premières fleurs commencent à passer. En moyenne, un hectolitre suffit par hectare.

Les *fèves* se sèment à la même époque que le lupin. Quoique cette plante contienne beaucoup plus d'azote que le lupin et qu'elle soit un engrais vert excellent, je n'en conseillerai pas l'emploi aussi fréquent que celui du lupin. D'abord ses semences sont plus chères, il en faut beaucoup plus; un hectolitre et demi environ par hectare. Puis, malgré la résolution qu'on a prise de les enfouir, il arrive le plus souvent qu'au printemps, si elles promettent beaucoup, on se décide difficilement à les enfouir. On en est détourné par les gens de l'exploitation, et on se laisse facilement entraîner par leur conseil.

Le *sarrasin* craint beaucoup les gelées et doit être conséquemment semé très-tard, en mai ou juin. Il purge le sol des mauvaises herbes et a des vertus fertilisantes très-grandes. Mathieu de Dombasle l'a reconnu et en conseille l'emploi. Il faut de 50 à 60 litres de semence par hectare.

Les *spergules* sont rarement cultivées dans nos contrées; elles offrent cependant beaucoup d'avantages, surtout la variété dont les tiges s'élèvent peu, mais qui talle beaucoup, et qui vient assez bien dans les terrains médiocres ou même mauvais. Cette variété se reconnaît facilement à ses semences qui sont noires avec un anneau blanchâtre. La grande spergule exige un terrain plus fécond, ses semences sont de couleur brun-clair marbré de jaune. Ces plantes s'égrainent facilement; de là la nécessité de les couper avant la maturité des semences. On les met en javelles et on les rentre pour les battre quand les semences sont suffisamment faites.

Comme les sarrasins, les spergules craignent beaucoup les gelées, et pour les éviter on ne doit les semer qu'en mai ou juin.

Les *vesces*, en général, mais surtout la vesce noire, sont un excellent engrais vert. Semées au mois d'octobre, elles fournissent au printemps des tiges nombreuses, plus ou moins hautes, selon leur variété, et très-riches en azote. Il arrive à l'égard des vesces ce que j'ai remarqué à l'égard des fèves, c'est qu'au moment où elles devraient être enfouies on se décide rarement à le faire et qu'on les utilise pour fourrages quelquefois même pour leurs semences au lieu d'en poursuivre la destination première.

Avant d'enfouir à la charrue les engrais verts de quelque nature qu'ils soient, il faut avoir le soin d'y passer un rouleau ou une pièce de bois scellée à une flèche pour abattre les tiges sur le sol; leur enfouissement devient plus facile et plus complet après cette opération.

A notre prochaine réunion, mes amis, nous parlerons des mélanges des terres, des marécages et des amendements en général.

SIXIÈME SOIRÉE.

Mélanges des terres, terrassements, marécages et amendements divers. — Il ne suffit pas de transporter de la terre sur une autre terre pour la rendre plus fertile. Il est nécessaire que ces transports soient calculés. Si les terrains calcaires, crétacés et siliceux ne retiennent pas assez l'humidité, les terres argileuses la retiennent beaucoup trop. Il s'agit donc moins de transporter de la bonne terre sur une autre que de transporter sur un sol une terre qui en modifie convenablement la constitution vicieuse. Si l'on transporte sur une terre calcaire de la terre de même nature, elle n'en changerait en rien les qualités. On obtiendrait sans doute un mince résultat immédiat, mais qui n'aurait pas de durée. Si sur un terrain argileux on transporte un terrain qui le soit aussi, la cohésion de ce terrain restera la même, et le résultat de cette opération sera si minime qu'il ne paiera pas les frais de transport. Si, au contraire, sur un sol argileux un agriculteur judicieux augmente la terre arable par des transports de terre de nature calcaire ou siliceuse, il modifiera la composition vicieuse de ce sol en le rendant plus perméable et en augmentant ainsi ses qualités absorbantes. L'air, à son tour, si nécessaire à la vie des plantes, pénètrera plus facilement jusqu'à leurs racines. Il obtiendra non-seulement un résultat immédiat, mais ce résultat grandira à mesure que, par des labours répétés, les terres diverses seront divisées et mises en contact intime par la réunion de leurs molécules pour former un tout homogène. Ce point essentiel obtenu, les soins d'une saine culture tendront à augmenter la richesse fécondante d'un sol antérieurement peu productif.

Un sol d'excellente nature produisant toujours de très-belles récoltes en tout genre, suivant l'analyse qui en a été faite par Fourcroy, contenait, sur cent parties :

Sable siliceux......................	49
Carbonate de chaux.................	25
Alumine (argile)....................	20
Débris animaux ou végétaux.........	6
TOTAL....................	100

Une terre de mauvaise nature, produisant peu de récoltes, analysée par le même savant, contenait :

Silice.............................	26
Carbonate de chaux.................	9
Alumine............................	47
Carbonate de magnésie..............	5
Oxide de fer.......................	4
Débris animaux ou végétaux.........	1
Silex à gros grain.................	8
TOTAL....................	100

La cohésion de cette terre, contenant une trop forte proportion d'alumine, en rendait le travail extrêmement difficile. Cette
composition vicieuse ne pouvait être améliorée qu'en transpor-
tant sur ce sol des terres calcaires et siliceuses en assez grande
quantité. En portant à vingt-cinq centièmes la quantité de calcaire et à quarante centièmes, environ, celle de silice, on obtiendrait, à peu de chose près, la composition du sol dont j'ai parlé.
Mais, sans atteindre le chiffre des parties constituantes de ce sol
réputé très-bon, il est quelquefois facile d'obtenir une modification qui change la constitution d'un sol et lui donne un degré de
fertilité fort grand.

Un troisième terrain dont la fertilité était très-médiocre, et
dont la composition était en sens inverse des premiers terrains,
fut analysé par le même savant; il contenait, sur cent parties :

Silice.............................	18
Alumine.............................	13
Carbonate de chaux...................	53
Carbonate de magnésie................	6
Carbonate de fer.....................	2
Silex grossier......................	4
Débris végétaux.....................	4
TOTAL.....................	100

Cette terre était friable, assez profonde, d'un travail facile,
mais elle conservait peu l'humidité. Il manquait à sa composition
huit où dix pour cent d'alumine et de quinze à vingt pour cent
de sable, correction qu'un agriculteur peut faire souvent à peu
de frais. Ainsi donc, les transports de terre peuvent être souvent
plus nuisibles qu'utiles, s'ils ne sont pas judicieusement combinés. Aux terres siliceuses il faut ajouter des terres alumineuses
et calcaires; aux terres trop calcaires il faut ajouter de l'alumine
et du sable; sur les terres argileuses on doit transporter des terres

sableuses et calcaires. Quoique sur les petites comme sur les grandes exploitations il soit quelquefois difficile de trouver sous la main les terrains propres à modifier le vice de constitution d'un autre sol, néanmoins les transports de terre sont assez fréquents et assez souvent praticables pour qu'il soit essentiel d'en parler et de donner quelques conseils qui puissent éviter à quelques agriculteurs de tomber dans un mal plus grand en cherchant à produire un bien.

LE RÉGISSEUR.

Il y a quelques années, j'ai fait faire des transports de terre considérables. Je vous demande la permission, commandant, de faire part à mes collègues de la manière dont j'ai agi et des résultats qui ont suivi mon opération.

LE COMMANDANT.

En agriculture, mon cher régisseur, l'expérience vaut encore mieux que la théorie. Si les résultats que vous avez obtenus, au moyen des transports de terre, sont satisfaisants, vous inviterez vos voisins à agir comme vous l'avez fait, mieux que par tout ce que nous pourrions dire sans résultats à l'appui. Je vous remercie donc, d'avance, des preuves matérielles que vous allez nous donner sur le bien que peuvent produire les transports de terre bien combinés.

LE RÉGISSEUR.

Il y a quelques années, j'achetai un terrain de la plus mauvaise nature, mais placé en de telles conditions, au milieu de la propriété que je régis, que je fus obligé d'en faire l'acquisition. Ce terrain était généralement évalué au prix de 400 fr. l'hectare. Il était si infime, en effet, que l'année où je l'achetai j'y jetai des semences de lupin après deux labours, et qu'il ne s'éleva pas à plus de 15 centimètres. Je songeai à y remédier par des amendements. Je priai M. le curé de vouloir bien analyser ce terrain, pour que je pusse apporter, par les transports, une correction utile.

LE CURÉ.

J'ai conservé les notes de l'analyse dont vient de vous parler M. le régisseur, comme je conserve celles de toutes les analyses que je fais. Il m'est facile d'aider sa mémoire, en ouvrant mon livre-journal................. Les voici, Messieurs :

La terre que M. le régisseur m'apporta, et qui fut prise à 10 centimètres de la surface, contenait, sur cent parties :

Alumine...............................	66
Silice................................	20
Carbonate de chaux....................	8
Oxide de fer, environ.................	4
Débris végétaux et autres.............	2
TOTAL...................	100

LE RÉGISSEUR.

Ce sol était d'un travail extrêmement difficile. Il ne pouvait en être autrement, car la forte proportion d'alumine ou d'argile qu'il renfermait le rendait extrêmement compacte. Je me hâtai de remédier à ce vice de composition. Au mois de novembre qui suivit mon achat, en 1849, je fis racler un bois, avec des houes bien tranchantes, à 8 ou 10 centimètres de profondeur. A mesure que les manœuvres relevaient cette croute ils la plaçaient en petits tas élevés d'un volume d'un demi à un tombereau. Cette opération se faisait assez vite, car le sol était convenablement humecté. Le taillis qui fournissait cette terre ne devait être coupé qu'en 1851, de telle sorte que les tas y restèrent jusqu'au mois d'avril 1851, près de deux ans. Les herbes, les racines et les feuilles se trouvaient entièrement consommées, et le tout formait un compost homogène d'une bonne apparence. Ce terreau fut porté, immédiatement après la coupe du bois, sur le champ que je devais amender, à raison de 16 à 18 tombereaux par are, ou de 1,600 à 1,800 tombereaux par hectare ; j'ajoutai ensuite, par are aussi, de 7 à 8 tombereaux de terre siliceuse par-dessus le terreau qui avait été préalablement répandu aussi uniformément que possible. Ce sol, ainsi amendé, reçut dans le courant de 1851 quatre labours à 26 centimètres de profondeur et deux hersages, et fut semé en blé au mois d'octobre. Chose remarquable, Messieurs ! ce terrain qui certainement, abandonné aux soins ordinaires, n'aurait pas produit plus de trois pour un, me fournit un froment d'excellente qualité dont le rendement s'éleva de douze à treize. Le sol arable, cependant, sur lequel je n'avais pu obtenir, la première année, un mélange assez intime, n'était pas arrivé au degré de fécondité qu'il devait acquérir.

Cette année, ce champ a donné une très-belle récolte de vesces-fourrage, et je le destine, en 1854, à recevoir de la semence de maïs. Avant l'amendement, qu'il a si énergiquement reçu, ce terrain valait au plus 400 fr. l'hectare. Je puis le placer, en ce moment, au niveau de ceux qui valent cinq fois plus sans abaisser ceux-ci. Le coût général de l'amendement, en évaluant même le travail des bestiaux et des hommes attachés à l'exploitation, n'est arrivé qu'à près de 400 fr. *pour un hectare.*

LE CURÉ.

Ce que vient de nous dire M. le régisseur nous prouve péremptoirement que les transports de terre judicieusement combinés sont d'un avantage incontestable. Je vous demande la permission, Messieurs, de joindre un conseil à ce que vous venez d'entendre sur la pratique raisonnée des transports de terres.

Lorsque, comme l'a fait M. le régisseur, vous vous servirez pour les amendements de vos champs de terreaux provenant de bois, et de bois de chêne surtout, il serait nécessaire de répandre sur le sol qui aura reçu votre compost, une certaine quantité de chaux en poudre, car l'humus que vous aurez transporté contient un principe acide que la chaux tend à faire disparaître. Vous pourrez vous assurer que le terreau est acide ou ne l'est pas, en délayant dans de l'eau de pluie ou de rivière, soit une assiettée de ce terreau, jusqu'à la consistance d'une bouillie. Vous tremperez dans cette bouillie un morceau de papier bleu de tournesol. Le papier rougira si l'humus est acide, et restera bleu s'il ne l'est pas. Dans le premier cas, une adjonction de chaux deviendra très-utile, car l'acidité de l'humus est nuisible aux plantes. Cette acidité finirait par disparaître sans le secours de la chaux, mais après un temps plus ou moins long. De 25 à 30 hectolitres par hectare suffiront bien. Ne vous effrayez pas des avances que vous causerait cette opération; vous en seriez amplement rémunéré.

UN MÉTAYER.

M. le commandant, non loin de la métairie que j'exploite, se trouve, sur le versant d'un coteau, une terre blanchâtre qu'on appelle de la marne. On m'a assuré que cette terre, répandue en certaine quantité sur une autre, pourrait produire un très-bon effet. Croyez-vous que cette marne agirait convenablement sur toutes les terres?

LE COMMANDANT.

Marnage. — Non, mon cher ami, il en est des transports des marnes comme de celui des terres. Une marne agira en bien ou en mal sur le sol où elle aura été répandue, selon qu'elle sera une correction pour ce sol ou, au contraire, un aggravement dans le vice de sa constitution. Il existe plusieurs qualités de marnes, à savoir :

La marne argileuse, celle où l'argile domine ;

La marne calcaire, celle où domine le carbonate ou sous-carbonate de chaux ;

La marne siliceuse, celle qui contient une forte proportion de sable.

L'agriculteur qui veut employer de la marne comme amendement, doit considérer la nature des terrains à amender, et la nature de la marne. Le bon ou le mauvais effet de la marne dépendra donc du choix judicieux qu'il aura fait. Quand la marne est appropriée au terrain qu'elle est chargée d'amender, son action est excellente en ce sens qu'elle aide énergiquement à la division du sol et qu'elle augmente beaucoup la faculté d'absorption de l'humidité. Davy, cet illustre savant auquel l'Angleterre est fière d'avoir donné le jour, qui a porté dans les trois règnes de la nature l'œil perçant de l'analyse, Davy a constamment trouvé que les terrains les plus fertiles étaient ceux qui possédaient au plus haut degré la propriété d'absorption de l'humidité, et que ceux qui la possédaient le plus étaient ceux dont les parties constituantes étaient dans une juste proportion d'alumine, de sable, de carbonate de chaux et de débris végétaux et animaux, proportion qui les rendait friables et poreux. Pour faire cette expérience, il a pris 1,000 parties, soit 1,000 grammes de six sols différents par leur degré de fertilité. Il a porté ces six qualités au même degré de dessication, puis il les a de nouveau exposées à l'air humide pendant le même laps de temps après les avoir pesées. Ces diverses terres se sont accrues de poids en raison directe de leur fertilité. La plus fertile s'est accrue de 20 grammes, la moins fertile de 3 seulement. Cette expérience, toute mécanique, que j'ai moi-même répétée, peut l'être encore, et toujours on trouvera que les terres les plus riches absorbent le plus l'humidité. Toutes les fois, donc, que vous voudrez marner, assurez-vous de quelle nature est la marne que vous devez employer. Si elle est calcaire, répandez-la sur les terres argilo-siliceuses (les boulbènes) ; si elle se trouve argileuse, elle conviendra aux terres siliceuses et calcaires ; si elle est siliceuse, elle pourra être employée sur les terres calcaires, mais mieux encore sur les terrains argileux et compactes, car porter un excès calcaire sur les terres qui en contiennent assez, serait nuire à leur constitution physique.

La marne peut contenir de 20 à 80 pour cent de carbonate de chaux ; il est donc urgent de la faire analyser avant de l'employer, car il en faut d'autant moins sur les terres argilo-siliceuses qu'elle contient une plus grande quantité de chaux, comme il en faudra d'autant plus sur les terres siliceuses qu'elle en contiendra moins.

Pour s'assurer que ce que l'on suppose être de la marne l'est véritablement, il faut en délayer une certaine quantité dans un verre d'eau jusqu'à la consistance d'une bouillie épaisse et verser dessus quelques gouttes d'acide azotique ; en agitant, elle produira de l'effervescence qui sera d'autant plus vive, que le carbonate de chaux s'y trouvera en plus grande quantité. La couleur de la marne varie du blanc au jaune, au rouge et au brun. Sa coloration est due à la présence des divers oxides de fer.

LE RÉGISSEUR.

Pensez-vous, M. le commandant, que le plâtre soit une nourriture pour les plantes ou seulement un amendement pour le sol. Ses effets quelquefois m'ont paru merveilleux, et je serais bien aise de savoir quelle action il exerce sur les plantes.

LE COMMANDANT.

Plâtrage. — Ces deux questions, mon cher ami, ont été longtemps controversées et n'auraient probablement pas été résolues encore théoriquement, si des expériences multipliées ne les avaient éclairées au point de ne laisser aucun doute dans l'esprit de ceux qui les ont faites. Je vous soumettrai celles que j'ai exécutées de mon côté ; vous jugerez, Messieurs, si elles sont concluantes. L'irrésolution sur ce point a fait commettre des fautes nombreuses qui deviennent tous les jours plus rares.

Le plâtre a été appelé d'une manière si générale au service de l'agriculture, qu'il serait inutile d'en préconiser l'emploi aux agriculteurs qui tous, à peu près, ont fait connaissance avec lui, malgré les tergiversations qui naissent du mauvais vouloir des

uns et de la timidité des autres. Son action est efficace, surtout, sur les plantes de la famille des légumineuses et sur les
plantes oléïfères, mais à un degré moins grand sur ces dernières.
S'il reste encore quelque doute, ou si l'insouciance de quelques-
uns empêchent que l'emploi de cet énergique auxiliaire se géné-
ralise plus vite, les résultats toujours plus nombreux inviteront
les plus obstinés à bénéficier *de la précieuse découverte de
Franklin.*

On a longtemps pensé et quelques personnes pensent encore
que les tiges des plantes absorbaient seules les plâtres comme
elles absorbent le carbone et l'azote. Le plâtre (ou sulfate de chaux)
ne peut être absorbé par les feuilles ou les tiges, car elles n'ont
pas la faculté d'absorber les corps solides, alors même que ces
corps seraient dissous dans un liquide quelconque. L'air que les
feuilles et les tiges absorbent, que la lumière décompose et que
les plantes élaborent, fournit à ces dernières les seuls éléments
qu'elles s'assimilent ainsi ; les autres sucs sont absorbés par les
racines.

Plusieurs fois, malgré les données scientifiques qui me prou-
vaient d'avance ce qui se passait dans l'assimilation du plâtre par
les plantes, j'ai fait des expériences qui m'ont permis de donner
des preuves matérielles qui ne peuvent laisser aucun doute à
cet égard.

En 1848, je divisai un champ de luzerne et un champ de
trèfle de Hollande, chacun en trois parties égales. Sur l'une des
divisions de chaque nature, je fis répandre du plâtre à la fin de
février. Sur une seconde division de l'un et de l'autre champ,
je fis répandre la même quantité de plâtre qu'à la première opération. C'était le 12 avril ; le trèfle et la luzerne avaient atteint
déjà une certaine hauteur. Je ne jetai pas de plâtre sur la troisième division des deux champs. Au moment de faucher, cette
triple épreuve démontrait jusqu'à l'évidence l'action du plâtre
et son mode d'action. Les deux premières divisions de trèfle et
de luzerne qui avaient été plâtrées à la fin de février dépassaient

d'une manière sensible en hauteur et surtout en épaisseur celles
qui n'avaient été plâtrées qu'en avril. Une ligne de démarcation
plus sensible encore, s'établit entre celles-ci et celles qui n'avaient
pas été plâtrées. La luzerne et le trèfle y restèrent beaucoup plus
bas et bien moins touffus.

A la seconde coupe, les résultats ne furent plus les mêmes
à l'égard des premières et des secondes divisions. Le produit
des parties plâtrées en avril dépassa de beaucoup les produits
de celles plâtrées en février. Il ne pouvait en être autrement. Si
le plâtre avait agi sur les tiges et non sur les racines, la luzerne
et le trèfle plâtrés en avril auraient donné un résultat plus grand
parce que les tiges et les feuilles auraient retenu une plus grande
quantité de plâtre que les autres divisions. Mais ce sel n'étant
absorbé que par les racines, c'est le contraire qui est arrivé. Le
plâtre jeté en février dont la décomposition eut le temps de se
compléter, dut produire une plus grande somme d'effet. Celui,
au contraire, qui avait été jeté en avril n'ayant pas été complète-
tement décomposé avant la première coupe, le fut à la seconde
et dut alors produire son effet. A la seconde coupe encore, les
divisions non plâtrées restèrent très-inférieures aux autres.

Je ne fis pas défricher le trèfle et la luzerne. Les produits de
deux premières coupes des divisions plâtrées l'année antérieure
se balancèrent sans différence sensible en 1849. Les produits
de celles qui n'avaient pas été plâtrées furent aussi inférieurs
qu'en 1848.

Après cette expérience comparative que je suivis et notai avec
le plus grand soin, je puis affirmer sans crainte d'être démenti
par la pratique, qu'il est plus avantageux de répandre le plâtre
avant le développement de la végétation des plantes qu'à un
moment plus ou moins avancé de ce développement.

Les épreuves si multipliées faites jusqu'à ce jour, ne permettent plus de révoquer en doute l'action fécondante du plâtre
sur les prairies artificielles, sur les plantes légumineuses destinées
à être consommées en vert ou cultivées pour leurs graines; je

n'ai plus besoin d'insister à ce sujet pour engager à en faire usage.

M. le curé et moi, causions un jour sur l'action du plâtre en général. Notre bon pasteur me dit que M. le professeur Dumas disait un jour à son auditoire : « Les eaux qui tiennent en dis-« solution du sulfate de chaux sont d'autant plus impropres à la « cuisson des aliments qu'elles en contiennent davantage. » Je tirai de ce principe une conclusion qui me parut rationnelle : que les plantes, les légumes secs, surtout, qui absorbent du plâtre pendant leur végétation, pouvaient devenir impropres à la nourriture de l'homme, à cause de la crudité produite par l'assimilation. Je fis, à ce sujet, des expériences réitérées qui ne seront pas sans utilité pour l'économie domestique.

En 1848, je fis plâtrer une partie d'un champ argilo-siliceux (boulbène) et une partie d'un champ argilo-calcaire, tous deux semés en fèves. Le produit des fèves plâtrées dépassa de beaucoup le produit de celles qui ne l'avaient pas été : c'est un résultat que je dois constater quoique ce ne fût pas celui que je recherchais à ce moment. Je dois ajouter, cependant, que le plâtre n'agit pas aussi énergiquement sur le terrain calcaire que sur la boulbène. Quelque temps après la récolte des fèves, je voulus déterminer le degré de crudité des quatre produits dont je fis cuire un échantillon dans les mêmes conditions. L'échantillon de fèves provenant du terrain argilo-siliceux plâtré n'atteignit pas un degré de cuisson suffisant, tandis que la cuisson de l'échantillon du terrain calcaire plâtré fut beaucoup plus avancée sans être complète. Les deux échantillons provenant des terrains non plâtrés furent réduits à l'état de pâte.

En 1849, je fis plâtrer une partie d'un champ de fèves venues sur un sol de sa nature argilo-siliceux, riche et profond, et une partie d'un autre champ de fèves de nature argilo-calcaire, riche et productif aussi, et renouvelai mon épreuve. Cette fois, quoiqu'il s'établit une différence sensible entre les degrés de cuisson des fèves recueillies sur les deux champs, elle fut loin d'être aussi marquée que l'année précédente. Enfin, en 1850, pour couronner l'expérience, je fis plâtrer une partie d'un champ de fèves, de sa nature argilo-siliceux, assez compacte et très-médiocrement productif, et une partie d'un champ de fèves argilo-calcaire, friable et riche. L'expérience sur la cuisson me fournit le même résultat ; mais le degré de cuisson fut très-avancé pour les fèves du sol riche, tandis que les fèves du sol compacte le furent à peine. De ces diverses expériences, vous concluerez avec moi que les plantes légumineuses plâtrées produiront des grains plus ou moins propres à la nourriture de l'homme, selon qu'elles auront vécu sur un sol plus ou moins riche, et qu'ils seront plus cuisants aussi sur un sol calcaire que sur un sol argileux, eussent-ils le même degré de fécondité. Je dois ajouter que pour rendre plus sensibles les résultats de mes expériences, je fis répandre une plus grande quantité de plâtre qu'on ne le fait habituellement.

M. LE MAIRE.

J'avais déjà remarqué, mais sans m'en rendre compte, les effets du plâtrage sur les légumes secs. Aussi, à l'avenir, je ne manquerai pas de tenir compte de vos observations, M. le commandant, et j'aurai mes champs pour la production et mes champs pour la consommation ; je ne plâtrerai jamais ces derniers.

UN MÉTAYER.

Voudriez-vous bien nous dire, M. le commandant, quelle est la quantité de plâtre nécessaire pour un hectare, par exemple ?

LE COMMANDANT.

La réponse à votre question sera un peu complexe, mon cher ami, car la quantité dépend de la nature du plâtre et des plantes qu'on veut plâtrer. Le plâtre de Bordeaux, celui de Castelnaudary, sont à peu près de même valeur, tandis que d'autres sont plus ou moins mélangés d'argile et de chaux. Pour plâtrer un champ de trèfle, de vesces ou de luzernes, cinq à six quintaux de plâtre de Bordeaux sont suffisants; il en faut huit de celui de Castelnaudary, tandis que douze à quinze quintaux de plâtre de Mansonville, ou de ses analogues, sont nécessaires pour plâtrer convenablement un hectare. Les fèves et les plantes oléagineuses, comme les turneps, les raves, les rubatagas, le colza et le chou-rave, etc., plantés en lignes et espacés n'en exigent pas autant, parce qu'au lieu de répandre le plâtre à la volée sur tout le terrain, on se contente d'en répandre une petite quantité au pied de la plante. L'opération est un peu plus longue, mais la différence de temps est largement rachetée par l'économie du plâtre. Ainsi, un hectare de ces diverses plantes n'exige que trois à quatre quintaux de plâtre de Bordeaux, six environ de celui de Castelnaudary et neuf de celui de Mansonville. C'est donc, en moyenne, une somme de 8 fr. que coûtera le plâtrage d'un hectare de terre : somme bien minime eu égard au résultat qu'on en obtient; car il est constaté qu'un champ de trèfle plâtré fournit un produit ordinairement double de celui qu'on en retire sans cette fructueuse opération.

L'INSTITUTEUR.

J'ai ouï dire quelquefois que le plâtre était *un stimulant trop actif qui forçait, outre mesure, la végétation des prairies, et que tôt ou tard la stérilité serait la suite de son action.* Que pensez-vous de ce principe, M. le commandant?

LE COMMANDANT.

Si cette proposition reposait sur des bases réelles, mon jeune ami, elle viendrait rejeter bien loin ce que la science avait prévu et ferait douter de la réalité des faits acquis, que maintiendront sûrement les résultats et la réflexion.

Et d'abord, le plâtre, comme le démontrent suffisamment les expériences infinies qui ont été faites, n'agit pas, ou agit d'une manière insensible sur les graminées qui composent, en grande partie, le *foin* de nos prairies. Il agit, au contraire, beaucoup sur les plantes de la famille des légumineuses dont sont formées, en général, nos prairies artificielles. Mais encore agit-il seulement comme stimulant sur ces plantes, ou bien, vient-il en aide au sol pour les nourrir? Avec tous les agriculteurs pratiques dont les expériences ont consacré cette vérité, je n'hésite pas à affirmer que le plâtre jeté sur les plantes légumineuses et oléifères, cultivées comme fourrages et pour leurs semences, devient pour elles une nourriture. L'analyse des végétaux faite par des hommes dont le savoir et la conscience ne peuvent être mis en doute, a prouvé qu'un très-petit nombre d'éléments entraient dans leur composition, mais qu'ils se les assimilaient à divers degrés; que les uns absorbaient plus volontiers les éléments du sol, tandis que d'autres retenaient ceux de l'air en plus grande quantité. Ainsi les graminées s'assimilent de préférence les sels siliceux, tandis que les légumineuses consomment une plus grande quantité d'azote, de carbone, de sulfate et de sels ammoniacaux qu'elles empruntent, les uns à l'air, les autres à la terre. Les expériences faites depuis longtemps, les résultats obtenus depuis bien des années, et ceux qui se produisent tous les jours, ont prouvé que le plâtre n'agit pas sur les graminées : il n'est donc pas le stimulant du sol à l'égard de celles-ci. Il agit, au contraire, beaucoup sur les légumineuses. Puisqu'il n'est pas le *stimulant du sol* à l'égard des graminées, il ne peut *l'être* à l'égard des légumineuses : il devient donc naturellement une nourriture pour ces dernières.

Si des agriculteurs, après avoir jeté du plâtre sur des prairies naturelles, ont obtenu un bon résultat, il n'y a rien là qui doive surprendre, car ces prairies se composent en partie de graminées et en partie de plantes *légumineuses.* Ainsi les trèfles blancs et rouges, la sparcette, les gesses des prés et diverses vesces qui entrent dans la composition ordinaire de nos prairies ont dû se trouver très-bien de la nourriture que leur fournit le plâtre et sont venus, conséquemment, apporter dans le produit total un

7

contingent plus considérable que si on ne leur eût pas donné une nourriture que ces plantes préfèrent.

J'ai acquis, cette année, mes amis, l'assurance de ce résultat, que je prévoyais d'avance. Sur la prairie qui est auprès de ma maison, qui fut, il y a vingt ans, une luzernière que remplacent maintenant des graminées mêlées à des légumineuses, j'ai fait jeter, l'année passée, du plâtre. Par suite, les légumineuses ont pris tellement le dessus qu'à peine les graminées entraient-elles pour un quart dans le produit, tandis que l'année précédente c'est le contraire qui eut lieu.

Si le plâtre n'était qu'un stimulant à craindre, comment expliquer les faits nombreux qui ressortent de l'emploi de ce corps, à savoir : que sur un champ de trèfle plâtré, plus le trèfle aura été *vigoureux,* plus le froment qui suivra sera *beau et productif;* qu'il en sera de même après une récolte de fèves, de vesces et généralement de toutes les légumineuses qui auront profité de l'action du plâtre? La crainte qu'on éprouve à ce sujet sera bientôt détruite par les faits; car une longue expérience a déjà démontré que, bien loin de fatiguer le sol en *le stimulant outre mesure,* les plantes qui ont été plâtrées abandonneront au sol d'autant plus de détritus qu'elles auront plus profité de l'action du plâtre. Ces détritus agiront sur le sol comme amendement et comme engrais, et fourniront au froment un puissant élément de vie.

Chacun sait que les eaux qui tiennent en dissolution du sulfate de chaux (ou plâtre) sont peu propres à la cuisson des légumes ; d'un autre côté, les légumes qui sont le produit d'un champ plâtré, sont moins cuisants et moins propres à l'économie domestique que ceux qui proviennent d'un champ qui ne l'a pas été. De ce rapprochement il faut en tirer la conclusion rigoureuse que si les légumes qui sont le produit d'un champ plâtré cuisent difficilement, c'est qu'ils ont absorbé le plâtre; s'ils ont absorbé le plâtre, c'est que ce dernier n'est pas seulement le stimulant du sol et des plantes, mais une nourriture pour elles.

UN MÉTAYER.

Effet du plâtre sur les céréales. — Je m'étais aperçu que le froment semé à la suite d'un trèfle plâtré, était toujours plus beau que celui semé sur une jachère ou un trèfle non plâtré. Je croyais que ce résultat était dû au plâtras agissant directement sur le blé. Je crus donc bien faire, M. le commandant, de plâtrer une partie d'un champ de froment dont tout le sol était de même nature. Peu de jours après l'opération, le froment de la partie plâtrée n'était pas plus beau que l'autre; mais les plantes, qui trop souvent l'accompagnent, comme les vesces, les gesses et autres légumineuses, se trouvant sans doute beaucoup mieux de mon épreuve que le froment, se développèrent avec tant de vigueur que je ne pus m'en rendre maître par le sarclage. Au moment où les épis commencèrent à paraître, toutes les plantes arrivaient à la hauteur du blé. Je fus, dès-lors, obligé de faucher la partie sur laquelle le plâtre avait été répandu. J'eus une abondante récolte de fourrage, il est vrai, mais ce n'était pas là le but que j'avais cherché à atteindre, et ce résultat ne put me déterminer à tenter une nouvelle expérience. Le froment qui n'avait pas été plâtré fut facilement débarrassé des plantes étrangères par le sarclage, et donna un bon produit.

LE COMMANDANT.

Le résultat qui vous a si grandement surpris, mon cher ami, est dû à la même cause que celui dont je vous ai parlé au sujet du plâtrage des prairies naturelles. Le froment est aussi une des graminées sur lesquelles le plâtre n'a pas d'action, tandis que celui que vous avez répandu a fourni aux plantes légumineuses, mêlées au froment, un principe de vie qui a déterminé la vigueur qui a vaincu le froment. Lorsqu'au printemps vous découvrirez quelque portion de champ où le froment vous paraîtra peu vigoureux, répandez-y du colombin (colombine de pigeonnier), au mois de mars ou vers les premiers jours d'avril; vous serez surpris de l'effet opposé à celui qu'a produit le plâtre. Le colombin contient 25 p. %, de matières azotées dont le blé s'emparera avec autant de force que les légumineuses s'emparent du plâtre.

Nous nous sommes assez étendu, je le crois, sur le plâtrage et ses effets : à notre première réunion, nous parlerons des prairies artificielles.

SEPTIÈME SOIRÉE.

—

LE COMMANDANT.

Comme nous en sommes convenus, mes chers camarades, nous allons nous occuper des prairies artificielles qui sont la source vivifiante de l'agriculture. Cet examen mérite toute notre attention ; je vous prie de m'aider de vos observations pour le rendre aussi complet que possible.

Prairies artificielles. — Dans un assolement bien combiné, les prairies artificielles, en excluant et remplaçant la jachère morte, doivent jouer le rôle principal de l'économie agricole. Le désir si peu raisonné de retirer de leur terre un plus grand produit de céréales fait prendre aux cultivateurs des moyens qui les conduisent à un résultat diamétralement opposé. Plus on sème du froment, moins on en récolte. Grande vérité qui, aux yeux de beaucoup, pourra paraître un paradoxe. Cette proposition s'explique cependant suffisamment par le défaut d'engrais et de soins, et conséquemment par l'économie qu'il faut apporter dans leur répartition sur une terre épuisée par le retour trop fréquent des céréales, et enfin par le manque de préparation qui ne peut dépasser les limites et les moyens que comportent les forces d'une agriculture irraisonnée. Un système d'agriculture qui

fournit une augmentation de fourrages permet une augmentation proportionnelle de bestiaux, et donne ainsi un excédant de
forces si nécessaires à un bon aménagement des travaux agricoles
que, dans des moments donnés, on utilise au grand avantage de
l'exploitation. Le défaut de forces oblige le plus souvent à
retarder des travaux urgents. Le coût, cependant, de forces
excédantes ne s'élèvera jamais à la hauteur des inconvénients qui
résultent des travaux forcément négligés.

Il en est des prairies artificielles comme de toute autre chose :
c'est un mal très-grand d'indiquer la plante qui convient *rigoureusement* à telle qualité de terrain ou ne convient pas à telle
autre. Une indication exclusive conduit l'agriculteur à juger fort
mal du mérite d'une plante par le premier rapport qu'il aura
eu avec elle, s'il n'a pas réussi une première fois, en suivant de
point en point le précepte que vous lui aurez enseigné. Il n'est
pas un de nous qui n'ait remarqué qu'un champ voisin d'un
autre ne reçoive plus volontiers une semence quelconque, et ne
la rende plus prospère que le second, quoiqu'ils paraissent tous
deux de même nature et sensiblement de même composition.
Cela tient à des circonstances difficiles à apprécier, que l'expérience seule nous indique et dont chacun doit tirer le parti le
plus convenable. De ce qu'un agriculteur n'aura pas réussi une
année, s'ensuit-il qu'il ne réussira pas l'année suivante? Non,
évidemment. Cependant, il est conduit à cette manière de juger
de son essai par l'indication rigoureuse qui lui a été fournie. Un
des plus grands obstacles aux progrès de l'agriculture est la
préférence trop exclusive de telle plante sur telle autre, sur un
terrain de telle nature, situé à tel aspect. Il faut laisser à l'agriculteur, auquel on donne des conseils, le soin d'en disposer à
son aise, et que les enseignements qu'il reçoit, tracés sans
mesure, ne deviennent pas des obstacles que souvent il ne
saurait surmonter. Comme nous l'avons déjà dit, il faut lui
indiquer les principes et lui réserver des détails comme le
choix de l'appropriation des plantes aux terrains qu'il cultive.

LE RÉGISSEUR.

Avant que vous nous parliez des plantes que nous cultivons comme fourrages, je voudrais bien connaître votre pensée, M. le commandant, sur le plus grand avantage de la consommation en sec, ou en vert, ou sur place, des prairies artificielles, et de toutes autres plantes destinées à la nourriture des animaux.

LE COMMANDANT.

De la consommation en sec, ou en vert, ou sur place, des fourrages.—C'est là une question depuis longtemps controversée, mon cher régisseur. Les agriculteurs, en général, agissent selon les circonstances où ils se trouvent et le genre de bestiaux qu'ils élèvent. Il est utile d'indiquer cependant, comme j'en ai acquis l'expérience, qu'on retire un plus grand avantage d'une prairie artificielle consommée en sec qu'en vert. Toutes les fois qu'il sera possible d'enfermer dans sa grange le produit en bon état de dessication, l'agriculteur y trouvera, sans nul doute, un très-grand profit si des motifs, tirés de la position particulière où il se trouve, ne l'obligent à avoir recours à la consommation en vert. Il faut ajouter que les fumiers provenant d'une nourriture sèche, selon les analyses qui ont été faites par plusieurs chimistes, et suivant l'expérience que j'en ai faite moi-même, contiennent beaucoup plus de matières azotées et sont plus énergiques que ceux produits par la consommation en vert.

La consommation sur place des prairies artificielles, quand il est permis de l'éviter, m'a constamment paru un vice si grand que je ne comprends pas que quelques agronomes aient pu la conseiller, se fondant d'un côté sur l'économie du temps employé au fauchage et aux transports dans la grange ou à l'étable ; d'un autre côté, sur l'avantage que retiraient les terres des déjec-tions des animaux. La valeur du temps employé au fauchage ou au transport n'est rien, comparée à la valeur de la perte d'une grande partie du fourrage, suite inévitable du piétinement des animaux. Le moins clairvoyant s'apercevra bien vite, en expérimentant ou raisonnant seulement, de quel côté se trouve l'avantage. Je n'ai pas besoin de combattre plus longtemps le premier motif. Celui de la bonification des terrains au moyen des excréments des animaux, quoique ne reposant pas sur des fondements beaucoup plus solides, mérite cependant un plus long examen. Les excréments de tous les animaux qui vivent d'herbes et surtout ceux de la race bovine, contiennent peu de sels ou d'acides capables de procurer au sol un degré de fécondité bien sensible. L'urine, par exemple, ne sort pas du corps de l'animal à l'état de grande perfection fécondante.

LE CURÉ.

Permettez-moi de vous interrompre un moment, M. le commandant, car à l'appui de ce que vous venez de dire, je puis ajouter ce que M. Dumas nous expose dans une de ses leçons au sujet de l'urine des animaux. Ce professeur nous disait : « Que « dans l'urine et près de l'urée, la nature a mis une matière mu- « queuse que l'analyse saisit à peine. Cependant cette matière « soumise aux impressions atmosphériques devient, en se modi- « fiant, un des ferments naturels qui changent par leur présence « les corps auxquels ils sont unis. Ces ferments déterminent *la* « *conversion de l'urée en carbonate d'ammoniaque.* »

LE COMMANDANT.

Ce que vous venez de nous dire, mon cher curé, la pratique le reconnaît tous les jours; ce n'est donc qu'au moyen de la fermentation qui se produit à l'étable ou en tas hors de l'étable, et par la décomposition des urines unies aux autres excréments que se produisent les sels ammoniacaux qui se développent dans les fumiers et déterminent le concours que prêtent à la fécondité de la terre ces puissants agents. L'action complète de la fermentation se produisant à l'étable ou hors de l'étable, de quinze à vingt jours, selon la saison et l'état de l'atmosphère, il s'ensuit qu'il ne peut s'en

établir à un degré appréciable dans les excréments répandus sur
un champ. Quand il pleut, l'eau divise à l'infini les excréments
solides sur lesquels l'air n'a aucune action. Si, au contraire, le
temps est sec ou chaud, il se forme à la superficie une croûte qui
prend un degré de consistance et d'épaisseur relative au degré de
sécheresse. Il ne restera donc au-dessous de cette croûte qu'une
très-faible quantité de matières qui en coulant avec l'humidité du
sol, pourra arriver à un si faible degré de fermentation qu'il n'a-
gira seulement que comme terrain en augmentant dans une proportion à peine sensible l'humus auquel il se mêlera. Les déjec-
tions des chevaux et de leurs analogues étant moins molles, se
répandront moins, mais ne fermenteront pas davantage et produiront un peu plus d'humus. Leur urine, un peu plus riche en
sels divers que celle des autres animaux, agira proportionnellement sur le sol, mais cette action sera bien loin encore de celle
qui serait la suite d'une fermentation convenable et dont le rapport sera comme 1 est à 18 ou 20.

Si quelques agriculteurs ont trouvé un degré plus grand de
fécondité aux terres qui ont fourni aux animaux une consommation sur place, ce résultat est dû aux détritus de la grande portion de fourrage qui n'a pu être consommée et aux racines des
plantes. C'est à tort qu'ils l'ont attribuée aux déjections animales
qui ne peuvent avoir que le mérite de faire laisser sur le champ
une partie considérable d'herbes qu'elles rendent impropres à la
nourriture des animaux en les salissant. Il résulte des nombreuses observations et des analyses qui ont été faites par les hommes
les plus compétents, que les prairies artificielles et les fourrages,
en général, consommés à l'étable, soit en vert, soit en sec, mais
mieux à ce dernier état, enrichissent beaucoup plus le sol que
ceux consommés sur place.

Ensemencements des prairies artificielles. — Il serait bien
difficile de concilier entre elles les opinions si diverses et souvent
opposées, émises par les auteurs agricoles sur le moment le plus

favorable pour préparer et ensemencer les prairies artificielles et sur le nombre de labours ou de hersages nécessaires aux champs destinés à les recevoir. Les principes qu'on expose, comme toutes les propositions théoriques, sont susceptibles d'éprouver dans leur application les modifications que commandent les circonstances. Elles sont si nombreuses et quelquefois si subites que les agriculteurs eux-mêmes ne peuvent souvent ni les prévoir ni les prévenir. En effet, les ensemencements comme les soins ne sont-ils pas subordonnés aux circonstances atmosphériques et aux exigences locales dont les seuls appréciateurs doivent être la sagacité et l'intelligence de l'agriculteur ? Pour devenir praticables, les conseils ne doivent être ni exclusifs ni généraux.

En s'appuyant sur la nature elle-même, les graines devraient être confiées à la terre peu de temps après leur maturité. Mais, dans certains pays et pour certaines plantes, n'a-t-on pas à craindre un hiver trop précoce succédant à un automne sec qui ne permette pas à la plante un développement assez grand pour présenter aux intempéries une résistance capable de les surmonter ? D'un autre côté, l'ensemencement au printemps aura à lutter, dans plusieurs de nos départements, contre la sécheresse précoce ou les gelées tardives. Comment donc, en cherchant à pratiquer les conseils exclusifs, sera-t-il possible, à nous, par exemple, qui habitons les départements du Midi, de mettre en pratique les conseils des agriculteurs du Nord, puisque ceux du Midi, écrivant, admettons-le, pour les agriculteurs qui les entourent, émettent des principes souvent opposés ? De ces observations il faut tirer la conclusion rigoureuse que tous les principes émis doivent être médités, resserrés et mis à l'état de règle facile à suivre. Il faut donc *savoir en prendre et en laisser*, suivant un adage répandu dans nos campagnes.

En général, dans nos départements du Midi, il est plus avantageux de semer les prairies artificielles après la maturité de leurs graines. En les semant à la fin de l'été, les plantes déjà fortement enracinées au commencement de l'hiver résisteront mieux aux effets des gelées, et la sécheresse du printemps les trouvera aussi en état de la surmonter. Sans parler de la luzerne,[1] dont la réussite sera toujours casuelle si elle n'est pas semée à la fin d'avril ou au commencement de mai, une seule plante m'a paru d'une texture peu propre à résister au froid pendant son jeune âge, c'est le trèfle de Hollande, que les agriculteurs sèment généralement sur le blé. Sur les terrains calcaires et argilo-calcaires il résiste moins encore que sur les autres, à raison de ce que les gelées les pénètrent et les divisent facilement. Les terres de cette nature ne garantissent pas même cette plante lorsqu'elle a atteint son entier développement ; elle y périt ordinairement au second hiver. Aussi, beaucoup d'agriculteurs lui ont substitué le sainfoin, moins productif, il est vrai, mais aussi moins casuel. J'ai conservé du trèfle pendant trois ans sur des terrains argilo-siliceux sans que le produit ait sensiblement diminué la troisième année, parce que les gelées les pénètrent plus difficilement.

UN MÉTAYER.

Voudriez-vous nous dire, M. le commandant, quelle est la quantité en poids de graines de luzerne ou de trèfle que vous jugez nécessaire à l'ensemencement d'un hectare ?

LE COMMANDANT.

En vous parlant des époques indéterminées où se font les ensemencements des prairies artificielles, mon intention n'était que de vous prémunir contre les indications trop précises que donnent certains auteurs : indications qui trop souvent conduisent à des mécomptes. Maintenant, en vous parlant de chacune des plantes que nous cultivons habituellement pour nos prairies arti-

---

[1] En s'écartant de l'usage du pays, l'auteur conservera son vrai nom à la *luzerne*, cette plante qui produit de trois à quatre coupes et dont la fleur est bleue. Il appellera *sainfoin* celle qui ne produit ordinairement qu'une coupe et dont la fleur est rouge, qu'on nomme aussi sparcette.

ficielles ou nos fourrages, je répondrai, mon cher ami, à la question que vous venez de m'adresser.

Trèfle de Hollande. — Dans les pays essentiellement agricoles, le trèfle de Hollande occupe le premier rang parmi les plantes destinées, par leur produit, à remplacer les prairies naturelles. Les Flamands, les premiers, ont cultivé cette précieuse plante dont l'emploi grandit tous les jours en France, quoique dans nos départements méridionaux son produit soit plus casuel que dans le Nord, à cause de la sécheresse ordinaire de notre climat en été, qui ne permet qu'une très-bonne coupe et une seconde le plus souvent médiocre; tandis que dans nos départements du Nord, en Flandre et en Angleterre, elle produit trois coupes.

Le trèfle vient sur tous les terrains, mais il vient bien surtout sur les sols argilo-siliceux (boulbène), riches et profonds, et sur ceux argilo-calcaires.

On le sème soit au printemps, sur le blé ou l'avoine, soit en automne, en même temps que les céréales. Je dois dire cependant que, suivant des essais multipliés que j'ai faits, sa réussite est plus assurée au printemps qu'en automne. Les céréales sur lesquelles doit être jeté le trèfle doivent être semées en larges billons, les graines seront plus uniformément répandues, et la récolte en sera plus facile, à cause du fauchage surtout.

On sème le trèfle à raison de 32 demi-kilogrammes de graines par hectare. Comme il est fort difficile de les répandre très-également, il est utile de les mêler avec du sable fin, mais après les avoir remuées longtemps, afin de rendre le mélange uniforme. Je les fais mêler habituellement à raison d'un hectolitre par 32 demi-kilogrammes. J'y fais mettre cette quantité afin de parcourir au moins quatre fois le champ en répandant le mélange deux fois en long et deux fois en travers.

Plusieurs agronomes ont conseillé de ménager les semences de trèfle et de luzerne, parce que ces plantes deviennent plus vigou-

reuses lorsqu'elles sont un peu espacées. L'expérience m'a démontré qu'en cela ils avaient dit vrai; mais la vigueur et la hauteur des tiges ne sont pas toujours un moyen d'obtenir une plus
grande abondance de fourrage et surtout de le recueillir meilleur. La quantité serait-elle égale, de ménager la graine ou de la
jeter dru, qu'il serait toujours important de considérer la qualité
du fourrage, qui est incontestablement plus fin et beaucoup plus
appété par les bestiaux, et aussi d'une dessication plus facile lorsque les semences ont été semées assez dru.

Lorsque je commençai à semer des prairies artificielles, je
faisais jeter 24 demi-kilogrammes de graines par hectare;
j'obtenais des tiges hautes et grossières, difficiles à sécher et surtout peu appétissantes pour les bestiaux, qui prenaient une peine
extrême à la mastication de ces tiges. Je remarquai aussi que les
tiges grossières laissaient échapper beaucoup plus de feuilles par
l'action du fanage que les tiges minces et fournies. Une autre
considération encore doit faire préférer la semaille épaisse à la semaille claire : c'est que la prairie artificielle semée dru se conserve beaucoup plus longtemps, parce que les plantes étrangères
privées d'air disparaissent bientôt. Les soins de sarclage, toujours coûteux, deviennent inutiles. La chaleur a aussi moins
d'action sur les plantes serrées les unes contre les autres ; elles
se protègent mutuellement en mettant un obstacle naturel à
l'évaporation du sol. Depuis longtemps déjà, je fais jeter 32 à 36
demi-kilogrammes de graines, selon la nature et la préparation
de la terre.

J'ai semé pendant quelques années la graine de trèfle avec les
semences d'automne; je n'ai pas été satisfait de cette méthode,
que j'ai abandonnée, pour la jeter au commencement de mars sur
le blé ou l'avoine. Quoique avant l'hiver j'eusse l'attention de semer plus dru, mes trèfles n'étaient pas assez touffus, parfois
même le haut des billons ou des planches étaient complétement
chauve. S'il arrive qu'à la suite d'une sécheresse trop prolongée
ou d'une pluie trop abondante qui aurait entraîné les graines

dans le sillon le pied manque à la sommité des billons, j'y remédie avec avantage depuis plusieurs années en jetant, au mois de septembre, des semences de farouch (trèfle incarnat) de la seconde saison. Cette variété, venant plus tard en maturité que le farouch commun, s'associe assez bien avec le trèfle de Hollande. Le produit de cette association n'est pas sensiblement moindre que si le trèfle de Hollande eût bien réussi.

LE MAIRE.

Généralement, dans nos campagnes, nous semons le trèfle en bourre, ou non épuré ; quelle est, commandant, la quantité en volume que vous jugez nécessaire à une superficie donnée ?

LE COMMANDANT.

Il me serait difficile de répondre rigoureusement à votre question, mon cher magistrat ; je vais cependant vous donner quelques indications qui pourront vous conduire à un ensemencement convenable. Un sac ordinaire, rempli et un peu pressé, contient le plus souvent quatre livres de graines épurées ; cette quantité peut varier néanmoins. Dans les années où le trèfle de la seconde coupe reçoit une humidité suffisante et qu'il est coupé à propos, un sac bien rempli peut produire plus de quatre livres ; mais pendant les années de sécheresse toutes les graines n'arrivant pas à un degré de maturité suffisante, il ne produit que trois livres, quelquefois moins, rarement cependant. Aussi la quantité nécessaire à un hectare varie-t-elle de huit sacs à onze ou douze : c'est à l'agriculteur à juger du rendement que peut fournir un sac.

UN MÉTAYER.

Si on craint la sécheresse, pour obtenir une quantité suffisante de graines à la seconde coupe, pensez-vous, M. le commandant, qu'il ne serait pas plus avantageux de réserver à cet effet une portion de la première?

LE COMMANDANT.

Très-certainement, mon cher ami, le résultat ne répondrait pas à votre intention. La vigueur des tiges de la première coupe s'opposerait le plus souvent à ce que les semences se formassent convenablement et devinssent propres à la reproduction. La quantité qui, sur un beau champ de trèfle, atteindrait le degré de formation suffisant, serait relativement si petite que ce serait un bien faux calcul que de l'utiliser dans ce but. Il faut donc choisir sur un champ la partie qui, à la seconde coupe, pourra fournir des tiges d'une vigueur suffisante, qui, sauf des cas rares, rendra trois fois plus de graines qu'à la première coupe. On aura en outre profité de la plus grande quantité de fourrage que donne une première coupe ordinairement. Quand la graine de trèfle est luisante et de couleur violacée, elle a atteint le degré de perfection convenable.

UN MÉTAYER.

Vous nous avez dit, M. le commandant, que le trèfle venait sur presque tous les terrains et sur les bonnes boulbènes par dessus toutes. Il y a cinq ou six ans, cependant, je semai du trèfle sur un terrain de cette nature; il vint très-beau la première fois. J'ensemençai ce champ de blé, après les deux coupes de trèfle, qui vint très-bien Satisfait de cette expérience, je ressemai de nouveau du trèfle sur le blé, mais je m'aperçus que cela ne durait pas longtemps et que cette terre se fatiguait vite du trèfle, qui, cette fois, ne produisit presque rien, quoique cette année-là mes voisins en eussent recueilli beaucoup.

LE COMMANDANT.

Tu accuses ton terrain mal à propos de ne vouloir pas le trèfle, mon cher Pierre; c'est à ton inexpérience que tu dois t'en prendre cette fois. On peut laisser le trèfle deux ans de suite sur un terrain quelconque; mais son retour sur ce terrain ne peut avoir lieu sans désavantage que quatre ans, ou mieux en-

core six ans après. La cause de ce que tu as éprouvé n'est pas
due à ce que le sol était fatigué par la plante ; elle vient de ce que
les débris du premier trèfle n'étaient pas entièrement consommés
et nuisaient à la végétation de ton nouvel ensemencement. Avant
le retour d'une plante sur un terrain, en règle générale, il faut
que les détritus de la première soient entièrement détruits et réduits à l'état d'humus ; et plus cette plante abandonnera du détritus sur la terre qu'elle occupait, plus son retour devra être
éloigné. Que cette tentative, mon cher ami, ne te brouille pas
avec le trèfle. Éloignes-en le retour, et tu auras lieu d'en être
satisfait.

LE RÉGISSEUR.

Mathieu de Dombasle nous dit qu'on ne doit laisser subsister
le trèfle qu'un an, parce que si on le conserve plus longtemps,
le sol se trouve infesté de plantes parasites. Que pensez-vous de
ce principe, commandant? L'expérience m'a prouvé le contraire,
et je suis très-satisfait du produit et de la netteté des froments
venus sur des trèfles de deux ans.

LE COMMANDANT.

De la durée du trèfle. — Quoique ce principe émane d'un
homme dont le savoir était grand et l'expérience respectable, je
suis forcé de le combattre par des faits nombreux passés sous
mes yeux et par des essais que j'ai faits moi-même. Comment
concevoir, en effet, que les plantes nuisibles disparussent la première année pour reparaître la seconde, puisqu'elles sont fauchées en vert avec le trèfle, et que dès-lors leurs graines n'ont
pu mûrir et se répandre sur le sol? Cette objection pourrait être
fondée, tout au plus, à l'égard des plantes parasites qui se multi-
plient par leurs racines, mais elle ne peut l'être dans toute autre
hypothèse. En Angleterre, en Allemagne surtout, les agriculteurs laissent subsister le trèfle pendant deux ans ; et cette méthode, loin de trouver des détracteurs, trouve des imitateurs

nouveaux, à cause du bien qu'elle produit. Comme plusieurs d'entre vous le savez déjà, je la pratique depuis longtemps, et je n'ai jamais eu lieu de m'en repentir.

Pour que le trèfle soit vigoureux et puisse subsister deux ans avec l'assurance d'un bon produit, il faut que la récolte qui l'a précédée ait été convenablement fumée.

Fauchage et fanage. — Quelques agriculteurs, croyant se ménager ainsi un meilleur produit pour la seconde coupe, ont l'habitude de faucher le trèfle avant son entière floraison. J'ai fait à cet égard des expériences comparatives qui m'ont démontré le vice de ce procédé.

Si on fauche du trèfle avant qu'il soit fait, il éprouve un déchet considérable qui est loin d'être compensé par la plus-value de la seconde coupe. En outre, le trèfle fauché avant qu'il n'ait atteint le degré convenable de maturité, est loin d'être aussi nourrissant que celui qui est suffisamment fait. Il ne l'est que lorsqu'il est arrivé à sa floraison complète.

L'époque à laquelle a lieu le premier fanage du trèfle est assez souvent pluvieuse; aussi la méthode ordinairement employée dans nos contrées offre-t-elle de graves inconvénients, à cause de la difficulté qu'on éprouve d'obtenir une dessication suffisante. Si on l'enferme avant un fanage complet, le trèfle blanchit, fermente et laisse échapper plus tard une poussière nuisible à la santé des bestiaux. A la seconde coupe, au contraire, la chaleur étant alors très-intense, l'action du fanage, le chargement et le transport font détacher d'abondants débris, diminuent le volume et affaiblissent la qualité du trèfle. J'ai vu pratiquer dans le Nord une méthode qui obvie parfaitement à ces inconvénients sans que le prix de main-d'œuvre, tout calcul fait, soit plus considérable, à moins de rares circonstances.

Connu sous le nom de *méthode Klapmeyer*, ce moyen, que je vais vous indiquer, est employé généralement en Allemagne, en Flandre, en Angleterre et dans beaucoup de contrées de la

France, pour toutes les prairies artificielles et aussi quelquefois pour la dessication du foin, qui prend alors le nom de *foin brun* : il possède à cet état une très-grande valeur nutritive.

Au fur et à mesure que les faucheurs abattent le fourrage, des manœuvres l'entassent en meules, de trois ou quatre charrois environ, en quarrés longs et pas trop larges pour que le tas monte à trois mètres en conservant sa forme quarrée, et que les côtés soient bien perpendiculaires. Le fourrage doit être uniformément répandu et bien tassé sur les bords pour que l'air n'y puisse facilement pénétrer. Quelques heures après la confection de la meule, la chaleur commencera et la fermentation complète arrive ordinairement après trente-huit ou quarante heures. Cependant, comme le développement de sa chaleur peut dépendre de la manière dont la meule aura été faite et des soins qu'on y aura apportés, après la trente-quatrième heure il faudra introduire la main dans la meule pour s'assurer que la chaleur n'a pas diminué et en suivre ensuite le cours. Quand la chaleur baissera, on devra se hâter de défaire la meule, car si on laissait le fourrage se refroidir, il se gâterait : il n'y a rien à craindre avant 48 heures.

Le fourrage qui borde la meule, comme celui qui touche le sol, n'acquiert pas un degré suffisant de fermentation et doit être séparé pour subir un fanage ordinaire. Cette séparation, telle que je l'ai vue pratiquer dans le nord, demandait un temps assez long et avait en outre l'inconvénient de n'être pas assez complète. Elle consistait à séparer avec une fourche le fourrage fermenté de celui qui ne l'était pas, à mesure qu'on défaisait la meule ; mais malgré tout le soin qu'on pouvait y mettre, il était impossible d'arriver à une division satisfaisante. J'y arrive maintenant par un procédé simple et économique. Je fais placer une faux à un manche droit au bout duquel elle est solidement affermie ; après avoir enlevé le chapeau de la meule jusqu'au point où la fermentation est uniforme, je fais trancher avec la faux, pour la séparer, l'enveloppe du fourrage non fermenté, ce qui demande

8

peu de temps. Cette opération terminée, je fais transporter à une certaine distance, pour ne pas en être gêné, la portion qui doit subir le fanage ordinaire.

Le noyau fermenté doit être ensuite répandu à l'épaisseur de 30 à 40 centimètres pendant un jour entier ou deux même, si le temps n'est pas chaud. On forme ensuite de petites meules bien faites et bien peignées qu'on laissera deux jours. Cette dernière opération a pour but de séparer par le chargement et le déchargement une poussière très légère qui s'attache aux feuilles et qui ne s'en sépare que lorsque l'humidité produite par la fermentation est suffisamment essuyée.

Si, par une cause quelconque, on se trouvait dans la nécessité d'enfermer le fourrage avant de le mettre en petites meules ordinaires, la poussière, dont je viens de parler, paraîtrait quand on le donnerait aux bestiaux ; mais il n'y a pas lieu de s'inquiéter de cette apparition. Elle n'est pas dangereuse et il suffit de remuer un peu le fourrage pour la faire tomber entièrement.

Quel que soit l'état de l'atmosphère, pleuvrait-il même lorsque le fourrage en grande meule a acquis le plus haut point de fermentation, il faut le répandre. La pluie n'aura aucune action sur lui et glissera comme sur un corps gras. A cet état, le fourrage aura une forte odeur alcoolique agréable à respirer et une couleur brune qui d'abord ne plaît pas à l'œil, mais à laquelle on s'habitue bien vite quand on s'est assuré que les bestiaux le préfèrent à celui séché à la méthode ordinaire, et qu'il les entretient beaucoup mieux que ce dernier dans un état de force et d'embonpoint.

Un hectare de bonne terre qui produirait 75 quintaux[1] de trèfle à la première coupe et par le procédé ordinaire, en produirait plus de 80 au moyen de la méthode Klapmeyer, à cause

---

[1] Comme dans notre contrée on entend le plus souvent par *quintal cent* demi-kilogrammes, c'est ainsi qu'il faudra l'entendre dans le courant de l'ouvrage.

de la grande quantité de feuilles qui s'échappe par le fanage ordinaire.

UN MÉTAYER.

Ce que vous venez de nous dire du trèfle, M. le commandant, m'engage à faire connaissance avec lui. Aussi, je désirerais savoir ce que peut produire un hectare de terre en fourrage et aussi en graines; car j'ai entendu dire qu'on en obtenait souvent de bons résultats.

LE COMMANDANT.

Produit du trèfle. — Comme de tous les autres produits, la récolte du trèfle est très-variable et dépend de la nature du terrain, de sa bonne préparation et de la fumure qui a précédé l'ensemencement. Un hectare de terre qui convient au plus haut degré au trèfle peut donner 150 quintaux en deux coupes et 100 quintaux sur une bonne terre ordinaire convenablement cultivée. Le produit pour les autres terres varie de 60 à 80 quintaux. On arrive le plus souvent à obtenir ces produits au moyen d'un bon plâtrage.

Le produit dépend encore du moment saisi pour le fauchage. Un quintal de trèfle vert coupé à son plus haut point de floraison se réduit à 24 ou 25 demi-kilogrammes par une dessication convenable. Coupé au moment où il commence à fleurir, comme cela se pratique trop souvent, il arrive à grand peine à 20 demi-kilogrammes et le plus ordinairement à 18. Je me suis assuré de ce fait par des expériences répétées. Tu vois donc bien, mon cher ami, que le rendement peut être augmenté par les soins et les calculs des cultivateurs. Il n'en reste pas moins avéré que la culture du trèfle est très-avantageuse, et que tu n'auras pas à te repentir d'avoir fait avec lui la connaissance à laquelle tu tiens avec raison.

La culture du trèfle, pour ses graines, est au moins aussi importante et devient, sans contredit, une des spéculations agricoles les plus lucratives, puisqu'on peut recueillir de 360 à 700 demi-kilogrammes par hectare, sans nuire beaucoup au produit en fourrage, car ce n'est qu'à la seconde coupe qu'on recueille la graine.

Dès que la graine est suffisamment mûre, ce qui se reconnaît à sa couleur violette, on fauche avec la rosée le trèfle que l'on met de suite en petits tas, car il est promptement desséché. On le charge avec la fraîcheur, et on le met en meule à portée de l'aire (du sol), sur lequel, après quelques jours, on le bat avec des rouleaux.

Il existe plusieurs procédés pour épurer les semences du trèfle après le battage, dont peuvent s'enquérir les agriculteurs qui en font une spéculation importante. Je ne vous parlerai ici, mes amis, que de celui qui est le plus généralement employé dans les fermes. Il consiste à étendre le trèfle uniformément sur l'aire et de passer le rouleau dessus pour séparer des tiges les enveloppes des graines. Peu de temps suffit à cette opération. Avec des râteaux clairs, on enlève les tiges et on place les enveloppes au milieu de l'aire, qu'il faut balayer avec soin. On prépare ensuite une zone circulaire de la largeur nécessaire pour étendre les enveloppes. On enduit cette zone d'une bouillie claire faite avec de la bouse de vache délayée dans de l'eau. Ainsi préparée, la zone présentera une surface unie sur laquelle il sera facile de détacher les graines des enveloppes et de les bien recueillir. Cette opération est plus longue que la première ; car, après une heure de travail à peine s'aperçoit-on de l'effet du rouleau. L'action répétée de l'instrument finira enfin par faire soulever une poussière qui indiquera que l'opération est près d'être terminée.

Cette méthode est la plus économique, sans doute, mais son emploi laisse quelque chose à désirer, car une petite partie de ces graines reste encore dans les enveloppes, qu'on peut utiliser pour ensemencement.

Nous terminons ici notre soirée, pour reprendre la luzerne à notre prochaine réunion.

HUITIÈME SOIRÉE.

—

LE COMMANDANT.

Luzerne.— La luzerne, que généralement et mal à propos on appelle *sainfoin* dans notre contrée, est, de toutes les plantes cultivées pour fourrage, celle qui fournit le plus de produit et présente aux cultivateurs la plus grande ressource. Malheureusement, elle ne vient pas sur tous les terrains et exige un sol riche et profond. Elle va chercher si profondément sa nourriture, qu'une couche végétale fertile et peu profonde ne saurait lui convenir longtemps si au-dessous de cette couche elle rencontre un sol compacte ou humide. Quelle que soit encore la profondeur et la richesse d'un terrain, la luzerne ne pourrait y subsister s'il est humide. Tous les efforts possibles, si ce n'est le drainage, ne sauraient la sauver.

Sur les terrains sablonneux cette plante vient promptement, mais dépérit aussi vite, car la sécheresse lui est presque aussi nuisible que l'humidité : elle y vivra, mais produira peu, surtout après la seconde coupe. Celle-ci même y est le plus souvent médiocre.

Les terres douces, formées de 40 à 60 pour cent de sable avec un mélange convenable de calcaire et d'argile, sont celles qui lui conviennent le mieux. Sur ces terrains, la luzerne peut donner, pendant bien des années, trois belles coupes, souvent quatre, et exceptionnellement cinq.

Combien d'agriculteurs, ne connaissant pas les exigences de cette plante, l'ont semée sur des sols peu ou pas du tout propres à sa végétation. Conséquemment, que de temps, que de soins perdus! Avant d'établir une luzernière, il est prudent de sonder son terrain et d'en examiner la composition pour éviter des frais inutiles.

Préparation du sol; ensemencement. — Avant d'y établir une luzernière, le sol doit être porté au plus haut point possible d'assainissement et d'ameublissement.

Il faut commencer par donner deux labours profonds avant l'hiver; éviter que l'eau arrive et séjourne sur le champ pour que les gelées puissent exercer toute leur bienfaisante action. Au mois de mars, si le terrain est bien sec, on laboure de nouveau après avoir fumé le plus abondamment possible. A son premier âge, la luzerne redoute beaucoup les gelées; il est donc prudent d'atten- dre le moment où elles ne sont plus à craindre pour confier les graines à la terre. Quand on juge opportun le moment de la se- maille, on laboure de nouveau ; on doit herser avec soin et écraser au besoin les mottes que la herse aurait épargnées. On donne enfin un dernier labour suivi d'un hersage. Tout le terrain doit être aplani et émotté le mieux possible. Pour faciliter l'opération du hersage et de l'émottage, les deux derniers labours doivent être faits en planches très-larges : il en résultera une grande éco- nomie de temps et de fatigue.

Habituellement, on jette sur un hectare 36 à 40 demi-kilo- grammes (livres) de graines qu'on recouvre avec des râteaux ou avec une herse légère..

Il est indispensable, dans les deux premiers mois de sa végéta- tion, de débarrasser la luzerne des mauvaises herbes qui lui nui- raient beaucoup, et surtout de ne pas attendre que leurs graines se forment.

Quelques agriculteurs sèment la luzerne sur le blé et sur le lin au printemps. Je ne conseillerai jamais cette méthode, commode sans doute, mais si casuelle que le plus souvent on perdrait la graine et l'on manquerait, ce qui est le plus appréciable, le but que l'on se proposait, inconvénient qui peut avoir des suites fâ- cheuses l'année suivante, si l'agriculteur comptait sur le produit de sa luzernière.

D'autres la sèment au mois de septembre. Si cette époque est assez humide, ce qui arrive rarement sous notre climat, la luzerne peut très-bien réussir. Mais en attendant le mois de septembre on s'expose à perdre une année entière. Le mieux est, sans contredit, de semer au printemps.

Depuis bien des années j'établis mes luzernières à cette époque et j'ai le soin de semer au même moment une autre plante, comme du maïs, que j'utilise pour fourrage, ou du blé noir (sarrasin), que je laisse grainer sans inconvénient.

Chacun sait la quantité de maïs qu'il faut semer sur une quantité donnée; il ne le faut pas épais. Quant au sarrasin, que peu connaissent, je crois utile de vous indiquer la quantité de graines qu'il convient de semer : 20 litres environ par hectare.

L'ombre que le maïs et le sarrasin fournissent aux jeunes pieds de luzerne en s'élevant beaucoup plus que ces derniers, leur est d'une très-grande utilité et l'abrite contre la chaleur et la trop prompte évaporation de l'humidité. D'un autre côté, le cultivateur obtient de cette manière un produit qui vaut au moins les préparations. Certaines années même le sarrasin donne un produit considérable et qui peut s'élever à plus de soixante pour un. Une année, par exemple, je semai de la luzerne au mois de juin, ainsi que du sarrasin, avec un succès complet à l'égard de la luzerne et un produit considérable de sarrasin qui fit beaucoup plus que me défrayer de mes soins.

LE RÉGISSEUR.

Quelques agriculteurs pratiquent des hersages fréquents sur les luzernières; pensez-vous, commandant, que ce soit là une bonne opération? Pour moi, je n'ai jamais osé y recourir, persuadé que je suis qu'ils doivent nuire à la bonne venue de la plante.

LE COMMANDANT.

Détrompez-vous, mon cher régisseur; le hersage est au contraire une des opérations les plus importantes. Non seulement il faut le pratiquer tous les printemps, mais encore le continuer entre les coupes aussi souvent que cela devient possible. Vous donnerez à vos luzernières une vigueur nouvelle en détruisant les mauvaises herbes, en ameublissant la surface du sol et en donnant passage à l'air.

La luzerne a deux ennemis cependant dont il est bien difficile de se débarrasser : *la cuscute* et *le rhysoctone*. Tous les cultivateurs connaissent la première, car elle n'attaque que trop souvent le trèfle comme la luzerne. C'est une plante dont on ne distingue pas les feuilles, mais qui a des rameaux ou filaments déliés plus ou moins rougeâtres qui enlacent les tiges de ces plantes, les étreignent et les font périr. Sa destruction est difficile; mais on réussit à amoindrir ses effets destructeurs en coupant aussi ras que possible les plantes qui en sont attaquées, et cela dès qu'elle paraît. Il faut même élargir en fauchant le cercle infesté et ne laisser aucun filament sur la place.

La plupart des agriculteurs qui voient dépérir leur luzernière ne songent pas à en attribuer le mal à un champignon dont ils ne soupçonnent pas même l'existence, car il ne se présente pas à la surface du sol : c'est souterrainement qu'il exerce son action destructive. C'est ainsi qu'agit le rhysoctone, plante de la famille des cryptogames. Lorsqu'on veut se convaincre que le dépérissement de la luzerne est dû à ce parasite, on doit arracher quelques pieds de luzerne. Si l'on distingue à leurs racines des taches de couleur vineuse on peut être certain qu'il est dû au rhysoctone. Sa présence indique un sol humide et peu propre à la luzerne et l'on ne peut le combattre qu'au moyen d'un assainissement complet, de labours profonds et d'abondantes fumures. Ce serait en vain qu'on chercherait à le faire pendant l'existence de ce champignon ; chaque pied de luzerne en serait atteint à son tour, jaunirait et périrait. Le plus court et le plus sûr parti est de défricher immédiatement. Je n'ai jamais découvert la présence de ce parasite sur les bonnes terres à luzerne; elle est donc due entièrement à la nature du sol; c'est, je crois, une maladie que la luzerne contracte sur les terrains qui ne conviennent pas à sa végétation.

Produit de la luzerne. — Le produit de la luzerne est quelquefois si considérable qu'un hectare peut donner en un an deux cents quintaux : cent cinquante sont une récolte ordinaire sur une bonne terre.

Je ne conseillerai pas d'attendre la complète floraison de la luzerne pour la faucher : à ce moment les tiges sont grossières, dures et peu appétées par les bestiaux parce qu'elles ont laissé échapper une grande partie de leurs feuilles. Il faut choisir, au contraire le moment où apparaissent les premières fleurs. La méthode Klapmeyer, pour sécher la luzerne, est plus avantageuse que pour sécher le trèfle. La première poussant beaucoup plus tôt et plus vite, se trouve souvent à point d'être coupée quand le temps n'est pas affermi ou la chaleur assez grande. On attend, alors, mais c'est au détriment de la qualité de la première coupe et de la quantité de la seconde. En employant la méthode Klapmeyer, on obvie à tous ces inconvénients.

On peut, si l'on aime mieux, pour les autres coupes, si ce n'est la dernière, employer la méthode ordinaire.

Quand la luzerne est coupée, on doit laisser les audains tout un jour au moins sans les toucher, puis les retourner avec la fraîcheur pour ne pas perdre les feuilles. Il faut un peu plus de temps que par le fanage sur la fourche; le produit ne sera pas aussi vert, mais il gagnera beaucoup en poids et en qualité.

La luzerne est très-avantageuse comme consommation en vert, à cause de la précocité de la première coupe ; puis la seconde arrive au moment où s'achèvent les autres fourrages et vous conduit ainsi jusqu'à ceux semés au printemps, comme le maïs, le mil, l'orge, etc.

La durée d'une luzernière est, selon les soins qu'on lui a donnés, de 6 à 12 ans. Plus tard, ses produits diminuent beaucoup.

Si cependant un cultivateur a la facilité d'irriguer une luzernière, sa durée sera moins longue, mais les produits en seront si considérables, qu'il ne devra pas hésiter à le faire.

Quelle que soit la durée d'une luzernière, son retour sur le même terrain doit être séparé du défrichement de six ans au moins. Quelques auteurs ont dit qu'elle ne devait revenir sur le même sol qu'après un temps égal à sa durée; mais rien ne justifie cette présomption qu'ont détruite de nombreuses expériences.

Le défrichement d'une luzernière exige un labour laborieux pour lequel un *soc tranchant* est indispensable. Quelle que soit la force d'une paire de bœufs, elle ne pourrait le faire convenablement. Il en faut au moins deux paires attelées à une forte charrue en fer. Il se fait ordinairement au mois de novembre, en planches très-larges, car, en billons étroits, il serait impossible de régulariser le labour.

Sainfoin ou sparcette. — Non plus que la luzerne, le sainfoin ne convient pas à tous les terrains. Il se plaît si fort sur les terrains calcaires, qu'il profite mieux sur les sols médiocres de cette nature que sur les meilleurs sols qui en contiennent peu; aussi est-il une précieuse ressource pour les coteaux calcaires où le transport du fumier est pénible et coûteux, où on peut le laisser pendant trois ans et lui faire succéder une récolte de froment sans fumure. On fume l'année suivante pour une récolte sarclée après laquelle on sème de nouveau du froment sur lequel on sème encore du sainfoin; ainsi de suite, de telle sorte que les fumures ne se renouvellent que tous les six ans. On pourrait tirer ainsi un grand avantage de sols montueux qui trop souvent sont abandonnés ou considérablement négligés. Serait-il sur un sol riche, que le sainfoin ne donne qu'une coupe, car on ne pourrait donner le nom de seconde coupe au faible produit qu'il fournit sur les terrains les plus productifs.

LE MAIRE.

Je vous demande pardon de vous interrompre, commandant; mais j'ai vu cependant de secondes coupes bien fournies sur de riches terrains des environs de Paris. Sans doute que le climat du Nord, plus humide que le nôtre, lui convient davantage car, comme pour le trèfle, c'est sur la seconde coupe que j'ai vu recueillir les semences.

LE COMMMANDANT.

Sainfoin à deux coupes. — Le sainfoin est une des plantes légumineuses qui conviennent le mieux, au contraire, à notre climat, et ce que vous avez vu, mon cher magistrat, ne vous surprendra pas, lorsque vous saurez que dans les départements du Nord, et beaucoup aux environs de Paris, on cultive le sainfoin à deux coupes en tout semblable à l'autre. Comme vous je fis cette remarque et pris des informations à cet égard. Je fis donc venir des semences de cette variété de sainfoin que je semai sur un bon terrain ; après en avoir cultivé pendant six ans, je m'aperçus que sur les meilleurs sols il ne produisait qu'une bonne coupe, et que la seconde ne pouvait être utilisée que pour en recueillir les semences, avantage néanmoins qui devrait faire répandre dans nos contrées la culture de cette variété de sainfoin, qui permet de faire consommer en entier la première coupe par les bestiaux et réserver la seconde pour la reproduction.

De tous les fourrages verts, le sainfoin est le plus nutritif et le plus bienfaisant, car on peut le prodiguer sans crainte que les animaux en soient météorisés. Sa précocité le fait estimer beaucoup aussi.

Réduit en foin, ses qualités ne sont pas relativement aussi grandes, à cause de la facilité avec laquelle il laisse échapper ses feuilles ; mais desséché d'après la méthode Klapmeyer, il ne le céderait en rien aux autres produits.

Ensemencement. — Comme le trèfle de Hollande, le sainfoin se sème avec le blé en automne ou sur le blé au printemps et réussit mieux aussi à cette dernière époque. Son ensemencement est assez cher : par hectare on jette de 2 à 3 hectolitres cinquante de graines bien épurées. Aussi je ne conseillerai pas d'en semer pour le rompre l'année de sa première récolte. En le laissant plusieurs années, au contraire, il bonifiera beaucoup le terrain après avoir donné de bons produits, car son maximum de production a lieu à la seconde et à la troisième année.

La profondeur à laquelle il va chercher sa nourriture fait qu'il n'épuise pas le sol supérieur qu'il enrichit au contraire de ses nombreux débris.

Un champ de sainfoin pourrait être conservé longtemps, huit, dix ans, si on le voulait ; mais ce serait au prix de soins coûteux, comme le sarclage, les hersages et les engrais minéraux surtout ; comme toutes les légumineuses, le plâtre lui convient beaucoup. Il possède une qualité recommandable dont on peut tirer un grand parti dans un assolement comme le fait un propriétaire voisin de nous et dont je parlerai plus tard ; cette qualité est de pouvoir revenir sur le même terrain après une période de trois ans, sans que le produit en soit diminué, même après plusieurs rotations.

LE RÉGISSEUR.

Permettez-moi, commandant, d'ajouter quelque chose à ce que vous venez de nous dire sur le sainfoin et ses hautes qualités. Cette plante a un ennemi mortel dans la dent des bêtes à laine, lorsqu'on les y conduit, soit au printemps, soit pendant la première année de sa végétation, parce que, peu enracinée encore, elles l'arrachent en pacageant. J'ai éprouvé plusieurs fois l'effet pernicieux du pacage de ces animaux. Il serait à mes yeux bien plus profitable de faire servir une sainfoinière au pacage de bêtes à cornes, exclusivement, dont la dent est loin d'être aussi meurtrière.

Si on veut conserver longtemps une sainfoinière, il faut bien se garder de multiplier les produits en graines qui fatiguent beaucoup la plante et le sol. On doit se contenter de réserver la partie absolument nécessaire au besoin de l'exploitation et en changeant cette partie tous les ans, car deux récoltes de suite épuisent absolument la plante et le sol, à moins de soins et d'engrais considérables.

Je vous remercie, mon cher régisseur, d'avoir complété par votre expérience ce que j'ai dit du sainfoin. N'ayant pas, comme vous le savez, de bêtes à laine depuis assez longtemps, je n'avais pas éprouvé l'effet de leur dent sur le sainfoin.

Trèfle incarnat ou farouch. — J'ai peu de choses à vous dire du trèfle incarnat que vous ne sachiez déjà, mes chers amis, car de tous les fourrages consommés dans notre contrée, il est le plus ancien et le plus classique. C'est à ses qualités bien précieuses qu'il a dû d'être aussi universellement cultivé. Rien de plus simple et de moins coûteux que l'ensemencement du farouch. Beaucoup d'agriculteurs le sèment sur un seul labour au mois d'août ou de septembre; d'autres répandent la graine sur le chaume sans le labourer. Ce dernier mode d'ensemencement est le plus commode et aussi le plus sûr. Il résiste mieux à l'hiver; il est moins sujet à être dévoré par les insectes sur un sol non labouré, comme me l'ont démontré les nombreuses épreuves que j'ai faites à ce sujet.

Il est recommandable par sa précocité, qui lui fait rendre d'utiles services dans un pays comme le nôtre, où la pénurie générale de fourrages nous fait vivement désirer, au printemps, qu'il ait atteint la croissance convenable pour refaire nos bestiaux amaigris par la privation.

Il existe deux qualités de farouch : le hâtif et le tardif.

Semés au même moment, ils sont cependant consommés à quinze jours d'intervalle, ce qui permet d'utiliser l'une et l'autre espèce pendant un mois au moins, et vous conduire ainsi aux autres fourrages du printemps.

Je ne conseillerai jamais de semer du farouch pour le faire consommer en sec; car, en cet état, il est le plus mauvais de tous les fourrages. On pourrait, cependant, lui conserver quelques qualités en le préparant d'après la méthode Klapmeyer.

Presque tous les agriculteurs sèment les graines de farouch en gousse. Ce mode, très-simple sans doute, a un inconvénient : celui de ne pas répandre la graine assez uniformément ou d'en jeter trop ou trop peu. On devrait, au moins, épurer les graines d'un sac pour se fixer sur la quantité qu'il en contient, puis le répandre ensuite suivant ce que les gousses auraient produit en poids. Un hectare exige de 36 à 40 demi-kilogrammes de graines.

Le farouch vient sur tous les terrains; mais les sols argilo-siliceux sont ceux qui lui conviennent le mieux.

Prairies naturelles ou permanentes. — La plupart des agriculteurs s'obstinent encore à conserver des prairies fatiguées, usées par de longs produits, et qui, défrichées, semées en maïs ou en pommes de terre la première année, en froment la seconde, en récolte sarclée avec fumure la troisième, en froment ou en avoine la quatrième, en prairie artificielle la cinquième, en récolte sarclée avec fumure la sixième, enfin en froment et en avoine dans la septième année de cet assolement, pour être remises de nouveau en prairies, produiraient, ainsi rajeunies, deux fois plus de foin qu'elles n'en donnaient avant le défrichement, et après avoir donné pendant sept ans des produits bien plus considérables qu'elles n'en pouvaient donner à l'état de prairies fatiguées. En d'autres termes, il faut détruire les prairies, à l'exception de celles soumises à de fréquentes inondations, quand elles ont fait leur temps, et remplacer le faible produit qu'elles donnent par d'autres plus avantageux.

L'INSTITUTEUR.

J'ai lu que pour établir une prairie permanente, que nous appelons naturelle, on devait associer les plantes d'une même espèce, et ne jamais associer celles d'espèces différentes. Que pensez-vous de ce principe, commandant? le trouvez-vous rationnel?

LE COMMANDANT.

Établissement des prairies permanentes. — Je sais, mon ami, que quelques agronomes, peu observateurs à mes yeux, ont conseillé de ne jamais associer des plantes d'espèces différentes pour l'établissement des prairies naturelles ou permanentes. Chaque année, je crois donner à ce principe un démenti formel ; mais l'année 1852, dont les mois de mars, d'avril et de mai ont été si secs et si contraires au développement de certaines plantes, nous prouve, de la manière la plus invincible, que l'association de plantes d'espèces différentes propres à l'établissement d'une prairie plus ou moins permanente, était d'une nécessité absolue pour obtenir un produit annuel à peu près le même. Pendant les printemps secs, quelques plantes qui s'accommodent mieux de cet état de l'atmosphère s'élèveront et pourront donner un produit passable, si ce n'est abondant. Pendant les printemps pluvieux, au contraire, d'autres plantes d'une autre famille prendront le dessus et fourniront encore un assez bon produit. Par un printemps qui ne sera ni trop sec ni trop pluvieux, les espèces différentes donneront la plus abondante des récoltes, parce qu'elles végéteront dans un milieu qui ne pourra nuire à aucune des espèces. Comme nous le savons tous, sur les prairies permanentes certaines espèces produisent le foin élevé qui donne aux prairies une apparence souvent trompeuse ; ce sont les graminées, qui se développent mieux que d'autres plantes dans les années plutôt sèches que pluvieuses. Plusieurs espèces, plus basses, mais tallant davantage, fournissent ce que, vulgairement, nous appelons *la sole*, le fond de l'herbe. L'année 1852, quelques graminées, dont les racines traçantes peuvent aller chercher profondément l'humidité, se sont élevées à quelque hauteur tandis que les plantes de la famille des légumineuses, telles que les trèfles à fleurs blanches et rouges, les vesces et les gesses des prés, n'ont donné que très-peu de produit. En résumé, les prairies composées de graminées seulement donneront rarement un produit abondant; il leur manquera les plantes qui produisent *la sole,* qui garnissent le fond, qui s'opposent à l'évaporation trop prompte de l'humidité et maintiennent ainsi les graminées dans un milieu de fraîcheur convenable qui ne les jaunit pas aussitôt.

Outre les motifs militants que je viens d'énumérer en faveur de l'association des plantes diverses, il en est un non moins considérable; à savoir : que l'association judicieuse des plantes produit un foin d'une qualité bien supérieure à celui des prairies qui n'ont pour base qu'une seule espèce. Le produit est plus savoureux, plus nourrissant et plus appété par tous les animaux, et surtout par les bêtes à cornes.

LE RÉGISSEUR.

J'établis, l'année dernière, une prairie permanente. Je semai le terrain au moyen de débris de grange qui contenait du foin que j'avais fait faucher au moment où les graines étaient presque toutes en maturité. La prairie est maintenant bien fournie, mais je n'y vois pas les mêmes plantes qui se trouvent dans celle dont j'avais recueilli le foin avec le plus grand soin. A quoi croyez-vous, commandant, devoir attribuer cet effet, qui m'a grandement surpris?

LE COMMANDANT.

Il n'y a rien là qui doive vous étonner, mon cher régisseur. Certaines plantes ne laissent pas facilement échapper leurs semences, comme les trèfles, par exemple ; elles restent aux tiges que les animaux consomment. Les vesces et les gesses, au contraire, retiennent très-peu leurs graines. La chaleur et l'action du fanage fait ouvrir les gousses, et les semences se répandent sur le sol. Ce sont ces graines que les pigeons recherchent avec avidité dans les prairies dès qu'elles sont fauchées.

Ensemencement. — Pour établir une prairie permanente dans de bonnes proportions, il faudrait prendre de cinq à six espèces de graminées, les meilleures pour les prairies, jointes à cinq ou six espèces de légumineuses productives, et une égale quantité en poids des premières et des secondes. Mais comme il serait quelquefois difficile à la plupart des agriculteurs de se procurer quelques graminées qu'il faudrait faire venir de loin, il suffit de se procurer de la graine de foin laissée au fond des granges, en ayant soin de la choisir ni trop séche ni trop humide. Les débris de granges fournissent une trop forte proportion de graminées, comme nous le savons déjà. Il sera donc nécessaire, pour obtenir un mélange convenable, d'ajouter des semences de trèfles rouges et blancs, des vesces et des gessés des prés, auxquelles on pourra ajouter des graines de sainfoin (sparcette). Il faut que ces diverses graines atteignent la moitié environ en poids de la graine de foin. Les graines recueillies au fond des granges sont loin d'être épurées : il s'agira d'évaluer la quantité de semences que contiennent les débris. Après avoir fait passer ces débris au travers d'un crible de fer à mailles larges dont se servent les boulangers pour passer le charbon, et avoir pesé ce qui sera passé, on sera bien près de la vérité en évaluant à $1/6$, en poids les semences qui s'y trouvent.

Il est absolument nécessaire de répandre avant l'émottage les semences de sparcette, de vesces et de gesses dont les pigeons sont très-friands et qu'on recouvre avec la herse. Puis, après l'émottage, on répandra les débris de granges, et, enfin, les graines des trèfles après les avoir mélangées à une forte proportion de sable ou de terre très-tenue pour les répandre le plus uniformément possible.

Le terrain où l'on veut établir une prairie doit être frais et fertile pour que le produit réponde aux soins de l'agriculteur. Les prairies qui sont placées le long des cours d'eau, souvent irriguées et tenues humides par l'infiltration des eaux, donnent les produits les plus abondants, mais les prairies élevées, quand le sol est fertile, fournissent les foins de la meilleure qualité ; elles approchent même, par la quantité des produits, des premières, lorsqu'il est possible de les irriguer. Dans ces conditions, il n'est pas de produit plus constant ni plus élevé que celui qu'elles donnent.

Si la partie supérieure de ces prairies renferme quelques sources, il est urgent d'empêcher que les eaux pénètrent dans la terre et tiennent le sous-sol dans un état constant d'humidité, car bientôt des plantes marécageuses prendraient la place des autres. C'est à la surface de la prairie qu'il faut obliger les eaux de couler. Faudrait-il faire pour y parvenir la dépense d'une construction en maçonnerie qu'on serait largement rémunéré de ces avances ?

Le terrain destiné à une prairie permanente doit être d'abord profondément labouré, nivelé et soigneusement hersé après chacun des labours. Comme dans nos contrées le meilleur moment pour l'ensemencement des prairies est le mois de septembre, le premier labour devra être exécuté au printemps et répété plusieurs fois dans le cours de l'été. Une fumure avant le dernier labour assurerait plus encore la réussite de la prairie.

Pendant les six premiers mois de son établissement, on doit éviter d'y laisser entrer le bétail dont les piétinements lui seraient nuisibles ; mais le pâturage lui sera favorable au contraire, cette première époque passée, et aidera au développement du collet et des racines.

Soins à donner aux prairies. — Tous les ans, au mois de janvier, il est très-avantageux de herser les prairies dans le sens de l'inclinaison des dents de la herse. L'air pénétrera mieux jusqu'aux racines, et la mousse soulevée par cette utile opération sera facilement enlevée avec des râteaux.

L'urine fermentée est un excellent engrais pour les prairies ainsi que le colombin. Dans beaucoup de pays l'on y fait parquer les bêtes à laine à raison de cent brebis par six ares environ. C'est un des engrais les plus énergiques et les moins coûteux.

Parmi les engrais minéraux, les cendres, la marne et la chaux ont une action très-prompte et très-active sur les prairies. Le plâtre agit moins parce qu'il n'a d'influence que sur la végétation des légumineuses.

LE RÉGISSEUR.

Depuis plusieurs années, commandant, je répands du fumier sur les prairies. Quelques agriculteurs croient que ce soin est relativement coûteux en ce que la plus-value du rendement en foin ne s'élève pas à la valeur du fumier. J'ai fait à ce sujet quelques observations que je vous demande la permission de vous soumettre.

Chaque charrois de fumiers que j'évaluai à 20 quintaux produisait en plus environ huit quintaux de foin. Le fumier valant 8 francs, la plus-value du foin en égalait 16, après avoir soustrait les frais d'exploitation. En ajoutant à ce premier avantage la plus-value des animaux qui consommaient ce foin et l'accroissement du fumier qui en résultait, il est facile de se convaincre qu'il n'est pas en agriculture une avance qui puisse être remboursée avec plus d'usure.[1]

LE COMMANDANT.

La preuve mathématique que vous venez de nous donner, mon cher régisseur, est assurément concluante ; aussi serait-il à désirer que le fumier devînt plus abondant dans nos exploitations pour pouvoir vous suivre dans votre expérience : mais malheureusement avant d'en transporter sur leurs prairies, les agriculteurs attendront le moment d'en avoir trop pour leurs champs ; ce qui se fera longtemps attendre, si on n'abandonne pas bientôt le système vicieux d'exploitation suivi dans nos contrées.

Il est encore un moyen très-simple d'engraisser une prairie lorsqu'il se trouve des sources à sa partie supérieure. C'est d'y former un bassin et de le remplir de fumier, de colombin, de matières fécales, etc. Les eaux se répandront sur les prairies

---

[1] C'est au mois de mars, après le hersage, que je fais répandre le fumier. J'ai détruit par ce moyen la mousse qui recouvrait en entier certains points de mes prairies.

chargées des principes fécondants contenus dans les matières fer-
mentées, et donneront aux plantes une vie toujours nouvelle. De
temps en temps on vide le bassin, soit à chaque saison, et l'on
remplace les premières matières devenues inertes par de nouvelles.
De temps à autre aussi on change la direction des eaux au moyen
de petites rigoles.

Irrigations des prairies. — L'irrigation a cela d'avantageux
que son action bienfaisante se fait sentir pendant l'hiver et durant
la sécheresse. Pendant la première saison, la température élevée
des eaux atténue et répare les effets des gelées. Chacun de nous a
pu voir que dans un coin de prairie ou d'un pâtus herbeux, si un
fossé, un égout quelconque, y déverse le trop plein de ses eaux,
l'herbe sera toujours plus verte et plus fournie sur ces points que
sur les autres, en quelque temps que ce soit. Pendant l'été, l'irrigation distribue aux plantes l'humidité qui leur est nécessaire ;
aussi, dans les départements méridionaux, cette opération serait
excessivement fructueuse : c'est à la sécheresse presque constante
des étés que nous devons, en partie, la pénurie des fourrages. Un
grand système d'irrigation, protégé et aidé par l'État ou exécuté
en commun sur une grande échelle par les propriétaires riverains
des cours d'eau, produirait un incalculable accroissement de
notre richesse nationale, surtout si l'exécution de ces importants
travaux était confiée aux ingénieurs des travaux hydrauliques.
Pour les irrigations partielles il faut des conditions exceptionnelles, comme une source ou un cours d'eau se trouvant sur un
point plus élevé que la prairie et qu'on pourrait utiliser sans de
grands frais.[1]

---

[1] Ce sont là des cas assez rares et dont on ne doit pas négliger les avantages,
avec d'autant plus de raison que le plus souvent l'irrigation et l'appropriation des
terrains irrigables serait d'une très-faible dépense comparée aux résultats. L'un des
soins les plus essentiels est d'unir, le plus possible, le terrain à irriguer pour que
l'eau ne séjourne pas dans les bas-fonds de la prairie et pour qu'au moment où on
jugera l'arrosage suffisant, l'eau disparaisse partout en fermant les conduits sur
un point.

Je n'entrerai ici dans aucun des détails relatifs aux dispositions indispensables à la réussite de travaux d'irrigations. Ainsi, la quantité d'eau qu'il est nécessaire de recueillir pour irriguer une superficie donnée, la force du barrage pour résister au poids de l'eau contenue dans les bassins artificiels, les nivellements, les écluses, les canaux de toutes dimensions, etc. ; enfin, le calcul de la dépense mis en regard du produit, sont choses qu'il appartient aux hommes de l'art de déterminer.

L'INSTITUTEUR.

Je vous demande la permission, commandant, de citer un exemple qui prouve combien est fructueux un système d'arrosage bien entendu. J'ai lu, il y a peu de jours, dans un ouvrage de M. de Gasparin, qu'un propriétaire des environs de Lyon avait exécuté un barrage au moyen duquel il avait fait un réservoir de cent ares de superficie et d'une profondeur moyenne de six mètres.

Il arrose au moyen de l'eau qu'il recueille ainsi une prairie de trente hectares environ, dont le revenu est arrivé à 20,000 fr., tandis qu'il atteignait à peine 1,200 fr. avant cette fructueuse opération. Les travaux d'établissement ont à peine coûté 20,000 fr. Cet habile agriculteur a donc sextuplé son revenu. Un tel exemple parle si haut que nous devons être étonnés que les travaux d'irrigation ne soient pas plus fréquemment exécutés. Combien de points, cependant, où les eaux pluviales ou de sources se perdent sans avantages pour les propriétaires qui pourraient les utiliser avec de si grands résultats!

LE MAIRE.

Ce que vient de nous dire M. l'instituteur m'engagerait beaucoup à utiliser une source assez abondante que je possède à portée d'une prairie; mais cette prairie est plate, et il me semble que l'arrosage ne peut se faire que sur les terrains en pentes. Y a-t-il des moyens, commandant, d'arroser une prairie comme la mienne?

Il est plus facile, sans doute, d'irriguer une pièce en pente, mais une prairie plate peut s'irriguer aussi. Le terrain, dans ce cas, doit être divisé en planches de 9 à 14 mètres, selon la nature du sol, et l'abondance de l'eau. Les planches seront d'autant plus larges que le terrain sera sec et l'eau abondante, et formées en sens inverse du canal de distribution, c'est-à-dire, perpendiculaires à celui-ci. Elles doivent être soigneusement arrondies et élevées de 0 mètres 35 pour les plus larges et proportionnellement pour les autres. On pratique, sur le point le plus élevé de la planche, une rigole dans le sens de sa longueur, à partir du canal de distribution jusqu'à celui de fuite. Ces rigoles doivent être plus larges à leur jonction avec le canal de distribution. Si, par exemple, les planches ont 100 mètres de longueur, la rigole devra être de 0 m. 26 à sa jonction avec le canal de distribution, et arriver à 0 m. 16 cent. au canal de fuite. Les arrêtes des rigoles ne doivent jamais être touchées et l'épanchement des eaux se pratique au moyen de petits bâtardeaux formés avec des mottes de gazon. Comme il faut éviter soigneusement que l'excédant de l'arrosage séjourne dans la prairie, on doit pratiquer d'autres rigoles entre les planches, mais cette fois plus larges et plus profondes à leur point de jonction avec le canal de fuite. Ces rigoles devront avoir 0 m. 15 de profondeur près du canal de distribution et 0 m. 25 environ, à leur débouché dans le canal de fuite.

Lorsque l'exécution des travaux d'irrigation ne présente pas de difficultés, ils peuvent sans doute être faits par les soins des agriculteurs; mais le plus souvent il sera plus sûr d'avoir recours à un homme de l'art pour arriver à une complète réussite, car une fausse opération rendrait inutiles les dépenses qu'auraient entraînées les travaux. Les produits d'une irrigation bien exécutée sont toujours si importants qu'il ne faut pas redouter le coût d'un ordonnateur capable. Des ouvrages spéciaux et qu'il est utile de consulter indiquent les modes divers de l'aménagement des eaux, selon les saisons et les circonstances. Un débit d'eau continu sur une prairie serait plus nuisible qu'avantageux, car il finirait par engendrer des herbes marécageuses. C'est par arrosages réglés et périodiques qu'il faut procéder. Il faut aussi calculer la quantité d'eau nécessaire à une superficie donnée, toutes choses enfin qu'il faut demander à l'expérience et à l'art.

UN MÉTAYER.

Il me semble, M. le commandant, qu'une prairie arrosée et dont le produit s'élève si haut, doit avoir besoin d'engrais, car je ne crois pas que l'eau lui apporte des principes qui enrichissent la terre.

LE COMMANDANT.

Ta réflexion, Pierre, est très-judicieuse. L'eau, loin d'apporter sur le sol des principes fécondants, finirait par amener son épuisement en dissolvant promptement les principes solubles que contient le sol et que les plantes s'assimilent plus facilement et plus promptement aussi, car l'eau naturelle n'agit que comme excitant. Il en serait autrement, par exemple, si l'eau d'irrigation était chargée artificiellement ou naturellement de principes propres à envahir la terre. Sans cette rare exception, une prairie arrosée a besoin annuellement d'engrais.

Produit des prairies permanentes. — Le produit des prairies permanentes, selon la nature du sol et leur exposition, sera de 40 à 70 quintaux par hectare. L'irrigation bien établie augmentera généralement du double les produits ordinaires. C'est là une base sur laquelle on peut toujours asseoir un projet d'irrigation.

L'INSTITUTEUR.

J'ai souvent entendu parler du colmatage, M. le commandant, sans trop m'expliquer quel est l'effet de cette opération agricole. Voudriez-vous bien nous l'expliquer?

LE COMMANDANT.

Le colmatage, mon cher ami, a un tout autre but et aussi un tout autre résultat que l'irrigation proprement dite. Cette opération agricole consiste à faciliter, à des époques déterminées, l'entrée des eaux bourbeuses sur une prairie ou sur un champ, et qu'on y laisse séjourner jusqu'à ce qu'elles aient déposé leur limon. C'est ainsi qu'on élève progressivement le sol en l'enrichissant constamment. On fait évacuer les eaux, soit pour l'ensemencement, soit pour les remplacer par d'autres eaux bourbeuses.

Le débordement du Nil, qui produit de si grands bienfaits dans la vallée de la Basse-Egypte, n'est qu'un colmatage dont l'art a su tirer un si grand parti, et qui se pratique sur la plus grande échelle connue.

Dans nos vallons, où serpentent de petits cours d'eau, mais qui grossissent extrêmement dans les temps de pluie, et dont les eaux sont chargées abondamment de matières terreuses, rien ne serait plus facile et plus simple que de bonifier les terrains riverains, qui, le plus souvent, sont des prairies. Bien peu de propriétaires songent à utiliser ces débordements, qui leur seraient cependant très-avantageux.

Récolte. — Il est impossible de déterminer l'époque à laquelle doit s'opérer la récolte des foins. Elle dépend de la nature du sol et de sa situation. Sur les rives de la Garonne, elle se fait du 20 mai au 10 juin. Sur les petites rivières, le long des petits cours d'eau ou sur les prairies élevées, elle a lieu du 15 juin aux premiers jours de juillet. Ainsi, il faut attendre, pour faucher, que les panicules des graminées soient fleuries et que les légumineuses aient suffisamment monté. Par le fauchage trop prompt, on perd sur la quantité; par le fauchage trop retardé, on abaisse la qualité. L'expérience indique suffisamment le moment propice pour le fauchage : je n'ai pas besoin de m'étendre plus longuement sur ce sujet.

Fauchage. — Il importe plus qu'on ne le croit habituellement de choisir de bons faucheurs. Sans blesser le collet des plantes, on doit faucher aussi ras que possible. Un mauvais faucheur laisse sur le sol une quantité de foin souvent très-grande et dont un agriculteur doit toujours apprécier la valeur. D'ailleurs, un pré bien fauché repousse toujours mieux.

Pour parvenir à un fauchage uni et régulier, il faut que la faux ne soit pas longue ni l'andain trop large. La faux longue et l'andain large accélèrent la besogne, mais on paie plus qu'on ne le croit généralement le temps qu'on économise. Avec ce mode de fauchage, et sur un terrain uni, un homme peut faucher 45 ares. Il vaudrait mieux qu'il n'en fauchât que 36, avec une faux plus petite et au moyen d'andains convenables.

Fanage. — Je n'ai pas à m'étendre sur la manière de faner le foin; chacun de vous le sait, sans doute. Cependant, mes amis, je dois vous signaler quelques fautes que l'on fait habituellement dans nos contrées. Les faneurs ne sont pas assez nombreux sur presque toutes les exploitations. La célérité du fanage importe beaucoup à la qualité du foin. On gagne à ce que l'on pourrait regarder comme un surcroît de frais. Si l'on fane le premier jour de fauchage, le plus souvent à cause de la rosée, on ne peut commencer qu'à 9 heures; deux faneurs par faucheur suffisent le premier jour, car on ne doit remuer que ce qui est fauché avant midi. Le soir on doit réunir plusieurs andains en un seul et ne jamais se retirer sans avoir mis en meules, bien faites, le foin qui a été fané. Pour le lendemain, on doit se procurer quatre faneurs par faucheur sans compter les hommes occupés à charger. Dès que la rosée a disparu on étend les andains qui n'avaient pas été touchés la veille, puis les meules, et ainsi de suite tous les jours, et ne jamais négliger de mettre tout en meules le soir. Celles dont le foin est suffisamment sec, doivent être plus fortes que les autres. Avant le transport du foin l'on doit s'assurer qu'il est suffisamment essuyé. Il vaudrait mieux employer un peu de temps à le faner encore qu'à le rentrer dans un état de dessication incomplète. On gagne beaucoup à ce léger surcroît de dépenses.

Il ne faut jamais laisser le foin en andains plus d'un jour, et le mieux est que les faneurs suivent les faucheurs. La saine et prompte préparation du foin lui conserve sa couleur, son arome et ses plus grands principes nutritifs.

Cependant, s'il menaçait de pleuvoir quand on fauche, on doit laisser le foin en andains; tant que l'herbe est verte et fraîche, la pluie ne lui est pas nuisible, mais il faut se tenir prêt à saisir le moment favorable et abandonner le moins possible l'herbe sans la remuer.

En Angleterre, en Allemagne et aussi au nord de la France, on estime beaucoup le *foin brun*, c'est-à-dire préparé d'après la méthode Klapmeyer. Sous notre climat, il est presque toujours si facile de procéder au fanage du foin qu'on ne doit avoir recours à cette méthode que lorsque la pluie est persistante, car il vaut mieux encore obtenir du foin brun que de le perdre ou de l'obtenir mauvais.

Sur les rives de notre fleuve, où les débordements anéantissent presque tous les ans une grande partie de la première coupe du foin, l'emploi de la méthode Klapmeyer serait d'un secours immense.

Combien de fois avons-nous vu, en effet, les propriétaires riverains ou leurs fermiers, menacés par une crue de la Garonne, se hâter de faucher et d'emporter l'herbe qu'ils déposaient sur un point élevé ou un chemin, et attendaient ensuite le retour du beau temps pour la faner. Trompés dans leur espoir par une pluie continue, ils perdaient en partie leur foin ou le retiraient dans le plus mauvais état. S'ils avaient connu la méthode Klapmeyer et l'eussent employée dans cette circonstance, ils auraient eu un foin non pas vert et odorant comme celui obtenu par le fanage que ne contrarie pas le mauvais temps, mais un *foin brun* qui renferme autant de principes nutritifs que l'autre, et que les bestiaux et les chevaux mangent avec autant d'avidité que le premier.

Ainsi, mes amis, puisque plusieurs d'entre vous possèdent des prairies sur les rives de la Garonne, je vous recommande l'emploi de la méthode Klapmeyer lorsque, menacés par une crue, il vous sera possible de faucher et d'enlever l'herbe avant l'inondation de la prairie. Comme je vous l'ai dit en vous parlant du trèfle, la pluie n'empêche pas la bonne préparation du *foin brun*, et comme vous pourrez vous en convaincre lorsque l'occasion se présentera d'avoir recours à la méthode Klapmeyer, occasion qui malheureusement ne peut se faire attendre longtemps.

Il arrive souvent aussi qu'à l'époque de la récolte du regain, le temps n'est pas favorable à sa dessication convenable; ne craignez pas d'avoir recours encore à la méthode que je vous ai indiquée, elle vous préservera souvent de la perte de vos regains.

Conservation du foin. — En Angleterre et en Allemagne le foin conservé dehors en grandes meules faites avec soin, se vend plus cher que celui conservé dans l'intérieur des bâtiments. En effet, à l'extérieur il se maintient plus sain, parce que les vapeurs qui s'exhalent toujours en plus ou moins grande quantité, selon qu'il a été récolté plus ou moins sec, s'évaporent facilement au contact de l'air. Dans les bâtiments, au contraire, les vapeurs ne peuvent se dissiper avec autant de facilité, et les brouillards du dehors provoquent la moisissure et un certain degré de fermentation qui dénature le foin et en diminue la valeur nutritive. Soit qu'on enferme le foin ou qu'on le place à l'extérieur, il faut le presser fortement, car lorsqu'il sue il faut autant que possible éviter le contact de l'air qui déterminerait la moisissure.

Lorsqu'on dépose le foin extérieurement, il faut le mettre sur une plate-forme, élevée de 30 ou 40 centimètres, soit en bois, soit en terre, et, dans ce dernier cas, l'isoler du sol au moyen d'une couche de bourrées.

Le foin bien pressé peut s'évaluer à raison de 140 demi-kilog.

le mètre cube, lorsqu'il est enfermé dans un fenis, et à 115 ou 118, lorsqu'il est placé extérieurement. Ces données peuvent servir pour la confection des meules à l'extérieur comme pour connaître approximativement ce que peut renfermer un fenis.

Bottelage. — Habituellement, dans nos contrées, le foin et les autres fourrages sont distribués aux bestiaux sans qu'ils soient bottelés. Vous comprenez combien cette pratique a d'inconvénients : la dilapidation d'une part, de l'autre, l'inégalité du pansage qui est toujours à considérer au double point de vue de l'économie et de la santé des animaux, tandis que le bottelage en empêchant les inconvénients, fixe de suite le propriétaire sur la provision qu'il peut ainsi ménager selon ses ressources. J'ai vu souvent autour de moi, mes amis, des agriculteurs qui pansaient leurs bestiaux, l'hiver, avec du foin et de bons fourrages, et qui, au printemps, au moment des travaux, étaient obligés de finir par où ils devaient commencer, c'est-à-dire par une distribution réglée sur de faibles ressources.

Pâturage des prairies. — Nous devons à la disette des fourrages le pâturage généralement trop prolongé des prairies, ce qui diminue d'une manière sensible la récolte du foin et retarde sa maturité, chose beaucoup plus importante encore sur les rives de la Garonne, car cette imprévoyance expose trop souvent les propriétaires à la perte totale de leur foin par les inondations de ce fleuve qui, presque toujours, déborde vers le premier juin. Si le pâturage cessait au premier mars, *au plus tard*, l'herbe aurait atteint son entier développement au 20 mai. A ce moment les chances d'inondation sont bien moindres que vers les premiers jours de juin. Au 20 mai l'herbe n'aurait-elle pas acquis même toute la maturité qu'on peut désirer, qu'il est encore plus avantageux de la faucher que d'attendre; la seconde coupe, plus considérable que si on eût coupé tard, indemniserait grandement le propriétaire de ce que lui aurait fait perdre sur la première coupe ce que je dois appeler sa prudence.

Le pâturage des prairies est une ressource pour les bestiaux en général et un besoin pour les élèves; il profite aussi aux prairies elles-mêmes, parce que les plantes trop hâtives sont constamment tenues au niveau des autres. Les bêtes à laine, les brebis nourrices surtout, se trouvent parfaitement du pâturage; mais nous ne devons pas nous faire illusion sur cet avantage, car il coûte toujours beaucoup plus qu'on ne se l'imagine vulgairement. Ces animaux broutent l'herbe si ras de terre, qu'ils attaquent le collet des plantes et diminuent ainsi la récolte du foin. Pour éviter ce mal, le pâturage d'une prairie ne doit leur être livré que de temps en temps, afin que l'herbe puisse pousser; car, tant qu'ils trouveront un peu d'herbe haute, ils n'attaqueront pas le collet.

Nous nous sommes assez étendus, mes chers camarades, sur les prairies permanentes ou artificielles. A notre première réunion, nous parlerons des plantes propres à l'alternat des cultures.

NEUVIÈME SOIRÉE.

LE COMMANDANT.

Comme nous en sommes convenus avant de nous séparer, nous allons nous occuper des végétaux les plus avantageux dans la culture alterne. A vous, mon cher régisseur, qui cultivez particulièrement certaines de ces plantes, je vous demanderai de me venir en aide lorsque nous y arriverons; les soins que vous mettez à leur culture, les profits avantageux que vous en retirez doivent nous faire désirer que vous vouliez bien nous édifier à leur égard. Je vais commencer par celles qui nous sont le plus familières.

LE RÉGISSEUR.

Comment, toujours, commandant; je mettrai à votre disposition le peu de connaissances que me donne mon expérience.

Plantes propres à l'alternat des cultures ; fèves. — De toutes les plantes qui peuvent être comprises dans la rotation d'un assolement combiné, aucune, je crois, ne possède à un plus haut degré que les fèves la faculté d'amender, de diviser le sol et de le préparer convenablement, soit pour une récolte sarclée, soit pour une récolte de céréales. Leurs tiges épaisses, couvertes de feuilles larges, charnues et nombreuses, vivent surtout aux dépens de l'atmosphère et rendent à la terre beaucoup plus qu'elles ne lui empruntent. Cette plante est si riche en carbone, azote et oxide d'ammonium, qu'on pourrait dire d'elle que ses tiges sont de l'air condensé, quoique quelques agronomes aient affirmé que les plantes ne se nourrissent pas des éléments de l'air. Pour soutenir une opinion aussi fausse, il ne faut ni réfléchir ni étudier les phénomènes de la nature.

M. LE CURÉ.

Permettez-moi de vous interrompre un moment, commandant, pour citer un passage d'une leçon de M. Dumas, qui vient si à propos à l'appui de ce que vous venez de nous dire. En 1837, le célèbre professeur nous disait : « Les végétaux sont le labora-
« toire de la vie organique; c'est dans leurs tiges, leurs fleurs,
« leurs fruits et leurs fibres que se forment les matières végé-
« tales et animales. Des végétaux, consommés par les animaux
« herbivores qui en détruisent une partie et conservent le reste
« dans leurs tissus, elles passent dans les animaux carnivores,
« qui en détruisent une partie qu'ils *restituent à l'atmosphère*
« *d'où elles viennent*, et conservent le reste jusqu'à leur mort.
« Les plantes, véritables appareils réducteurs, s'emparent de
« leurs radicaux *que l'atmosphère leur fournit;* avec ces radi-
« caux elles produisent les matières organiques qu'elles fournis-

« sent. Les animaux, à leur tour, vrais appareils de combustion,
« décomposent ces matières, et *rendent à l'atmosphère* l'hy-
« drogène, l'ammonium et l'acide carbonique qui reproduisent
« sans cesse ces mêmes phénomènes. »

LE COMMANDANT.

Après ce que vous venez de nous dire, mon cher curé, et dont
je vous remercie, je n'ai pas besoin de combattre plus longtemps
une opinion contraire à des faits si bien définis. M. Dumas est
un de ces hommes dont l'opinion est un précepte, et qui ne peuvent avancer que des faits positifs. — Je reprends donc :

La racine de la fève, forte et pivotante, ouvre la terre, la désa-
grège et facilite ainsi les agents atmosphériques à pénétrer dans
le sol en l'ameublissant. Cette propriété, que tous les agriculteurs reconnaissent aujourd'hui, n'avait pas échappé à Olivier de
Serres qui, le premier, en avait préconisé l'emploi il y a trois
siècles.

Plusieurs agronomes, M. Gaujac entre autres, prétendent qu'il
faut semer les fèves très-dru, parce qu'elles ne tallent pas et se
ramifient peu. Il en est ainsi des fèves semées au printemps, dans
plusieurs de nos départements septentrionaux et du centre de la
France ; mais dans nos départements méridionaux, au contraire,
les fèves semées avant l'hiver tallent et se ramifient beaucoup. Ce
serait donc un mal, dans nos contrées, de semer épais les fèves
d'automne, à moins qu'elles ne fussent destinées à servir d'amendement et être conséquemment fauchées et enfouies au moment de
leur floraison, comme beaucoup d'agriculteurs le pratiquent avec
avantage. Il ne s'ensuit pas de là, cependant, qu'il faille suivre la
méthode de ceux qui ne sèment qu'un rang par billon, soit dans
la vue de ménager les semences ou leur terre, soit dans celle
de faciliter le buttage et les labours qui suivent la récolte des
fèves. Comme je vous l'ai déjà dit, mes amis, les fèves vivent peu
des sucs de la terre : elles seront convenablement espacées, à trois

rangs ou deux au moins par billons, pour produire une bonne
récolte et pour abandonner au sol une somme convenable de détritus fécondants.

L'INSTITUTEUR.

Puisqu'il paraît établi, commandant, que les fèves empruntent
plus à l'atmosphère qu'à la terre pour opérer leur croissance,
comment se fait-il qu'elles viennent mieux sur un bon terrain
que sur un mauvais? Cela me paraît un paradoxe qui, pour
moi, a besoin d'une explication que je vous prie de vouloir bien
nous donner.

LE COMMANDANT.

Volontiers, mon jeune ami. Le sol riche facilitant le développement des racines et par suite des collets des plantes, il s'en
échappera des tiges d'autant plus fournies que les collets seront
plus vigoureux. La force d'absorption sera d'autant plus grande
ainsi que la plante sera, à son tour, plus vivace et plus forte. Un
animal vigoureux et bien constitué respire avec plus d'aisance,
consomme plus d'air qu'un animal faible et chétif : de même la
plante respirant en raison directe de la vigueur de sa constitution,
accumulera d'autant plus d'air dans ses fibres qu'elle sera plus
fortement constituée.

L'INSTITUTEUR.

Je suis édifié maintenant, commandant, et comprends combien
il importe d'engraisser et de bien travailler le sol.

LE COMMANDANT.

Il ne me reste plus qu'une dernière observation à faire au sujet
de cette précieuse plante. La plus grande partie des agriculteurs
commettent la faute, bien grande à mes yeux, d'arracher les
fèves, par économie de temps, disent-ils, au lieu de couper les
tiges. S'il y a économie de temps, elle ne me paraît pas très-appréciable, mais le fût-elle plus qu'elle ne le paraît, cet avantage

ne saurait compenser la part d'amendement que la terre retirerait des détritus des racines et de la partie des tiges qui resteraient
sur le sol, lesquelles, au contraire, devraient être coupées le plus
haut possible. En outre, les bestiaux mangent avec avidité les
parties non ligneuses des tiges, surtout lorsqu'elles n'ont pas été
coupées trop sèches : elles seront d'autant plus appétées par les
animaux qu'elles auront été coupées plus haut. Ainsi disparaîtra
encore la peine extrême qu'on prend à arracher les fèves, lorsque
l'humidité du sol ne rend pas l'opération facile.

Culture. — Il y a, comme vous le savez, plusieurs espèces de
fèves, dont une hâtive ; mais celle qui offre le plus d'avantage est
la petite fève arrondie, à cause de sa fécondité ; sa réussite est
aussi moins casuelle.

Les fèves doivent être semées profondément : à 10 ou 12 centimètres. Si on tenait à donner au sol un plus fort labour, il
devrait être fait avant l'ensemencement, car il y a de l'inconvénient à les semer à la profondeur d'un fort labour, c'est-à-dire à
20 où 30 centimètres. Beaucoup d'agriculteurs croient que les
fèves réussissent mieux en les semant au premier labour ; je puis
assurer qu'elles viennent très-bien aussi, et je crois, mieux encore,
en donnant à la terre un labour profond avant l'ensemencement.
Si on veut en semer au printemps il est indispensable de donner
à la terre un labour profond avant l'hiver, et d'avoir le soin de
tracer des rigoles pour faire écouler les eaux qui ne doivent pas
séjourner dans le champ.

Terrain. — Les fèves viennent sur presque tous les terrains,
mais les sols forts, argilo-calcaires, sont ceux qu'elles préfèrent.
Habituellement on sème les fèves sans fumure ; cependant elles
supportent l'engrais, surtout sur les sols froids ou argilo-
siliceux.

Sarclage. — Le sarclage est indispensable aux fèves. Il doit être
répété deux fois : avec la sarclette lorsqu'elles sont jeunes, et à
l'aide de la main lorsque elles sont grandes. Dans un assolement

10

biennal, où le blé succède immédiatement à la fève, l'ensemencement en lignes, sinon par billon, serait le plus convenable parce qu'on peut labourer le sol deux fois avant l'enlèvement des fèves ; mais avec un assolement triennal, au moyen duquel une récolte sarclée succède l'année suivante à une récolte de fèves, on doit proscrire l'ensemencement sur une seule ligne. Le sol et le grenier s'en trouveront beaucoup mieux.

Maladies. — Les fèves sont sujettes à deux maladies que vous connaissez tous. Ce sont la rouille et la miellée. Je ne connais aucun remède à la première qui s'annonce par des taches brunes qui s'étendent bientôt et couvrent les feuilles de la plante. Si cette maladie s'annonce avec trop d'intensité, il est inutile d'hésiter, car la récolte est perdue. Il faut faucher les fèves et les enfouir dans le sol à la charrue. La récolte qui suivra s'en trouvera mieux. La miellée s'annonce par une matière visqueuse et sucrée qui s'attache à l'extrémité des tiges. Bientôt les fourmis monteront pour se repaître de ce suc, et les pucerons s'y montreront deux ou trois jours après. A l'époque où cette maladie se déclare, c'est-à-dire à la fin d'avril ou au mois de mai, il faut visiter souvent les champs de fèves. Dès qu'on aperçoit les fourmis rechercher la matière sucrée, on doit se hâter de faire pincer le haut des tiges qu'il faut transporter hors du champ. Cette opération est loin d'être nuisible à la plante ; les fleurs noueront mieux et la fructification s'opérera avec plus de facilité.

Récolte. — On ne doit pas attendre que les fèves soient sèches pour les cueillir. Les grains seront plus blancs et plus propres aussi à la consommation des hommes et des animaux. Lorsque la plus grande partie des gousses est noire, c'est le moment le plus opportun pour les couper.

Produit. — Le produit des fèves varie de 12 à 30 hectolitres par hectare, selon le terrain et la température plus ou moins favorable. Sous notre climat la réussite de celles semées au printemps est extrêmement casuelle, aussi ne doit-on en semer que pour l'usage purement domestique.

Vesces. — Il existe plusieurs variétés de vesces que l'on obtient soit pour leurs semences soit comme plantes fourragères. La vesce noire se recommande entre toutes par ses hautes qualités. C'est celle dont nous allons parler. La vesce noire est en effet un des végétaux les plus précieux dont l'agriculture se soit emparée pour amender le sol et le préparer à recevoir convenablement une récolte sarclée ou de céréales. Ses racines pivotantes ouvrent la terre et y pénètrent profondément. Elles divisent le sol et lui donnent à un haut degré la propriété d'absorber l'air et l'humidité. Ses tiges nombreuses et herbacées fournissent à la terre une quantité considérable de détritus fécondants. Presque à l'égal des fèves, elle contient une grande quantité d'azote, de telle sorte que ses détritus se convertissent immédiatement en engrais. A raison de tous ces avantages, je n'hésite pas à affirmer que, cultivée même pour ses graines, cette plante préparera mieux le sol à recevoir une autre récolte que ne le ferait une jachère coûteuse et improductive; mais cultivée comme fourrage ou destinée à être enfouie, elle l'emportera de beaucoup sur une jachère morte.

Ensemencement. — L'époque la plus favorable pour l'ensemencement est du 10 au 30 septembre. Beaucoup d'agriculteurs sèment au mois d'octobre; mais si ce mois est pluvieux, les talus détruisent une grande partie des jeunes plantes. S'il est trop sec, la vesce n'a pas le temps de se développer avant l'hiver et ne s'en défend pas assez.

Au printemps, la réussite est très-casuelle parce que le brouillard l'attaque très-facilement.

Le mode d'ensemencement varie selon le caprice des agriculteurs. Les uns répandent les semences sur le chaume, puis labourent profondément le terrain. Elles finissent par germer, mais elles restent longtemps à lever. Les autres pratiquent un premier labour et sèment avec le second. Le mieux est de donner un profond labour à la terre, de répandre la semence dessus, et de herser. De tous les modes d'ensemencement, c'est le plus simple et le plus sûr.

Il faut de 1 hectolitre $^1/_2$ à 1 hectolitre $^3/_4$ par hectare. Comme beaucoup d'agriculteurs, je faisais mêler $^1/_6$ d'hectolitre d'avoine avec les semences de vesces. J'ai reconnu des inconvénients à ce mode de procédé. Le fanage des vesces ne se fait ni aussi vite ni aussi bien ; en outre le sol est sensiblement épuisé par ce mélange. Depuis quelques années déjà je ne fais de mélange que pour la portion destinée à être consommée en vert.

Récolte. — On doit attendre pour faucher les vesces qu'elles soient en pleine floraison et que les gousses même se montrent à la partie inférieure des tiges. Si le temps est beau, elles se réduisent facilement en foin ; mais si le temps est douteux, on ne doit pas balancer à avoir recours à la méthode Klapmeyer. Les vesces, en se séchant, conservent rarement leur couleur verte à cause du temps que le fanage exige et de la disposition hérissée des tiges qui ne permettent pas que les meules soient faites de manière à éviter que la pluie y pénètre. Au moyen de la méthode Klapmeyer, on épargnera du temps et on obtiendra un produit plus savoureux et plus nourrissant.

Le champ doit être rompu dès l'enlèvement des vesces, pour retirer tout l'avantage possible de cette culture. Au moyen de la méthode Klapmeyer, le labour peut être fait le lendemain du fauchage. Le fanage ordinaire demande souvent plus de huit jours : cet espace de temps rend impossible quelquefois et toujours difficile un labour convenable.

Produit. — Les vesces, suffisamment desséchées donnent, de 60 à 90 quintaux par hectare, qui valent $^1/_6$ de plus qu'une égale quantité de foin à cause de leurs plus grandes qualités nutritives. Cultivées pour leurs semences, elles produisent de 20 à 45 hectolitres par hectare, suivant la nature du sol.

Blé noir ou sarrasin. — Cette plante, originaire de l'orient, peu connue encore dans notre contrée, est destinée, lorsqu'elle le sera davantage et qu'elle aura été appréciée, à venir prendre un rang élevé comme culture intercalaire ou comme engrais végétal. Cette plante, recommandable à bien des titres, vient sur tous les terrains ; elle convient surtout aux sols sablonneux et friables. Les sols compactes sont ceux qui lui conviennent le moins. Elle redoute excessivement les gelées et ne doit être conséquemment semée que lorsqu'elles ne sont plus à craindre. Comme sa complète végétation s'opère dans l'espace de 2 à 3 mois, elle fatigue peu la terre et peut être semée à partir de la fin du mois d'avril jusqu'à la fin de juin. Semée dans le courant de juin, elle réussira mieux encore sur les terrains frais et substantiels. Ce végétal précieux peut être utilisé avec un immense avantage, par exemple sur les sols inondés tardivement et dont les cultures de maïs ou de haricots, qui ne sauraient être renouvelées, ont été détruites. Sur ces terres, ordinairement bonnes, et sans les effriter, le sarrasin pourrait donner un produit considérable ; il s'élèverait en moyenne à 30 pour 1.

Semailles. — D'après l'expérience que j'en ai faite, il faut semer par hectare 40 litres sur les meilleurs terrains, 45 sur les terrains médiocres et 50 sur les sols inférieurs. Les semences doivent être enfouies à une faible profondeur ; aussi, pour ne pas négliger un bon labour, qui lui sera aussi utile qu'à la culture qui lui succédera, elles ne devront être jetées qu'avec le second ou le troisième, et superficiellement ; puis il faut herser légèrement ou émotter.

Récolte. — La graine de sarrazin ne noue pas également ; quelques graines noirciront et sécheront dès le principe de la maturation ; on doit négliger et laisser tomber ce premier produit et veiller le moment où une quantité assez considérable sera suffisamment mûre pour faire la cueillette. On ne doit pas attendre que ces graines soient noires ; lorsqu'elles auront pris une teinte un peu brune et qu'elles seront en pâte, c'est le moment favorable pour couper les tiges. On les coupe alors à une hauteur telle qu'on ne laisse pas de branches chargées de graines, et on les attache vers les deux tiers de leur hauteur par poignées, avec une des tiges que l'on écarte ensuite par le fond pour les placer debout comme cela se pratique pour faire sécher le lin. Quand le sarrazin est suffisamment essuyé, ce qui a lieu vers le 3me ou le 4me jour, on le transporte le matin avec la rosée près du lieu où on doit le battre, et on le place en meule conique, comme pour la graine de colza, afin de le battre 8 ou 10 jours après.

Produit et emploi. — Le blé noir donne de 15 à 45 hectolitres par hectare, suivant que la température lui a été favorable et que le sol lui convient. Il est très-appété par les chevaux qui le préfèrent à l'avoine dès qu'ils y sont habitués, ce que l'on obtient en le mêlant progressivement à celle-ci. Les volailles qui ont été nourries avec le sarrasin, qu'elles mangent avidement, ont une chair très-blanche et très-succulente.

On assure que les tiges de cette plante, employées pour litière, produisent chez les animaux, et notamment sur ceux de la race ovine, une maladie caractérisée par l'enflure de la tête ; mais je ne pourrais affirmer un tel résultat.

Pommes de terre. — Quand la maladie de la pomme de terre, cette plante si précieuse en ce qu'elle est dans certains pays l'utile auxiliaire des céréales, dans d'autres, plus malheureux encore, leur substitut quelquefois absolu ; quand cette maladie, dis-je, a été généralement reconnue sur tous les points de l'Europe, des expériences ont été faites pour savoir si la maladie avait directement frappé les tubercules ou si, son germe étant dans l'air, ses tiges, altérées d'abord, communiqueraient aux tubercules sa fatale influence. On a cherché à savoir encore si les tubercules atteints léguaient la maladie aux tubercules à venir. Enfin, on a cherché à déterminer si l'exposition, la nature du sol et le mode d'ensemencement étaient pour quelque chose dans ce fâcheux effet. Comme beaucoup d'autres agriculteurs, j'ai apporté ma part d'observations pour arriver à la solution de ces problèmes.

En opposition avec certains, en conformité de vue et de pensée avec beaucoup d'autres, j'ai cru voir dans la maladie qui occupe à un si haut degré l'agriculture et l'économie en général, une épidémie dont les lois de la nature n'exemptent pas plus les plantes que l'homme et les animaux. Les observations que je vais vous faire connaître m'ont démontré que le mal doit être dans une constitution anormale et passagère, il faut l'espérer, de l'atmosphère; car, quelle que soit l'exposition, quelle que soit la nature du sol, quelle que soit enfin la qualité des pommes de terre et le mode d'ensemencement, c'est la tige que l'épidémie atteindra la première. Le principe délétère, de la tige descendra aux racines, car celles-ci respirent par les tiges qui demeurent chargées de décomposer l'air. Les tiges mortes ne pourront absorber le carbone et l'oxigène nécessaires à leur vitalité ; dès-lors la plante s'atrophie, et il suit de ce premier accident la décomposition future des tubercules.

J'aperçus pour la première fois, en 1847, quelques tubercules atteints par la maladie, mais en si petite quantité que je n'y apportai d'abord aucune attention sérieuse.

En 1848, le mal fit de grands progrès; un quart, au moins, de ma récolte fut complétement atteint. En 1849, je semai des tubercules atteints par le mal, partie dans un jardin, partie dans un champ, et qui, tous, levèrent des tiges d'une belle apparence. Les pommes de terre venues dans le jardin furent belles et exemptes de la maladie; celles du champ vinrent belles aussi, mais elles furent décimées par le mal qui n'épargna ni plus ni moins un champ semé avec des tubercules sains et choisis. En 1850, je semai également, mais à des époques différentes, des tubercules atteints par l'épidémie. Les premiers furent semés à la fin de février, d'autres à la fin de mars, et enfin en avril : tous levèrent également bien; mais il s'établit un rapport frappant entre la quantité du produit et l'époque de l'ensemencement.

L'action du mal fut d'autant plus grande que les pommes de terre furent semées plus tard. Les premières semées eurent à peine quelques tiges fanées; un sixième environ des secondes subit l'influence du mal, tandis que le tiers au moins des dernières fut anéanti. J'ai dû conclure de ces observations que la pomme de terre, comme l'ont avancé quelques économistes, n'a pas fait son temps et qu'elle est sous l'influence d'une épidémie passagère; que le mal ne se développe qu'à l'époque où les nuits déjà froides et humides facilitent l'action des miasmes délétères qui disparaîtront comme le choléra cesse ses ravages sous l'influence d'un changement atmosphérique. La pomme de terre restera longtemps, il y a lieu de l'espérer, une plante intercalaire aussi précieuse pour l'alimentation des hommes et des animaux, qu'elle l'est dans la rotation d'un bon assolement.

Il serait à désirer que des agronomes fissent quelques nouvelles expériences; je ne doute pas que, confirmatives des miennes, elles ne raffermissent le monde agriculteur dans la pensée que la maladie de ce précieux tubercule ne le menace pas à tout jamais et qu'il n'a pas encore atteint le terme de ses bienfaits.

Espèces. — Il existe plusieurs espèces de pommes de terre sous-divisées encore en un grand nombre de variétés. Les dénominations de chacune sont si arbitraires que je n'entreprendrai pas d'en faire un classement qui aurait d'ailleurs une faible importance. L'expérience indiquera assez à l'agriculteur l'espèce qui convient à la nature de son terrain. Comme dans chaque espèce il en est de plus ou moins hâtive, l'agriculteur devra toujours en tenir compte et ne jamais mêler les espèces et les variétés de ces espèces dans le même champ. Ce mélange aurait pour résultat de faire arracher trop tôt les unes ou trop tard les autres, et conséquemment de diminuer le produit et d'altérer les qualités.

Terrains. — Les pommes de terre viennent sur tous les terrains, mais leurs terres de prédilection sont celles qui sont douces, sablonneuses, chargées d'humus et soumises depuis longtemps à des labours profonds.

Les sols argileux ou argilo-calcaires ne leur conviennent pas autant : elles y prospèrent assez bien cependant, si on a le soin d'y transporter des fumiers frais et pailleux au moment de les semer, qui tiendront le sol meuble autour des pommes de terre.

Culture. — Introduite en France quelques années avant la révolution de 89, la grande culture des pommes de terre date à peine de 50 ans. Elles obtinrent tant de faveur pendant quelques années qu'elles devinrent la base des assolements; mais comme tout ce qui provoque l'engouement amène tôt ou tard des déceptions, les pommes de terre, à côté des grands avantages qu'elles offraient, laissèrent voir des inconvénients. Aussi la culture en est-elle beaucoup restreinte aujourd'hui dans les grandes exploitations; mais, d'un autre côté, elles sont plus généralement cultivées dans les petites.

Dans les années abondantes en céréales elles peuvent être fructueusement employées à la nourriture des animaux; pendant les années de disette elles deviennent, au contraire, un heureux auxiliaire des céréales pour les populations : ce sont là les qualités qui les recommandent. Voici pour les inconvénients : elles épuisent le sol et amoindrissent la récolte du froment qui les suit, comme toutes les racines, parce qu'elles occupent longtemps le sol et empêchent ainsi une complète préparation de la terre avant l'emblavure.

L'arrachage en est long et coûteux; c'est là le reproche le plus sérieux qui peut être fait aux pommes de terre, et la vraie cause de l'amoindrissement de leur culture sur tous les points de la France et notamment dans le nord. La culture en grand exigeait, en effet, en outre des frais de mains d'œuvre considérables, de vastes locaux.

LE RÉGISSEUR.

Permettez-moi de vous interrompre un moment, commandant. Ce que vous venez de nous dire est si vrai, que pour éviter des frais de main-d'œuvre et des constructions nouvelles on plaçait près des cultures en grand des pommes de terre des distilleries d'eau-de-vie, le plus ordinairement. J'ai été attaché quelques années à une grande exploitation dont le propriétaire avait essayé ainsi de retirer de ses cultures de pommes de terre le plus grand avantage possible. Trompé dans ses espérances, il joignit une féculerie à la distillerie. Il abandonna, après plusieurs essais, l'un et l'autre moyen et diminua considérablement la culture de cette racine qui n'entra plus dans ses assolements que pour une petite partie, celle qui était nécessaire aux besoins de l'exploitation dont les animaux étaient nourris une grande partie de l'année. Plus tard, encore, il diminua cette culture pour donner la préférence aux betteraves dont les produits étaient plus considérables et moins casuels.

LE COMMANDANT.

Je n'ajouterai rien à ce que vous venez de nous dire sur les inconvénients de la culture en grand des pommes de terre, mon cher régisseur; il faut en cultiver assez partout cependant pour qu'elles deviennent un secours efficace en cas de disette : c'est là seulement le but qu'il faut atteindre, et le dépasser dans un but de spéculation agricole est une faute.

Labours et préparation de la terre. — La terre qui est destinée à recevoir un ensemencement de pommes de terre doit être labourée profondément à planches, avant l'hiver, et assainie par des rigoles d'écoulement pour éviter le séjour des eaux. Le transport du fumier s'exécute avant le second labour qui se fait en mars ou avril, selon la température, car il faut que le terrain soit bien essuyé au moment où ce labour se fera ; c'est du choix du moment pour l'exécuter que dépendra la bonne ou mauvaise récolte. On donne un troisième labour à une moindre profondeur (à 12 ou 15 centimètres), puis on sème au suivant et à la même profondeur environ.

On sème aussi des pommes de terre au mois d'octobre. Elles sont alors très-précoces et exemptes de la maladie. Vous devriez, mes amis, faire des essais qui pourraient vous être très-profitables.

Ensemencement. — J'avais remarqué que beaucoup de cultivateurs, dans un but d'économie, louable sans doute mais dont le résultat ne répondait pas à leur intention, enlevaient, pour les semer, les germes des pommes de terre et conservaient la pulpe qu'ils utilisaient. Certains autres choisissaient les plus petits tubercules ; d'autres, enfin, les plus gros. Je fis un essai comparatif de ces trois modes d'ensemencement, auxquels j'en ajoutai un quatrième : celui de semer des tubercules moyens et sains. Dans un champ convenablement préparé, je choisis un billon dont le sol, dans toute sa longueur, était sensiblement le même. Je le divisai en quatre parties égales, et chacune d'elles reçut une qualité de semence. Les plus gros tubercules et les moyens levèrent les premiers et fournirent des tiges semblables ; vinrent ensuite les petits, et enfin les germes levèrent les derniers. En réfléchissant, on comprendra qu'il devait en être ainsi. La nature, qui est une mère bien prévoyante, a fait reposer le germe sur la pulpe, cette substance onctueuse qui sert d'aliment aux germes au moment du premier développement de la plante jusqu'à ce que les racines, en puisant les sucs de la terre, et les tiges, en absorbant les éléments de l'air, puissent fournir à la plante les éléments nécessaires à sa complète végétation. Les petites pommes de terre et les germes surtout, n'offrant à la jeune plante que très-peu de nourriture que les radicales trop faibles encore ne pouvaient emprunter à la terre, durent mettre beaucoup de temps à acquérir un développement assez grand pour se passer du suc maternel. Les plus grosses pommes de terre, pendant le premier mois, fournirent des tiges qui n'étaient pas sensiblement plus grosses que celles des tiges des pommes de terre moyenne ; mais les premières prirent bientôt le dessus et se conservèrent toujours plus vigoureuses pendant toute la durée de la végétation. Les tiges fournies par les petites pommes de terre restèrent constamment au-dessous des deux autres ; les tiges des germes furent les plus faibles.

Il fallait, pour tirer de cet essai une conclusion rigoureuse, comparer les divers produits : ce que je fis avec le plus grand soin. Les produits des grosses et des moyennes pommes de terre furent égaux en quantité, mais les fruits des premières étaient plus gros et mieux faits. Le produit des petites fut bien moindre que les deux autres, et celui des germes fut le moins considérable de tous. Je dus conclure de mon expérience qu'il faut rejeter le mode de semer de très-petites pommes de terre, et surtout des germes détachés de la pulpe, et qu'en comparant la différence de valeur des grosses pommes dont il faut pour l'ensemencement une plus grande quantité, et celle des moyennes avec le résultat obtenu, il n'y avait aucun inconvénient à prendre des pommes de terre moyennes et bien saines pour la propagation de l'espèce. Selon l'écartement, on emploie de 14 à 18 hectolitres par hectare.

Soins et arrachage. — La culture des pommes de terre n'est pas une culture nouvelle ; je n'ai donc pas besoin de vous parler des soins qu'elle exige. Je crois devoir vous rappeler seulement, mes chers camarades, qu'il faut se garder, comme cela se pratique trop souvent, d'étêter les tiges au moment où elles fleurissent pour favoriser le développement des tubercules. Ce procédé conduit à un résultat *diamétralement opposé.*

Les tubercules grossissent jusqu'au moment où la dessication des feuilles devient complète : on ne doit devancer l'arrachage que dans le cas où on serait forcé de le faire pour la préparation du sol à recevoir l'emblavure.

Comme vous le savez, l'arrachage se fait à la bêche ou à la

charrue. Le premier mode, à tout considérer, est le plus économique, à cause des pommes de terre que l'on perd avec la charrue.

Produit. — Le produit varie de 80 à 150 hectolitres par hectare ; les pommes de terre, communes ou marbrées, dépassent souvent ce produit, lorsqu'elles ont été semées et cultivées dans de bonnes conditions. Un hectolitre de pommes de terre équivaut à un quintal de foin pour ses qualités nutritives.

Topinambours. — Le topinambour vient sur tous les terrains. Il donne moins de produits que les pommes de terre sur les bons terrains ; mais il en donne de bons là où la pomme de terre n'en donnerait pas du tout ou de très-médiocres. Je ne me ferai pas le défenseur des assurances mensongères que quelques auteurs agricoles ont donné sur les produits et les propriétés de cette plante que les résultats détruisent toujours et qui ont refroidi les premiers qui l'ont cultivée.

C'est là un de ces enthousiasmes coupables dont il faut savoir se méfier. Ce qui est positif, ce que l'expérience démontre toujours, c'est que le topinambour résiste facilement aux longues sécheresses, qu'il prospère à côté de pommes de terre qui n'ont pu résister ; qu'en outre, ses tiges longues et ligneuses sont utilisées avec avantage pour les besoins domestiques.

Ensemencement et culture. — L'ensemencement et la culture sont les mêmes que pour les pommes. A raison, cependant, de la grosseur moins grande des tubercules, il ne faut que 10 à 12 hectolitres par hectare qui produisent au moins 12 à 15 pour 1.

Inconvénients. — On reproche aux topinambours de ne pouvoir purger la terre après que l'on en a semé dans un champ. Ce reproche ne sera pas mérité si on les arrache avec soin à la bêche, comme cela doit se faire. A la culture qui succède, on arrache ceux qui ont poussé, et l'inconvénient se réduit à cette simple et facile opération.

Comme le topinambour doit être arraché au fur et à mesure

de la consommation, et que son emploi est surtout utile dans l'hiver, beaucoup d'agriculteurs lui trouveront encore l'inconvénient d'obliger à laisser le champ deux ans sans récolte de céréales. Je regarde, moi, ce prétendu inconvénient comme un bienfait. La terre, en effet, y trouve un repos, et le grenier, à la troisième année, en sera mieux rempli. Les topinambours se consomment crus : les moutons et les bestiaux, en général, en sont très-avides.

Toutes ces considérations, cependant, n'ont pu faire entrer le topinambour dans le domaine de l'économie agricole de nos contrées, où il mérite d'occuper une place distinguée, comme il y parviendra un jour, en remplaçant à des époques déterminées une prairie artificielle dont le retour sur le même terrain paraîtrait trop prompt.

Malgré les expériences les plus concluantes qui ont été faites dans le nord de la France surtout, et quoique un agronome distingué de notre département, le docteur Cosché, ait dévoilé ses qualités essentielles et en ait préconisé chaleureusement l'emploi, le topinambour est resté à peu près inconnu dans presque tous les cantons de notre département.

LE RÉGISSEUR.

J'ai cultivé plusieurs fois déjà les topinambours, commandant; j'en ai, en outre, conseillé la culture aux bordiers du domaine que je régis; ils l'ont bientôt abandonnée, parce que cette plante se semant au printemps et ne pouvant être récoltée que l'hiver suivant, ils étaient ainsi privés de la terre qu'ils auraient ensemencée en froment à l'automne, et que de la sorte ils perdaient une année de récolte de céréale.

LE COMMANDANT.

C'est là une preuve de plus, mes chers amis, qu'il est bien difficile d'extirper une routine, quel que soit l'avantage que présente son abandon. L'assolement biennal est donc une nécessité absolue puisqu'il vient ici, comme dans bien d'autres circonstances, se placer comme une barrière infranchissable à la propagation d'une bonne culture. Pour ne pas retarder d'un an une récolte de froment sur un lambeau de champ, on se prive d'un produit qui vaudrait beaucoup plus que celui du froment, si on l'utilisait avec soin et calcul. Mais n'anticipons pas sur nos conversations à venir : nous parlerons plus tard des obstacles que présente l'assolement biennal.

Betteraves. — La culture de la betterave est une des plus belles et des plus utiles conquêtes qui aient été faites par l'agriculture moderne. Il en est de celle-ci comme du topinambour ; malheureusement la culture n'en est pas assez répandue dans nos contrées pour qu'elle puisse y être assez généralement appréciée à sa juste valeur.

Cette racine, comme toutes les autres, doit être classée au nombre de celles qui épuisent le sol et demandent beaucoup de soin et des engrais abondants ; mais si on compare son produit à toute autre récolte que l'on pourrait lui substituer, on s'apercevra bientôt qu'elle mérite le rang élevé où l'ont placée les agriculteurs les plus compétents. La betterave demande donc des labours profonds et une bonne fumure dont le blé, à son tour, tire un grand profit. Elle vient sur tous les sols ; mais elle préfère ceux qui sont doux, friables et profonds. Elle l'emporte de beaucoup sur les pommes de terre, parce que sa culture est moins dispendieuse et son rendement plus grand ; sa réussite est aussi moins casuelle que celle des navets et des rutabagas ; enfin, elle rend au sol plus encore qu'elle ne lui a pris, au moyen de la quantité d'engrais que produisent les animaux qui la consomment.

On connaît deux espèces de betteraves champêtres ; l'une blanche, très-sucrée et très-nutritive, appelée betterave de Silésie, l'autre dont la peau est rose et la chair blanche. Celle-ci s'élève hors de terre, vient plus longue et généralement plus grosse que la première, et produit davantage en volume. Cependant, en comparant la grosseur de l'une et les qualités de l'autre, je suis convaincu qu'on donnera toujours la préférence à la betterave blanche de Silésie qui, moins aqueuse, plus nutritive que la rose, se conserve beaucoup mieux aussi.

Préparation du sol et ensemencement. — Un labour profond, suivi de tous les soins d'assainissement, doit être donné au terrain avant l'hiver, un second à la fin du mois de mars, par un temps sec, et un troisième au commencement ou au milieu d'avril, qui précédera l'ensemencement d'un jour ou deux. Si pour certaines terres, comme les boulbènes, on craignait un tassement, mieux vaudrait encore ne pas labourer avant l'hiver, exécuter les trois labours en mars et avril, et couvrir les engrais au premier. Immédiatement avant l'ensemencement, on doit herser pour niveler le terrain autant que possible. Quand on n'a pas de rayonneur, on trace de petites raies au cordeau, espacées d'environ 80 centimètres; puis dans ces raies, au moyen d'une fourchette à trois dents, d'une longueur de 6 centimètres, et espacées de 20, on pratique des trous dans les raies tracées, en appuyant le pied sur la fourchette et en tenant le manche avec les deux mains; puis une femme ou un enfant place deux graines dans chaque trou, qu'un autre recouvre. C'est le plus simple et le plus sûr de tous les modes d'ensemencement. Les dents de la fourchette doivent avoir 4 centimètres de diamètre près du manche et se terminer à 1 centimètre à la pointe.

Quelques agriculteurs sèment en pépinière pour repiquer le plant. Pour procéder ainsi, il faut faire les semis au mois de mars pour repiquer en mai seulement, car le plant doit être de la grosseur du petit doigt. Je dois me hâter de dire que ce mode est le moins sûr de tous. Les semis en mars manquent très-souvent. Le repiquage en mai est très-casuel sous notre climat, où la sécheresse s'oppose presque toujours à sa réussite. Il faut donc procéder par le semis sur place et se borner à repiquer aux endroits où les graines n'auraient pas levé. On doit couper les feuilles du plant à une distance telle, au-dessus du collet, que les feuilles du cœur ne soient pas touchées par l'instrument.

Sarclage. — Aucune plante ne demande plus de soins de sarclage que les betteraves. Le premier doit être fait lorsque les feuilles ont atteint 5 centimètres au plus et être répétés ensuite le plus souvent possible, car plus le sol sera aéré, plus les racines seront volumineuses. Au premier repiquage, l'on doit laisser un écartement de 40 centimètres entre chaque pied. Si l'espacement était moindre, on n'obtiendrait que de chétives racines. Il ne faut donc pas regretter le plant et conserver entre chacun la distance que je viens d'indiquer, qu'il faudrait plutôt augmenter que diminuer.

LE RÉGISSEUR.

La plupart des agriculteurs du nord se servent de houe à cheval pour le sarclage des betteraves. Cet instrument n'est pas commun dans le midi, mais il pourrait le devenir. Je vous demande la permission, commandant, de signaler l'attention et les soins que demande son emploi. Ce travail expéditif et avantageux ne peut se faire en toute saison et quel que soit l'état du terrain. Sur les terrains qui se durcissent beaucoup, il ne peut s'opérer avec fruit qu'à la condition d'être aidé par une humidité suffisante, car si le moment n'était pas bien choisi, la végétation des betteraves serait inévitablement arrêtée. Il faut donc saisir le moment où la pluie a humecté le sol et le laisser se ressuyer si elle a été considérable. S'il arrivait aussi que l'instrument soulevât des croûtes trop larges qui risqueraient de blesser les racines, on doit passer la houe une première fois superficiellement pour reprendre ensuite à une profondeur plus grande. Pour éviter que le piétinement des travailleurs tasse de nouveau le sol, le sarclage dans les rangs doit se faire avant le passage de la houe. L'opération du sarclage est si importante, que, selon qu'il a été

11

plus ou moins bien exécuté, la récolte perdra ou gagnera de moitié.

Après ce que vient de nous dire M. le régisseur, je n'ai plus rien à ajouter pour le sarclage. Je terminerai donc ce point important en vous engageant, mes chers amis, à vous prémunir contre une habitude trop répandue : celle de couper de temps à autre les feuilles de betteraves pendant leur croissance pour les distribuer aux bestiaux. La betterave se nourrit beaucoup par ses feuilles ; en les enlevant, l'on prive les racines d'une partie des éléments de vie que leur procure l'atmosphère. D'un autre côté, les feuilles sont nécessaires aux plantes pour maintenir la fraîcheur autour des racines ; car elles s'opposent à la trop prompte évaporation de l'humidité. La suppression des feuilles ne peut avoir lieu sans inconvénient que peu de jours avant l'arrachage. On peut les utiliser alors pour la nourriture des bestiaux et des cochons.

Récolte. — Les betteraves grossissent jusqu'à la dernière saison, si l'été a été sec et l'automne propice. On doit les laisser en terre aussi longtemps que possible sans nuire à la préparation du sol qui doit recevoir l'emblavure.

L'arrachage devra donc être fait, au plus tard, au 15 octobre, au moyen d'une charrue sans versoir. Il est même nécessaire, lorsqu'on cultive la betterave blanche, de soulever la terre très-profondément, car elle se forme sous terre. Deux attelages sont presque toujours nécessaires dans ce cas là. L'arrachage à la bêche est plus long et plus coûteux.

Avant l'emmagasinage, on coupe le collet des betteraves, on ôte les petites racines et on enlève la terre qui est restée attachée après l'arrachage. Cette dernière opération ne doit pas se faire avec un outil pour ne pas les endommager, puis on les entasse si elles sont suffisamment ressuyées. Les betteraves se conservent parfaitement si on exécute avec soin ces divers détails.

Produit. — Le produit d'un hectare varie de 300 à 7 ou 800 quintaux, selon la nature du sol et des soins qui ont été apportés à la culture. En évaluant le quintal à 1 fr. 50 c., et c'est sa valeur moyenne comparée à celle du foin, on voit qu'il n'est pas de culture plus avantageuse que celle des betteraves.

Graines et conservation de l'espèce. — Au moment de l'arrachage, on choisit des betteraves de grosseur moyenne, saines, bien formées et franches d'espèce. On coupe les feuilles au-dessus du collet, puis on les met dans du sable, dans un lieu sec, et à l'abri du froid. A la fin du mois de mars, on place ces porte-graines sur un bon terrain, dans de petits fossés d'un pied de large, et les porte-graines à 80 centimètres de distance; on les entoure de terre très-meuble, mêlée à du terreau et un peu de colombin, mais pas de fumier. A mesure que les tiges croissent on les attache à un tuteur pour éviter que le vent les éclate? Quand les graines commencent à mûrir, on doit arracher les betteraves pour les faire sécher à l'ombre.

Rutabagas. — La culture des rutabagas exige des soins minutieux, mais son produit est si considérable qu'il serait très-avantageux de la répandre dans nos contrées où quelques rares propriétaires n'ont fait que de faibles essais. Cette plante vient sur tous les terrains, mais surtout sur ceux qui sont riches et frais; elle vient même dans les sols humides où les choux et les turneps ne réussiraient pas.

Ensemencement. — On doit mettre tous les soins possibles à se procurer de bonnes semences qui dégénèrent très-facilement. Le mieux est, dès que l'on s'en est procuré l'espèce, de faire un choix de racines bien faites que l'on conserve avec soin pour les planter, au mois de décembre, le long d'un mur, à l'abri des gelées, ou que l'on enferme dans un lieu sec pour les replanter au mois de mars. On doit proscrire les blanches. Quelques agriculteurs sèment les rutabagas sur place, soit en ligne, soit à la volée; ce mode d'ensemencement est si défectueux et si casuel que l'on doit le rejeter d'une manière absolue. Nous allons nous occuper seulement des semis et de la transplantation, seuls moyens d'obtenir un produit supérieur. Le terrain destiné au semis doit être riche, profondément défoncé et abondamment fumé avant l'hiver. Vers le milieu du mois de mars, quand le temps le permet, on remue superficiellement ce terrain et l'on brise les mottes avec soin; puis l'on sème les graines que l'on recouvre légèrement avec un râteau.

Pour éviter que la pluie ne tasse le sol, il faut couvrir le semis avec de la fougère, ou à défaut avec de la paille de seigle et veiller le moment où les graines commenceront à lever, afin d'enlever immédiatement la fougère ou la paille. Si on l'y laissait trop longtemps, le jeune plant s'allongerait, et sa force de végétation serait considérablement affaiblie. Pour augmenter les chances de réussite, on devra faire un second semis quelques jours après le premier, car les rutabagas ont un ennemi redoutable dans l'altise (genre de puceron). Pour éviter les ravages de cet insecte, il faut répandre des cendres vives sur le jeune plant, le matin de bonne heure, avant la chute de la rosée, et le faire de manière à ce que chaque feuille en soit légèrement saupoudrée. Cette opération doit être incessamment renouvelée, c'est-à-dire chaque fois que le vent ou la pluie les aura fait tomber; tant que la pluie durera, le plant ne sera pas compromis; dès qu'elle cesse, il faut, avec des cendres, éviter le retour de l'altise.

J'ai vu chez vous, mon cher régisseur, des cultures de rutabagas vigoureuses et bien soignées. Vous avez apporté du nord vos principes sur cette culture presque inconnue chez nous. Veuillez avoir la complaisance de nous dire comment vous procédez, car, en cette matière, vous êtes plus compétent qu'aucun de nous.

LE RÉGISSEUR.

Ce sera toujours avec le plus grand empressement, commandant, que je mettrai à la disposition de tous le peu de savoir que j'ai acquis, et que je seconderai de tous mes efforts la complaisance que vous mettez à nous initier à votre longue expérience.

Je n'ai rien à ajouter à ce que vous venez de nous dire sur les semis et vais continuer en vous disant comment on procède, dans le nord, aux phases diverses de cette culture.

Quant le plant de rutabagas a atteint 10 centimètres de hauteur environ, sur le semis, on doit l'éclaircir en arrachant les pieds les plus forts que l'on transplante sur un bon terrain et convenablement préparé pour se ménager ainsi une seconde pépinière.

Repiquage. — Le repiquage des rutabagas se fait sur un terrain qui a reçu des labours profonds et répétés, avec une abondante fumure au moyen d'engrais pulvérulents ou de fumiers très-consommés. Il faut que le plant ait atteint la grosseur du petit doigt, ce qui a lieu vers la fin du mois de mai. Comme le repiquage doit se faire avec le dernier labour, on doit y employer tous les bras et les bestiaux dont on peut disposer ; car labour, hersage, rayonnage et repiquage doivent se faire simultanément, pour profiter de la fraîcheur du sol si nécessaire à la reprise du plant. Les lignes devront être espacées de 72 à 76 centimètres, et les pieds de 40.

Les planteurs doivent être divisés par trois : l'un prend un paquet de rutabagas et les espace sur la ligne ; le second prend le plant d'une main et de l'autre fait un trou avec le plantoir ; le troisième, qui doit suivre le second pas à pas, jette dans le trou où vient d'être déposé le plant une forte pincée de terreau pulvérisé mêlé à un peu de colombine, et le second termine l'opération en chaussant le plant jusqu'au collet.

Si on craint que la sécheresse nuise à la prise du plant, on devra avoir recours à un ou deux arrosages.

Sarclage. — Dès que le plant commence à se dresser, on doit soulever avec une houe à cheval ou à main l'espace compris entre les lignes pour effacer les piétinements des planteurs et aérer la terre. 18 ou 20 jours après on sarclera encore de la même manière ; puis une troisième fois, quelques jours après, si cela paraît nécessaire. Les lignes seront toujours sarclées à la main. Lorsque les rutabagas ont atteint le tiers de leur développement, on procède au premier buttage, puis au second au milieu de leur croissance.

Consommation. — Deux mois et demi à trois mois après le repiquage, on commencera la cueillette des rutabagas.

Dans les contrées méridionales, ils peuvent rester en place pendant l'hiver, où on peut aller les cueillir au fur et à mesure de la consommation ; cependant on pourrait, par prudence, en enfermer une partie, et les placer dans un endroit sec où l'air circule facilement.

LE COMMANDANT.

Je vous remercie, mon cher régisseur, de ce que vous nous avez dit sur la culture des rutabagas. Nous allons terminer la soirée en nous entretenant un instant de quelques plantes congénères des rutabagas.

Plantes de la famille des crucifères ou oléagineuses. — Les plantes de cette famille sont généralement si répandues, à cause des usages multipliés auxquels elles concourent si utilement, qu'il ne me paraît pas nécessaire de nous étendre sur leur culture. Elles sont pourvues de feuilles nombreuses et larges, qui les rendent précieuses pour l'économie domestique et la nourriture du bétail ; quelques-unes d'elles, en outre, fournissent des racines volumineuses et succulentes. Les plus connues dans nos contrées sont : les choux de différentes espèces, les navets, les raves, les choux-raves, les raves-choux et le colza.

D'autres, moins connues dans nos départements méridionaux, sont : la cameline, la navette et les moutardes de différentes espèces. Cultivées pour leurs feuilles ou leurs racines, ces plantes épuisent peu le sol ; elles l'effritent beaucoup, au contraire, lorsqu'elles sont cultivées pour leurs semences. La terre ne souffrira ce produit épuisant qu'avec le concours d'une grande fécondité naturelle ou d'engrais et de soins considérables. Cependant, comme plantes intercalaires, elles peuvent être cultivées avec beaucoup d'avantage, pourvu que l'on éloigne leur retour sur le même sol de six ans au moins. Leurs racines, fortes et longues, divisent et ouvrent la terrre comme le ferait un coin, résultat toujours appréciable dans un assolement calculé. Ce qui milite encore plus en leur faveur, et doit leur faire réserver une place dans son assolement, c'est la richesse de leur produit quand elles sont semées et récoltées pour leurs graines.

DIXIÈME SOIRÉE.

LE COMMANDANT.

Maïs. — Le maïs doit être classé au nombre des plantes éminemment épuisantes, car il ne restitue rien au sol qui lui a tant fourni. Je puis ajouter encore que l'on abuse beaucoup trop de ce produit, qui ne s'obtient qu'aux dépens de la fécondité du sol et de l'amoindrissement des céréales. Un agriculteur prudent et sensé ne doit en fixer le retour sur sa terre qu'à des intervales qui lui permettent d'atténuer l'effritement du sol en alternant cette culture avec d'autres moins exigeantes ou qui restituent à la terre autant ou plus qu'elles ne lui ont emprunté. A mon avis les sols les plus favorisés ne devraient recevoir cette semence que tous les quatre ans, et les sols secondaires chaque six ans, à moins que sur les premiers on adoptât un assolement triennal qui permettrait de séparer la culture du maïs et celle du froment par une plante fourragère ou une prairie artificielle.

L'agriculteur qui se donnera la peine d'expérimenter ce principe s'assurera qu'il a souvent acheté fort cher les cultures multipliées du maïs.

Sur les terrains d'une grande richesse, où le versement des céréales est à craindre, la culture du maïs est au contraire une excellente récolte jachère; car, en donnant un très-grand produit, elle rendra moins casuelle les récoltes de céréales. Mais ce cas est une exception qui ne peut infirmer le principe précédent.

La culture du maïs est si connue dans nos contrées, et de vous tous, mes amis, que je n'ai que peu de chose à dire sur la méthode généralement suivie.

Préparation du sol. — Les terres douces sont celles qui conviennent le mieux au maïs. Il vient cependant sur les terres fortes et compactes, mais à la condition qu'elles aient reçu deux labours profonds avant l'hiver, et qu'au printemps on attende autant que possible, afin de les labourer par un temps sec.

Ensemencement. — Généralement, les agriculteurs se pressent beaucoup trop pour l'ensemencement du maïs. Sur les meilleures terres, sur celles qui s'échauffent facilement, on ne devrait pas le semer avant le 20 avril; mais sur les boulbènes et les terres compactes et froides, c'est du 10 au 20 mai que doit se faire l'ensemencement; sa réussite en sera plus assurée. Au moment où elle commence à se montrer, si la jeune plante éprouve une température froide et humide, elle jaunit, s'étiole, et sa végétation est compromise pour toute sa durée.

L'espacement ordinaire des lignes est celle d'un sillon de quatre socs; c'est aussi le plus convenable pour opérer facilement les soins que cette culture demande, et qui se font en partie à la charrue.

On doit proscrire toute méthode qui tendrait à les rapprocher ou les éloigner davantage. Plus près, le binage et le buttage ne peuvent se faire à la charrue; ils coûtent plus cher et ne s'exécutent pas mieux. Plus éloignés, l'on exécute un travail inutile;

mieux vaudrait, dans ce cas, semer moins d'espace et consacrer le reste à une autre culture.

Sarclage, binage, buttage. — Le premier sarclage se fait dès que le maïs atteint 15 ou 18 centimètres de hauteur. Quand il a atteint 25 centimètres, on fait le premier binage à la charrue. On le sarcle de nouveau dans les lignes derrière la charrue et l'on éclaircit les pieds en rapprochant un peu la terre. Quelque temps après, on fait le second binage à la charrue qui doit entrer en terre aussi profondément que possible, et l'on opère à la suite le second buttage à la houe.

Il faut absolument proscrire de la culture du maïs toute récolte surnuméraire, comme les haricots, le chanvre, les citrouilles, et avec lesquelles ne peuvent se faire ou se font mal les travaux et les soins que je viens d'énumérer.

UN MÉTAYER.

J'ai entendu dire souvent que les épis de maïs se formaient mieux lorsqu'on ne coupait pas la fleur mâle que nous appelons le *martinet,* et que le rendement était plus considérable. J'avoue qu'il m'en coûterait beaucoup de priver mes bestiaux de cette succulente nourriture que j'aime tant à leur distribuer. Que pensez-vous de cette opinion, M. le commandant?

LE COMMANDANT.

Étêtage. — Rassure-toi, mon cher Joseph, tu peux continuer de donner à tes bestiaux l'extrémité du maïs. Dès que la fleur femelle ou chevelue commence à se faner, c'est que la poussière fécondante qui s'échappe de la fleur mâle, ou martinet, a produit son effet et qu'elle devient dès lors inutile au complément de la végétation comme à la fructification des épis. Si le martinet était séparé de la tige avant qu'il n'eût répandu sa poussière, certainement les épis en souffriraient. C'est sans doute ce qu'ont fait les personnes qui ont cru qu'il était nécessaire jusqu'à la fin. La fécondation opérée, on doit au contraire retrancher la fleur mâle qui prendrait, en y restant, une partie de la nourriture que les racines distribuent à la tige et dont profiteront seuls les épis.

Lin. — Il n'est pas de culture qui présente plus d'inconvénients que celle du lin sur une exploitation. Il épuise fortement le sol, il exige des soins longs et coûteux dans les moments où l'on est surchargé de travail; néanmoins son utilité est si absolue qu'il faut en cultiver, mais jamais au-delà de la quantité que la nécessité réclame.

Il vient sur presque tous les sols; cependant, les terrains doux, calcaires ou siliceux, sont ceux qui lui conviennent le mieux. On doit éviter de transporter sur le champ destiné à recevoir cette semence du fumier non consommé qui engendre beaucoup d'herbe et qui grossit ainsi les soins déjà si dispendieux, et préférer les engrais pulvérulents.

Une méthode vicieuse, mais généralement répandue, cause la dégénérescence de la graine et fait que très-souvent l'on n'obtient pas une plus grande quantité de semence que l'on n'en a jeté. Pour obtenir une filasse de bonne qualité, on arrache le lin bien avant la maturité de la graine. Cela se comprend quand le lin est uniquement cultivé pour son produit textile; mais il ne faudrait pas compter pour la reproduction sur la graine fournie dans une semblable condition. Le mieux est d'en cultiver une partie destinée à la reproduction, qui, semée clair, serait arrachée lorsque la graine serait arrivée à une parfaite maturité. On éviterait ainsi deux inconvénients : celui que je viens de signaler et celui, non moins grand, d'arracher trop tard le lin destiné à produire la filasse; car, pour l'obtenir fine et souple, il faudrait semer le lin très-dru et l'arracher lorsqu'il est encore vert, et que la graine n'est pas en maturité.

Lorsque le lin est cultivé pour sa filasse, il faut 2 hectolitres 50 litres par hectare, tandis que 1 hectolitre suffit pour obtenir une graine convenablement nourrie.

Chanvre. — Les sols substantiels frais et féconds conviennent au chanvre. Ce que je viens de dire relativement au lin peut aussi s'appliquer au chanvre. On n'obtient en effet de la graine de bonne qualité qu'en semant en ligne et convenablement espacée une certaine quantité de semences uniquement destinées à la reproduction ; elles peuvent être mises sans inconvénient dans un champ de haricots ou sur les bordures des maïs. C'est dans les terrains fertiles du Piémont qu'on obtient ainsi cette graine si parfaite et si recherchée dont les produits sont si remarquables par la vigueur et la hauteur des tiges.

Ensemencement. — Si l'on peut, sans inconvénient, semer de la graine de lin qui ait deux et trois ans, il n'en est pas ainsi du chanvre dont la graine doit être récente. Comme cette plante redoute beaucoup la gelée, on ne doit la semer que lorsque l'on n'a plus à la craindre et dans la proportion de 2 hectolitres 80 litres à l'hectare. Le sol destiné à cette culture doit être labouré aussi profondément que possible et réduit à l'état le plus complet d'ameublissement et abondamment fumé. La profondeur du labour est si nécessaire, que les agriculteurs qui ont le plus d'habitude de cultiver le chanvre, prétendent qu'il s'élève de 16 centimètres par chaque 3 centimètres de profondeur donnés au labour, si la richesse et le fond de la couche végétale permettent les labours les plus profonds.

Le chanvre n'exige d'autres soins pendant sa végétation que d'écarter les pigeons et les oiseaux dès qu'il commence à lever. Sa végétation est si rapide qu'aucune herbe ne peut croître autour de lui.

Si on a recours aux porte-graines pour la conservation des semences, on peut arracher en même temps le chanvre mâle et le chanvre femelle et l'on obtiendra, au moyen de ce procédé, une filasse de bonne qualité ; ce qui n'arrive pas lorsqu'on laisse parvenir la graine à maturité.

Nous ne pousserons pas plus loin l'examen que nous venons de faire. Si nous voulions traiter certaines cultures, à peine connues de nous dans nos contrées, cela nous entrainerait trop loin. La plupart de ces plantes de commerce ne sont qu'exceptionnellement cultivées à cause des terrains privilégiés qu'elles exigent et de la grande quantité d'engrais qu'il faut leur consacrer. Si quelques agriculteurs voulaient essayer de leurs produits, ils devraient consulter des livres spéciaux. Telles sont : la garance, le pastel, la gaude, le pavot, le tabac, la cameline, le houblon, l'anis, etc. Tous ces végétaux, lorsqu'ils sont cultivés avec soin et intelligence, donnent un revenu bien supérieur à celui des plantes que nous avons énumérées; mais ils demandent beaucoup et ne restituent rien au sol qui les nourrit.

Nous allons nous occuper des assolements et des modifications à apporter au système vicieux suivi dans notre pays depuis un temps immémorial. C'est à ce point de vue surtout que les agriculteurs de nos départements méridionaux doivent consulter l'art et l'expérience des hommes pratiques.

Assolements. — Le meilleur assolement est celui dont l'étendue, l'ordre varié des récoltes et la combinaison produisent le plus grand revenu en maintenant le sol dans un état progressif d'amélioration. On appelle rotation la série des récoltes distribuées en 3, 4, 5, 6 ans, etc. Cette théorie peut se diviser en quelques points :

1° Déterminer, avant tout, la proportion dans l'assolement des plantes destinées à la consommation des animaux et celles destinées aux récoltes proprement dites ;

2° Déterminer le choix des plantes suivant les circonstances climatériales, l'aspect et la nature du sol ;

3° Combiner l'ordre des récoltes de manière à éloigner autant que possible le retour des plantes de la même famille sur le même sol ;

4° Faire succéder à une récolte épuisante des plantes qui amendent, nettoient et bonifient la terre ;

5° Trouver enfin sur l'exploitation les fourrages nécessaires à la nourriture d'un nombre d'animaux dont la force excède celle absolument exigée par les soins des diverses cultures.

L'assolement fondé sur une judicieuse intercalation des plantes est la condition capitale d'une bonne agriculture. Cependant, les assolements les plus répandus dans nos campagnes sont : pour les terres médiocres, la jachère morte et le froment se succédant indéfiniment avec intercalation partielle d'un peu de fèves, de haricots et de pommes de terre ; pour les sols plus féconds, le même assolement avec un peu plus de récoltes sarclées et de maïs, ou un assolement triennal ainsi composé : froment, 1re année ; avoine la 2e, et jachère morte la 3e avec intercalation, en petite quantité, de fèves, de haricots, de pommes de terre et de maïs ; enfin pour les meilleures terres, une succession continue de froment et de maïs auquel on intercale un peu de fèves, de haricots et de pommes de terre ; quelquefois de petits espaces cultivés en vesces, trèfle ou luzerne pour les trois catégories.

Si le principe posé par l'agriculture ancienne et moderne : *que l'alternat des cultures est un repos pour la terre* est vrai ; s'il est rationnel de faire succéder une plante qui féconde le sol à une plante qui vient de l'effriter, pouvons-nous admettre qu'un assolement qui prescrit le retour du froment chaque deux ans intercalé avec des plantes épuisantes soit combiné de telle sorte que la terre pourra reprendre une année les principes fécondants que la culture précédente lui a enlevés ? Aucun des assolements usités dans nos contrées ne peut être dans ce cas ; toutes les récoltes l'effritent, pas une culture ne la féconde.

Si le principe posé encore : *que quoique les plantes ne se nourrissent pas exclusivement de sucs qui leur sont propres, mais qu'elles en absorbent certains à un plus haut degré*, est vrai, le retour précipité d'une culture sur le même terrain sera toujours nuisible au produit.

Pour étayer ces principes par des résultats constatés, je ne puiserai pas des arguments dans les ouvrages imprimés dans un

but commercial où l'on trouve quelques bons préceptes disséminés çà et là au milieu de théories que la pratique ne peut admettre, théories, il faut bien le dire, qui ont reculé d'un demi-
siècle, en France, l'agriculture productive, à cause des déceptions
qui en ont été la suite. Ces arguments, nous les trouverions dans
l'expérience d'un grand nombre d'agronomes, dont quelques-uns
les ont consignés dans des mémoires publiés dans un but désin-
téressé et louable, celui de répandre les bonnes méthodes agricoles sur la surface de notre patrie si heureusement partagée par la
nature de son sol et ses divisions climatériales, comme, par
exemple, dans les doctes écrits et les leçons de M. Dumas, de
l'Institut, dans les mémoires de MM. Rosnay et Pictet, dans les
ouvrages du savant Mathieu de Dombasle, etc., etc.

En lisant et commentant ces écrits consciencieux, en en appli-
quant les principes suivant les conditions du sol, de l'aspect et du
climat, choses dont l'agriculteur doit se réserver l'appréciation,
on se convaincra qu'un sol labouré en temps utile et convenablement ameublé, qu'on engraissera en augmentant les cultures
propres à la nourriture des bestiaux, dont on purgera les mauvaises herbes au moyen d'un assolement raisonné, n'a pas besoin
de repos improductif, n'a pas besoin de jachère. Le plus profitable repos de la terre, c'est l'alternat des cultures basé sur leur
rapport botanique, sur le degré de leurs propriétés épuisantes ou
fécondantes. Cet art est tout le secret de l'agriculture.

Parmi les preuves multipliées que je pourrais fournir de ce
qu'une plante ne peut succéder avec avantage à une plante semblable ou de la même famille, ou même son analogue, je ne
donnerai que celle-ci que j'établirai comme un principe : *Plus
une plante laisse de détritus sur le sol où elle a vécu, plus on
doit éloigner le retour de cette plante ou d'une plante de la
même famille.* Le blé vient plus ou moins bien sur le même sol
chaque deux ans, mais il ne laisse presque pas de détritus. Sur
les meilleures terres il en sera de même du maïs : non plus que le
froment, il n'abandonne rien au sol. Qu'on essaie de semer des

fèves ou des vesces trois fois en six ans sur les meilleures terres. La seconde récolte sera moins abondante que la première, et la troisième inférieure à la seconde; mais c'est que les fèves et les vesces abandonnent au sol beaucoup de détritus. Ici les résultats sont directs. Croisons-les et faisons succéder des vesces aux fèves et des fèves aux vesces quatre fois en huit ans; le même phénomène se reproduira et les récoltes diminueront d'année en année, jusqu'à devenir nulles la huitième. Le maïs et le froment cependant peuvent se succéder pendant vingt ans sur le même sol sans que la récolte s'amoindrisse annuellement d'une manière sensible.

Il ne faut voir là que l'application du principe que je posais tout à l'heure.

De ce que le froment se succédant avec le maïs pendant de longues années sans que leur produit en soit sensiblement diminué, il ne faut pas en tirer la conséquence que cet assolement est convenable et productif.

L'INSTITUTEUR.

Puisque vous avez abandonné depuis longtemps déjà l'assolement biennal pour un autre assolement, je vous prie, commandant, de nous faire connaître les résultats composés des deux modes de culture. Je crois que ce serait le meilleur moyen de nous faire comprendre les avantages de l'assolement que vous avez adopté. Comme tous ceux qui vous écoutent ici, j'ai remarqué que vos récoltes sont plus belles actuellement qu'elles ne l'étaient lorsque vous avez pris la direction de votre domaine; mais deux récoltes ainsi obtenues en six ans équivalent-elles à trois récoltes dans le même espace de temps? C'est là ce que nous avons besoin de savoir pour imprimer dans notre esprit une conviction plus complète.

LE COMMANDANT.

Vous supposez, mon jeune ami, et ce n'est pas sans raison,

.qu'on doit donner en agriculture comme en géométrie des preuves mathématiques. Je puis satisfaire votre désir de comparer les
résultats; car en faisant mes expériences, je notais et évaluais
soigneusement les produits.

Comme vous le savez tous, mes amis, lorsque je pris la direction de mon domaine ou y semait tous les deux ans du froment
qui, sur les meilleures terres, alternait avec du maïs. Je compris
bientôt après qu'un assolement comme celui-là ne pourrait être
avantageux, et que je devais lui en substituer un autre qui
laissât deux ans d'intervalle entre le retour du froment; je le divisai en rotations de six ans; je fis, en outre, deux catégories de
mes champs : sur les meilleurs, qui sont les moins nombreux,
le maïs revient chaque trois ans et il est séparé du froment par
une prairie artificielle. Sur les autres champs, toutes les cultures
ne reviennent que tous les six ans, à l'exception du froment qui
revient chaque trois ans.

Avant mon expérience, mes meilleurs champs produisaient en
six ans :

Sur 1 hectare 3 récoltes en blé, à 16 hectol. par an, 48 hect., à 15ᶠ l'un = 720ᶠ

3 récoltes en maïs, à 18 hect. par an, 54 hect., à 10ᶠ l'un = 540

TOTAL du produit de 1 hectare en 6 ans. 1,260ᶠ

Depuis le nouvel assolement, **1** hectare produit en 6 ans :

Deux récoltes de froment, à 24 hectol. par an, 48 hect. à 15 fr. l'un = 720ᶠ

Deux récoltes de maïs, à 25 hectol. par an, 50 hectolitres à 10 fr. l'un = 500

Deux récoltes de prairies artificielles, à 120 quint. p. an, 120 q. à 2 f. l'un = 240

TOTAL du produit de 1 hectare soumis à l'assolement triennal, en 6 ans. 1,460ᶠ

' Différence en faveur de celui-ci. 200ᶠ

En divisant mes champs de nature inférieure en six parties éga-

___

> ɔ Depuis quatre ans qu'est terminée la première rotation, l'auteur a obtenu jusqu'à trente
hectolitres sur un hectare.

les, je les classai d'après leurs degrés de fertilité, afin que le maïs, la plus épuisante des cultures, n'arrivât sur les sols les moins bons que le plus tard possible, c'est-à-dire à la fin de la rotation pour avoir le temps de les améliorer. C'est ainsi que j'ai obtenu d'assez beaux produits en maïs sur des champs qui n'en avaient jamais reçu.

Avant l'établissement de mon assolement, ces champs produisaient en moyenne, par hectare et en six ans :

Trois récoltes de froment, à 12 hectol. par récolte, 36 hect. à 15 fr. l'un = 540f

Je porte assez haut le produit des cultures intercalaires, soit 50 fr. par an = 150

Total du produit de 1 hectare en 6 ans. 690f

Depuis l'établissement de l'assolement, 1 hectare produit en six ans :

Deux récoltes de froment, à 18 hectol., 36 hect. à 15 fr. l'un . . . . . = 540f

Une récolte de maïs, à 18 hectolitres, 18 hect. à 10 fr. l'un . . . . . . = 180

Une récolte de pommes de terre et de haricots dont le produit égale ensemble 160

Une récolte de prairies artificielles, à 90 quintaux, 90 quint. à 2 fr. l'un = 180

Total du produit moyen de 1 hectare. . . 1,060f

Différence en faveur de l'assolement triennal. . . . 370

La différence du produit des deux modes de culture obtenu dans l'espace de dix ans ne vous paraîtra pas très-considérable; mais remarquez aussi que c'est le résultat d'une première rotation, et qu'il le deviendra davantage en poursuivant l'assolement alors que le sol aura perdu de sa ténacité, et à mesure que les plantes parasites disparaîtront, comme l'avoine (ou folle-avoine) qui fait le désespoir des agriculteurs, et qui ne résiste pas à l'assolement que je vous propose. Cette plante a disparu sur les terrains soumis à cet assolement : à la sixième année, il n'en restait plus vestige.

Vous le savez tous, mes amis, lorsque j'ai commencé à expérimenter l'assolement triennal sans jachère, le produit sur la majeure partie de mes champs arrivait à peine à 8 pour 1 ; je n'ai jamais obtenu moins de 14, et le rendement, une année, est arrivé à 24. L'assolement de ces champs n'était autre qu'une succession continue de froment et jachère avec intercalation partielle et très-minime de fèves, haricots et pommes de terre. J'ai été si satisfait de l'ensemble des résultats que j'ai obtenus, que j'ai résolu d'appliquer l'assolement triennal à l'égard de tous les champs de mon domaine, quel que soit leur degré de fertilité. J'ai dressé un tableau d'assolement qui doit commencer en 1854,[1] et je tiens à en remettre une copie à chacun de vous, ce soir avant de nous séparer, pour que vous puissiez le méditer avant notre première réunion, et faire telles observations que vous jugerez convenables.

[1] *Ceci a été écrit à la fin de 1853.*

ASSOLEMENT TRIENNAL POUR UNE ROTATION DE SIX ANS.

Divisions ou Soles.	1854	1855	1856	1857	1858	1859
Ire.	Maïs avec fumure.	Froment.	Trèfle ou Sainfoin.	Trèfle ou Sainfoin, ou Pommes de terre, Haricots, Betteraves, avec fumure.	Froment.	Vesces, Fèves et Lupin à enfouir.
IIe.	Froment.	Vesces, Fèves et Lupin à enfouir.	Pommes de terre, Haricots, Betteraves, etc., avec fumure.	Froment.	Trèfle ou Sainfoin.	Trèfle ou Sainfoin, partie en Maïs, avec fumure.
IIIe.	Trèfle ou Sainfoin.	Trèfle ou Sainfoin, partie en Maïs, avec fumure.	Froment.	Vesces, Fèves et Lupin à enfouir.	Pommes de terre, Haricots, Betteraves, etc., avec fumure.	Froment.
IVe.	Pommes de terre, Haricots, Betteraves, etc., avec fumure.	Froment.	Vesces, Fèves et Lupin à enfouir.	Maïs avec fumure.	Froment.	Trèfle ou Sainfoin.
Ve.	Froment.	Trèfle ou Sainfoin.	Trèfle ou Sainfoin, partie en Maïs, avec fumure.	Froment.	Vesces, Fèves et Lupin à enfouir.	Pommes de terre, Haricots, Betteraves, etc., avec fumure.
VIe.	Vesces, Fèves et Lupin à enfouir.	Pommes de terre, Haricots, Betteraves, etc., avec fumure.	Froment.	Trèfle ou Sainfoin.	Trèfle ou Sainfoin, partie en Maïs, avec fumure.	Froment.

NOTA.— Dans bien des cas ... fles et les sainfoins devront ét... servés deux ans. Ils pourro... défrichés la 1re année sur le... leures terres. L'agriculteur ... guider d'après les circonstanc...

A la deuxième rotation, il ... dispensable de changer sur l... rains la nature des cultures ... dentes, c'est-à-dire, de sem... pommes de terre là où il y ava... cédemment des haricots, des ... cots où il y avait des bette... des pommes de terre à la pl... maïs, etc.

Pour que ces plantes ne revi... que chaque 6 ans, la sole d... deviendra celle de 1860, ai... suite; au début de l'assolem... terres arables doivent être, d... en six soles aussi égales que p... en superficie et en qualité.

Le trèfle ou le sainfoin sero... sur les meilleurs champs; les ... sur les médiocres, car il fau... d'abord produire de quoi nou... bestiaux; il faut bien début... bien finir.

Suivant l'assolement du tab... aura constamment un tiers en ... les et au moins le tiers en ... artificielles, et le reste en l... sarclées ou jachères, dans l... cipe, sur les plus mauvais ter...

ONZIÈME SOIRÉE.

———

UN MÉTAYER.

Vous nous avez engagé, M. le commandant, à faire sur votre tableau d'assolement les observations que nous jugerions convenables : permettez-moi de vous en présenter une. Dans le cours de nos soirées, vous nous avez parlé de beaucoup de plantes que nous cultivons généralement, et dont quelques-unes nous sont d'une absolue nécessité, telles que la luzerne, les betteraves, les topinambours, le lin, le chanvre, les raves et le colza. Comment devons-nous procéder pour leur faire occuper une place dans l'assolement?

LE COMMANDANT.

Mon intention, mon ami, était de vous parler de toutes les cultures, généralement accessoires, qui ne figurent pas sur le tableau d'assolement. Puisque l'occasion se présente de vous en entretenir, je vais répondre à la question qui vient de m'être faite.

Cultures diverses qui ne figurent pas au tableau : luzerne, betteraves, raves, colza, chanvre, topinambours et lin. — La luzerne restant plus longtemps sur le sol que les autres plantes ne peut figurer sur le tableau où elle intervertirait l'ordre des cultures. Si un agriculteur possède un sol dont la nature convienne à la luzerne, il doit lui réserver une place; car il est avantageux d'appeler cette plante précieuse à fournir son contingent pour la nourriture des bestiaux. Comme sa culture ne doit pas intervertir l'ordre de l'assolement, il peut la placer arbitrairement, pourvu qu'il existe un intervalle de six ans entre son défrichement et son retour sur le même sol. Les betteraves, les raves, le colza et le chanvre sont des cultures accessoires, qui demandent néanmoins des terres bien préparées et fumées ; elles seront placées, comme le maïs, les pommes de terre et les haricots, en diminuant l'étendue de ces dernières cultures, à la convenance de l'agriculteur, sur les jachères d'hiver et à la suite des prairies artificielles. Le lin est semé généralement sur un défrichement de chaume. Les topinambours restant dans la terre un an environ, doivent être également semés après le blé, en diminuant la quantité du terrain destiné aux fèves ou aux prairies artificielles. Le choix et l'étendue du terrain seront encore arbitraires, pourvu qu'un intervalle de six ans se soit écoulé avant leur retour sur ce terrain. Si on aime mieux placer le lin sur une demi-jachère, ce qui me paraît plus convenable, on le sèmera à la suite d'une prairie artificielle consommée et labourée dès le commencement de l'été.

Fourrage vert de trèfle incarnat et de maïs. — Il faut agir à l'égard du trèfle incarnat ou farouch et du maïs-fourrage, comme nous venons de le dire au sujet de plusieurs cultures alternes. On doit réserver au premier une partie du terrain consacré aux prairies artificielles, et au second une partie de celui réservé aux récoltes sarclées ; car si le trèfle incarnat n'exige pas de fumure, le maïs-fourrage, au contraire, veut une fumure abondante. Ces cultures, comme les précédentes, doivent alterner de manière à ce qu'elles reviennent le moins souvent possible sur le même terrain et qu'elles ne puissent intervertir l'ordre d'assolement.

LE RÉGISSEUR.

Vous nous avez dit, commandant, qu'on doit éviter soigneusement de faire succéder à une plante une plante semblable. Cependant, en examinant votre tableau d'assolement, j'ai remarqué que les haricots succédaient aux fèves ou aux vesces qui, comme les haricots, sont des légumineuses. Ce rapprochement ne ne vous a pas échappé; sans doute vous avez été conduit à agir ainsi par quelque motif que je vous prie de nous faire connaître.

LE COMMANDANT.

Difficulté d'éviter la rencontre des haricots et d'une autre légumineuse ; moyen d'y remédier. — Ce que vous avez remarqué, mon cher régisseur, semble, en effet, une dérogation aux principes établis. Deux motifs, cependant, m'ont déterminé à agir ainsi. Le premier résulte de la difficulté que j'éprouvais à éviter la rencontre de la culture des haricots sur un assolement triennal, lorsque les prairies artificielles sont la base de ce système. Le second motif résulte de ce que les haricots ne se trouvent pas trop mal de cette succession, lorsqu'on a eu le soin de labourer le sol qu'on leur destine l'année suivante, dès l'enlèvement du produit des récoltes des prairies artificielles, et de donner un second labour avant l'hiver, en l'assainissant avec soin. Il y a encore un moyen facile de se renfermer dans les limites rigoureuses du principe : ce serait de faire succéder les haricots au froment. Comme cette culture n'est ordinairement que partielle, il en résulterait seulement qu'une petite partie du sol recevrait, de suite, deux récoltes sarclées, mais aussi deux fumures avant l'ensemencement du froment, ce qui serait loin d'être un inconvénient. J'en ai fait souvent l'expérience, et j'ai toujours eu lieu d'être satisfait du résultat.

LE MAIRE.

Quoique vous ne songiez pas, commandant, à proscrire la culture de l'avoine et de l'orge, je ne vois pas figurer ces deux plantes sur votre tableau; elles sont, cependant, d'une nécessité si absolue que nous leur devons une place.

LE COMMANDANT.

Culture de l'orge et de l'avoine. — En ne faisant pas figurer l'orge et l'avoine sur le tableau, j'ai eu l'intention, mon cher magistrat, non de les exclure, mais de laisser à l'agriculteur le soin de déterminer dans quelle proportion il doit faire entrer la culture de l'orge et de l'avoine sur son exploitation. Ces céréales devant prendre la place du froment, il devra, suivant la nature du sol, sa position et ses intérêts, réserver à leur culture un tiers, un quart, moins encore, s'il le juge convenable, des champs réservés au froment, de telle manière qu'elles ne reviennent sur le même sol qu'après une rotation entière ou six ans.

Avantage de faire succéder à un froment quelconque un froment d'une autre nature. — Il est encore un soin auquel on ne s'attache pas assez : c'est celui de faire succéder du blé sans barbe, ou bladette, au blé gros ou mêlé, du blé fin à la bladette, etc. Ce mode de succession dispense l'agriculteur d'avoir souvent recours au changement de semence, la terre s'en trouve infiniment mieux et, par suite, le produit est moins casuel.

L'INSTITUTEUR.

En jetant un coup-d'œil sur votre tableau, commandant, on s'aperçoit tout d'abord qu'au lieu de répandre les engrais sur la moitié du sol comme l'exige l'assolement biennal, on ne le répand que sur le tiers en suivant l'assolement triennal. Cet avantage est à mes yeux le point de départ des progrès que fera la terre dans les produits qu'elle fournira. On économise forcément les engrais dans l'assolement biennal ; on pourra les répandre en abondance au moyen de l'autre assolement. En outre, les forces de l'exploitation doivent être considérablement augmentées par le fait même de l'établissement de l'assolement triennal qui exige beaucoup moins de labourage que le premier système, et permet d'opérer les labours en temps plus opportun et sans précipitation.

LE COMMANDANT.

L'assolement triennal en augmentant les engrais augmente

aussi les forces d'une exploitation. — Vous avez parfaitement compris le but et les moyens, mon cher instituteur. Les agriculteurs, en général, sont enclins à sacrifier l'avenir au présent. Avons-nous une mauvaise récolte? vite nous nous dépêchons à préparer pour l'ensemencement du blé des terres qui n'avaient pas cette destination. Qu'arrive-t-il inévitablement? Le froment tombe à bas prix, sort de France; les terres, de plus en plus fatiguées, produisent peu lorsque l'abondance du froment fait revenir l'ensemencement à sa quantité normale. La rareté des grains succède encore à l'encombrement de l'année précédente, et c'est ainsi que nous passons de la disette à l'abondance plusieurs fois en dix ans. Après avoir vendu à vil prix une année, nous nous épuisons l'année suivante à racheter les blés étrangers ou ceux même exportés.

Il ne s'agit, pour éviter ces désastres, que de régulariser nos assolements et de les maintenir. Ne semer en froment que le tiers des terres labourables, et se convaincre que 20 hectares bien cultivés et convenablement fumés produiront plus en dix ans que 30 hectares cultivés comme ils le sont généralement et *forcément* au moyen d'un assolement biennal. Exclure les jachères qui pouvaient être une nécessité autrefois, et les remplacer par des prairies artificielles et des récoltes fourragères. Mais avec des attelages suffisants et des instruments perfectionnés, avec d'abondants fourrages qui permettent la stabulation permanente au lieu de maigres pâturages, la jachère est un non sens. Ce serait en vain que pour conserver la jachère et l'ensemencement biennal du froment, on citerait l'exemple de nos pères; ce serait *une bien* fausse interprétation de leur agriculture; car les circonstances qui motivaient la jachère ont changé. La division de la propriété, le perfectionnement des instruments, le nombre et la force des attelages ont apporté dans l'agriculture des modifications dont il faut profiter. La cause de l'épuisement des terres est le retour trop fréquent du froment sur le même sol. C'est à combattre cette faute capitale qu'il faut employer tous nos efforts.

N'en doutons plus, c'est à la grande quantité de blé semé annuellement que nous devons les mauvaises récoltes qui viennent de se succéder. Sur un terrain fatigué le blé s'énerve et contracte les maladies que nous remarquons depuis quelques années, comme la rouille, la cassure ou drillage et la faiblesse qui amène la verse. Nous accusons toujours la saison et les circonstances atmosphériques de notre mécompte, tandis que notre imprévoyance en est le seul auteur.

Nous devons donc faire une large part aux prairies artificielles qui nous fourniront de quoi nourrir de plus nombreux bestiaux, augmenteront nos engrais et feront produire sur le tiers des terres d'une exploitation beaucoup plus de blé et de paille que n'en produisait la moitié au moyen de la vieille culture. Les récoltes, en outre, acquérront plus de régularité dans leur produit, en devenant moins casuelles.

Les bestiaux de peine restant toujours les mêmes, tout en diminuant le travail de la charrue, on a un excédant de forces avec lesquelles on peut labourer quand le moment est opportun ou l'attendre, sans crainte d'être débordé, s'il se retarde. L'opportunité du travail est un des points capitaux de l'agriculture : on ne peut l'obtenir qu'au moyen d'un excédant de forces. Outre cet avantage, il en est un autre que procure l'assolement triennal, et non moins grand, que vient de signaler notre instituteur : c'est celui de pouvoir répartir les engrais avec abondance, dès le principe, sur les champs destinés aux récoltes sarclées, et plus tard, lorsque a grandi le bienfait de ce système, de pouvoir utiliser l'excédant sur les champs de fèves ou de récoltes-fourrages, de manière à faire précéder de deux fumures l'ensemencement du froment.

LE MAIRE.

Pensez-vous, commandant, qu'en abandonnant le mode de culture biennale pour adopter l'assolement triennal on puisse supprimer en totalité les jachères mortes. Cette suppression totale, quelle que soit la nature du sol, me paraît un peu difficile.

LE COMMANDANT.

Suppression des jachères mortes avec quelques rares excep-
tions. — Quel que soit l'assolement adopté par un agriculteur,
son but doit être la suppression des jachères mortes, parce que
ce repos ne donne aucun produit. Cependant, il ne faut pas se le
dissimuler, mon cher magistrat, pour le cultivateur qui tient à
conserver le vieil assolement, soit par crainte, soit par habitude,
la jachère, quoiqu'elle soit une privation de revenu, n'est possible que sur les terres qui sont classées au premier et au second
degré de fertilité ; elle n'est pas, d'ailleurs, sans quelque compensation. Avec l'assolement biennal, la suppression de la jachère
me paraît impossible sur les terres de mauvaise nature, et elle
ne peut arriver que graduellement et avec des soins prolongés
sur les terres médiocres.

Les agriculteurs qui ne craindront pas de sortir de la vieille
routine et adopteront l'assolement triennal pourront, tout
d'abord, proscrire définitivement la jachère sur les bonnes
comme sur les terres médiocres, et après six ans, ou une rotation, sur les terres inférieures, que cet assolement permet de
labourer avec soin et de fumer abondamment. Comme vous le
savez tous, mes amis, j'ai opéré ainsi, avec succès, sur des parcelles de 3me et de 4me classes, après une jachère profondément
labourée et convenablement fumée. Au moyen de l'assolement
triennal, les terres profitent, en effet, d'une jachère tout aussi
longue et d'un repos tout aussi complet, mais plus productif,
que dans l'assolement biennal, puisqu'à la suite d'une récolte-
fourrage enlevée dans le courant du mois de mai, la terre doit
être labourée et recevoir au moins un autre labour avant
l'hiver pour être semée avec profit au printemps de l'année suivante, après des labours préparatoires convenables.

Il n'est aucune jachère morte dans l'assolement biennal qui
présente des effets plus sûrs que les travaux qu'exige, *sans perte*
de récolte, le terrain qui a produit une récolte jachère avant de

recevoir une récolte sarclée suivie de l'emblavure; car, en obtenant tous les avantages d'une jachère absolue, on ne rencontre aucun de ses inconvénients.

L'INSTITUTEUR.

Ce que vous venez de nous dire sur les inconvéniens de l'assolement biennal et les avantages de l'assolement triennal m'a déterminé à adopter ce dernier à partir de l'année qui vient; mais il ne faut pas se faire illusion, commandant; pour la plupart des agriculteurs, il faudra du temps et des preuves multipliées, peut-être, pour les faire sortir du système dans lequel ils se meuvent depuis si longtemps.

LE COMMANDANT.

Je sais, mon jeune ami, combien il est difficile de faire dérailler un agriculteur qui traîne péniblement une vie de fatigues et de déceptions autour d'un cercle vicieux, et comme il y rentre bien vite si, après avoir essayé une fois de se soustraire à ses vieilles habitudes agricoles, il ne réussit pas dans *sa première épreuve, quelle que soit la cause du mauvais résultat.* Entre beaucoup d'exemples, je vais en citer un :

Inconvénient de faire succéder à une plante une plante de la même famille. — Dans le but de faire reposer son champ, un agriculteur avait imaginé de séparer l'ensemencement du froment par deux autres cultures. Après la moisson du blé, il sema des vesces, et dans la même année il sema des fèves. Les vesces vinrent très-belles, mais les fèves qui les suivirent furent très-peu productives, quoique partout, en général, cette culture eût bien réussi. Notre agriculteur, surpris que son champ de fèves présentât une exception au milieu de ceux de ses voisins, attribua son mécompte aux vesces; il avait raison. Il crut que les vesces, qu'on lui avait signalées comme un bon engrais végétal, dévoraient, ou, suivant son expression, *brûlaient la terre*; en ceci, il avait bien tort. Si ce cultivateur avait su qu'une plante de la famille des légumineuses, qui laisse après elle beaucoup de détritus, devait nuire beaucoup à une plante de la même famille qui la suit de près, il aurait mieux combiné son assolement et n'aurait pas injustement accusé les vesces d'un tort que son ignorance seule devait supporter. Pendant quelque temps, il s'obstina à ne plus vouloir cultiver une plante qu'il croyait si nuisible à la fécondité de son terrain. Il me confia, un jour, sa déception; je l'éclairai sur les véritables motifs des rapports si peu bienveillants qu'il avait eus avec cette précieuse plante. Il sema de nouveau des vesces et se garda bien de retomber dans sa première faute. Cette fois il fit réparation d'honneur à cet innocent fourrage, avec lequel il a fait une paix qui paraît durable. De ce qui précède il faut en tirer la conséquence suivante :

Les agriculteurs, en général, sont disposés à pratiquer les bonnes méthodes; mais il convient de leur donner une instruction aussi simple que complète avant de les engager dans une série d'innovations qui pourraient amener, par une application irraisonnée, des résultats opposés à ceux qu'ils attendaient et qui donneraient naissance à un refroidissement qui serait long et difficile à vaincre.

Il est une loi immuable que la nature a elle-même fixée, à savoir : *qu'une plante produira d'autant plus qu'elle succèdera à une plante dont les caractères botaniques s'éloignent davantage des siens, et qu'elle produira d'autant moins qu'elle suivra de près une plante dont les caractères botaniques se rapprochent le plus d'elle.* Que d'agriculteurs ont éprouvé les effets de ce principe sans se rendre compte des résultats bons ou mauvais qu'ils ont obtenus !

Je puis citer, mes amis, un exemple frappant du produit que peut fournir un assolement bien combiné comparé au vieil assolement du pays. M. Rivière possède dans le territoire de la commune de Saint-Loup (canton d'Auvillars), un domaine qui depuis longues années était envahi par la folle-avoine par suite de la mauvaise culture à laquelle il était soumis. Devenu propriétaire de ce domaine, M. Rivière, comme beaucoup d'agriculteurs, fit pendant plusieurs années des dépenses importantes pour soustraire ses récoltes aux effets désastreux de cette plante parasite, sans pouvoir la vaincre. Il imagina dès-lors un assolement très-simple et combiné de telle sorte que le froment ne revenait sur ses champs que deux fois en six ans. Le sol du domaine est de nature alluvionale, mais il présente dans sa composition un excès de silice qui le rendait très-propre à la culture du sainfoin. Il sema donc des graines de sainfoin sur le blé, et en retira le produit pendant trois ans.

Au mois de septembre de la troisième année il défricha le sainfoin, donna au sol un second labour avant l'hiver, pour le préparer à recevoir convenablement un ensemencement de maïs au printemps suivant. A l'automne suivant, il sema du blé qui devint très-beau et très-productif. Le chaume labouré au mois d'août reçut deux nouveaux labours avant le mois de novembre et fut encore ensemencé en blé. Sur ce blé de seconde année, il fit jeter de nouveau des semences de sainfoin, au printemps suivant, pour recommencer de même une nouvelle rotation. En suivant cet assolement, qui a parfaitement réussi, M. Rivière recueille en six ans trois récoltes de sainfoin, deux récoltes de froment et une de maïs. La moitié du sol du domaine produisait, il y a quinze ans, de 100 à 150 hectolitres de blé ou seigle et peu de maïs. Le tiers aujourd'hui (car M. Rivière continue son assolement), produit jusqu'à 350 hectolitres de froment et trois fois plus de maïs qu'autrefois. Ce magnifique résultat s'obtient à moins de frais qu'il y a 15 ans, sans transporter sur ce domaine un seul charroi de fumier qu'il emploie utilement sur d'autres champs, qui ne produisant presque rien autrefois, donnent aujourd'hui de très-beaux produits. M. Rivière assure que s'il transportait sur les champs de ce domaine les fumiers que ses bestiaux fournissent, le blé viendrait trop fougueux. Les récoltes sont, en effet, si belles, qu'il faut forcément ajouter foi à cette assertion. Cependant le résultat le plus étonnant est la disparition complète de la folle-avoine.

LE RÉGISSEUR.

À notre dernière réunion vous nous avez dit, commandant, que la théorie des assolements se divisait en quelques points que vous avez énumérés. Ce sont des principes qui m'ont paru très-essentiels et qui méritent des développements dans lesquels nous vous serions obligés de vouloir bien entrer.

LE COMMANDANT.

Théorie des assolements. — La division de la théorie des assolements présente, il est vrai, des principes essentiels, mon cher régisseur, dont chacun mérite un court développement. Je vais les reprendre dans l'ordre où je les ai établis.

1er *Principe.* — Le degré de fertilité ou d'épuisement du sol d'une exploitation doit servir à déterminer la quantité relative des cultures propres à la nourriture des bestiaux et celles propres à l'alimentation de l'homme; les premières devront être d'autant plus étendues que la terre sera plus épuisée, et pourra varier des $\frac{2}{5}$ aux $\frac{3}{5}$ de l'exploitation. Elles doivent être des $\frac{2}{5}$ pour les domaines dont le sol se trouve dans un bon état de fertilité, du $\frac{1}{3}$ pour les exploitations dont les terres sont médiocrement fertiles, et des $\frac{3}{5}$ pour les terres épuisées. L'appréciation de l'état du domaine appartient au cultivateur seul, car tous les calculs que l'on ferait à priori pour le fixer sur la fertilité de son exploitation ne serviraient qu'à jeter du doute et de l'indécision dans son esprit. Je me bornerai à dire que l'entretien convenable d'une tête de gros bétail exige 80 ares de terre, de culture fourragère, en moyenne; en Belgique, en Allemagne et dans le nord de la France, on porte cette quantité jusqu'à 1 hectare. Cette quantité doit être augmentée pour les terres légères.

Les racines doivent occuper aussi une certaine étendue de ter-

rain pour servir, avec les fourrages, à compléter l'approvisionne-
ment des granges. Elles entretiennent, d'ailleurs, les animaux en
bon état, durant l'hiver, et servent, au printemps et en automne,
de transition entre la nourriture sèche et la nourriture verte.
Comme nous le savons déjà, les racines demandent des terres
fertiles et beaucoup d'engrais ; aussi, dans le principe de l'assolement, devra-t-on en restreindre la culture et leur préférer les
plantes légumineuses qui enrichissent le sol au lieu de l'épuiser.
A cause de l'état d'épuisement où se trouvent presque tous les
domaines dans nos départements du Sud-Ouest, la culture des
racines ne pourra pas être proportionnelle à l'étendue du terrain,
mais seulement relative au degré de fertilité. Les fourrages, d'ailleurs, en augmentant la masse du fumier, diminuent beaucoup
les travaux de la charrue, et dans notre climat où la sécheresse
arrive souvent très-promptement après des pluies abondantes
qui empêchent les labours, nous avons besoin de forces suffi-
santes pour réparer le temps perdu et mettre facilement à profit
les courts moments opportuns. — Ce sont là des réformes que
chacun comprend, des avantages que tous les agriculteurs distinguent ; cependant, la routine les retient dans la voie vicieuse où
on les a placés, et rien n'est plus difficile que de les en faire sortir. L'élévation étonnante où sont arrivés les produits, en général, dans le nord de la France, en Belgique, en Allemagne, au
moyen de la grande extension donnée aux cultures fourragères,
ne suffit pas pour les éclairer sur leurs véritables intérêts, il faut
des exemples autour d'eux qui les frappent ; c'est à quoi doivent
s'attacher les agronomes qui désirent voir progresser l'agriculture de notre contrée.

2ᵐᵉ *Principe*. — Ce serait s'exposer à de grandes fautes que de
vouloir, dans nos départements méridionaux ou du Sud-Ouest,
suivre les habitudes agricoles des départements du Nord. Dans le
Nord, la pluie, moins abondante que chez nous en hiver et au
commencement du printemps, l'est beaucoup plus au contraire

à la fin du printemps et pendant l'été; ce qui explique la supériorité qu'il aura toujours sur nous dans les produits des prairies artificielles et des plantes fourragères. Si, comme les agriculteurs du Nord, par exemple, nous basions notre culture sur les produits des récoltes de printemps, nous serions réduits au plus pauvre produit, les $^5/_6$ des années. Chercher à innover malgré l'expérience acquise, ce serait vouloir se dresser contre la nature et courir à sa perte. Mais, de ce que nous ne pouvons pas suivre pas à pas les agriculteurs du Nord, de ce que nos prairies artificielles n'atteindront jamais chez nous à la prospérité où elles parviennent dans ce climat, faut-il ne pas les appeler à notre aide ? Semons des fourrages d'automne, qui ne sont pas à dédaigner et qui le plus souvent donnent de très-bons produits. Le produit d'une des coupes de trèfle est toujours assuré ; celui du sainfoin manque bien rarement. Dans les plus mauvaises conditions atmosphériques, la luzerne nous fournira, au moins, l'équivalent de deux bonnes coupes. Joignons à tout cela une culture proportionnelle de betteraves, de maïs, de topinambours, de raves, de rutabagas, etc., qui prospèrent assez bien chez nous lorsque les soins ne leur manquent pas, nous verrons grandir sensiblement notre avenir agricole que, sous bien des rapports, devront nous envier les habitants du Nord.

En labourant profondément nos terres, en les fumant convenablement, ne pouvons-nous pas cultiver avec une entière confiance les céréales, le maïs, les pommes de terre, les haricots, les fèves, et en général tous les légumes, et çà et là des plantes commerciales dont nous pourrons agrandir le cercle lorsque, par une agriculture intelligente, nous aurons rehaussé nos champs épuisés par de trop fréquents produits en céréales.

Si la chaleur de notre climat nous cause des inconvénients, elle nous présente aussi des compensations. Il est une vérité généralement reconnue : c'est que, plus les plantes séjournent en terre, plus leurs produits sont abondants et nutritifs. Aussi, les vesces, les fèves, l'avoine, semés en automne, nous fourniront-elles, à superficie égale, des résultats plus satisfaisants que dans le Nord. Chez nous, les céréales, les pailles, les foins ont aussi une valeur nutritive plus élevée que sous les climats humides. Les labours de jachères, la puissance des engrais, les effets des irrigations, et tous les soins de culture, en général, ont encore, dans nos contrées, beaucoup plus d'efficacité que dans les contrées septentrionales.

Plus encore nous enrichirons nos champs d'humus, moins nous aurons à redouter la sécheresse; car l'humus absorbe et retient l'humidité à un haut degré. Le moyen d'y arriver, c'est de cultiver sur une grande échelle les plantes fourragères de toute nature.

Pour le choix des cultures, le meilleur guide est, sans contredit, l'usage qu'a consacré dans un pays une longue expérience. Si la culture de certaines plantes n'a pas toute l'extension qu'elle devrait avoir, elle est dirigée généralement suivant l'exigence de sa nature; et le meilleur enseignement est certainement celui que fournit l'expérience. Sur ce point, je n'ai pas besoin de m'étendre plus loin que je ne l'ai fait, en parlant de chaque plante en particulier.

L'extension de certaines cultures devra être mesurée sur les circonstances locales. Ainsi, le voisinage des grandes villes est favorable à la vente des plantes potagères, des fruits et des fourrages. Quand les exploitations sont éloignées et les transports difficiles, on doit cultiver seulement la quantité de fourrages qu'on peut utiliser sur l'exploitation, et se borner aux cultures qui produisent le plus sous le moindre volume, et dont le placement est bon et facile.

Quand la main-d'œuvre est rare, il faut ne pas trop étendre les cultures qui demandent beaucoup de bras, comme les plantes du commerce, et se renfermer dans les produits des céréales, des légumes, des plantes fourragères, et par suite de l'élève du bétail. Ordinairement, disons-le encore, les habitudes de spéculation d'un pays, à quelques rares exceptions près, sont toujours les meilleures, et il est plus sûr de suivre les habitudes d'une contrée, *en cherchant à mieux faire*, que d'innover. En résumé, l'expérience d'un climat fournit sur le choix des cultures des indications dont il est prudent de ne pas trop s'écarter, comme les habitudes commerciales sont basées sur des besoins qu'il ne faut pas méconnaître.

3me *Principe.* — Nous avons déjà reconnu en principe que les plantes d'une même famille ne devaient revenir sur le même sol qu'après un espace de temps suffisamment prolongé; nous n'avons rien à ajouter à ce sujet. Nous avons reconnu encore que l'analyse des plantes démontrait qu'elles se nourrissent d'un petit nombre d'éléments, mais qu'elles les absorbent à divers degrés et que cette différence dans la proportion des éléments absorbés détermine la diversité des plantes. Ainsi, pour qu'une plante végète dans un milieu qui lui convienne, il faut que la combinaison des substances dont elle se nourrit se trouve dans une proportion telle que l'équilibre se poursuive pendant la durée de la végétation. Si la même plante ou une plante semblable revient souvent sur ce sol l'équilibre est rompu et la plante se meurt. Après qu'une plante a vécu sur un terrain quelconque, l'équilibre dans la combinaison des éléments ne se refait que sous l'influence du temps et des agents atmosphériques. La plante qui lui succédera, n'étant pas de la même famille, absorbera les éléments qui ne convenaient pas autant à la vie de la plante précédente et laissera en réserve ceux qu'elle ne s'assimile pas aussi volontiers. Ainsi se refait la fertilité, si je puis m'exprimer ainsi.

Cependant, me dira-t-on : beaucoup de végétaux peuvent revenir à la même place après un an d'intervalle. C'est vrai, comme l'assolement biennal nous le démontre; mais si on augmente l'intervalle, le produit sera plus considérable. En outre, les plantes qui peuvent revenir tous les deux ans, sont celles qui laissent le moins de détritus sur le sol, comme nous l'avons déjà dit.

Si un agriculteur fait revenir à de trop courts intervalles une plante salissante, comme les céréales par exemple, le sol sera tellement envahi de mauvaises herbes que les soins de nettoyage deviennent dispendieux et incomplets et la récolte casuelle. Il est donc nécessaire de la faire alterner avec des plantes qui concourent à la netteté du sol ; avec des récoltes sarclées dont les soins qu'elles demandent amènent ce résultat et avec des récoltes-fourrages et des prairies artificielles avec lesquelles on coupe les plantes parasites avant la chute de leurs semences, soit même avec la jachère dans les cas où elle sera indispensable ; car, je le répète encore, quoique le plus ou le moins d'abandon de la jachère soit la mesure des progrès qu'a faits l'agriculture dans un pays, elle peut rendre d'importants services sur les terres de mauvaise qualité ou trop salies par des produits fréquents de céréales. Sur les grandes exploitations surtout, avec un assolement biennal, la jachère ne pourra être supprimée que lorsque le sol aura acquis un degré de netteté convenable, et que tous les champs pourront être abondamment fumés. Au moyen de l'assolement triennal on y serait bien vite parvenu, en faisant succéder au froment une récolte-fourrage et une jachère à celle-ci, avant de revenir au froment.

Sur un terrain passablement fertile, le froment donne de très-bons produits sur les trèfles de deux ans, et dans certains cas ce mode est plus avantageux que de placer une récolte sarclée entre le trèfle et le froment.

UN MÉTAYER.

Sur votre tableau, M. le commandant, le trèfle ne figure que pendant un an ; mais vous nous avez dit que, selon les circonstances, il fallait le conserver deux ans. Voudriez-vous nous dire votre avis sur les cas où l'on devrait agir ainsi.

LE COMMANDANT.

Avantage de conserver du trèfle de deux ans sur un assolement triennal. — Je vous ai dit déjà, mes amis, qu'il ne devait y avoir rien d'absolu dans les conseils donnés aux agriculteurs, et qu'ils devaient, en conservant les principes, apporter telles modifications que leur dictera leur intelligence ou les circonstances particulières dans lesquelles ils se trouvent. Le tableau d'assolement que je vous ai présenté suppose des terres amenées à un degré de fertilité et de netteté convenables par des soins assidus et prolongés, puisque le domaine que je vous présente pour exemple est soumis, depuis plus de six ans, à l'assolement triennal et que les terres sont arrivées à un rehaussement très-sensible.

Sur les terres soumises depuis longtemps à l'assolement biennal, ce tableau exige quelques modifications que je vais énumérer. Sur les domaines plus ou moins épuisés il est probable qu'on n'obtiendra pas, dès le principe de l'assolement, une masse de fumier assez considérable pour fumer abondamment le tiers de l'étendue des terres , c'est-à-dire celles destinées aux récoltes sarclées. Sur ces domaines, il faudra nécessairement conserver des prairies artificielles de deux ans, afin de diminuer les récoltes sarclées en proportion des fumiers qu'on pourra obtenir ; car il vaut infiniment mieux n'en conserver qu'une quantité réduite au point qu'elles puissent être abondamment fumées. Le froment qui suivra se trouvera bien mieux aussi de succéder à un trèfle ou à un sainfoin de deux ans qu'à une récolte sarclée qui n'aurait pas reçu des engrais suffisants. En outre, si le trèfle n'avait pas réussi sur un champ ou qu'il eût péri au second hiver, mieux vaudrait encore le labourer au printemps et le traiter en jachère jusqu'à l'automne, que de lui confier une récolte sarclée qui ne pourrait recevoir qu'une fumure insuffisante. Le froment viendrait très-bien, sans fumure, après une année de trèfle et une jachère, et presque aussi bien que sur du trèfle de deux ans sur lesquels je ne fais jamais transporter de fumier ; et ces champs sont ceux qui me produisent les plus belles récoltes de froment.

LE MAIRE.

Pensez-vous, commandant, qu'une jachère morte est plus propre à amener une netteté plus parfaite d'un champ que ce que vous appelez une récolte-jachère, c'est-à-dire des récoltes sarclées ou des fourrages coupés en vert ?

LE COMMANDANT.

Récoltes jachères ; leurs avantages. — A mes yeux, mon cher magistrat, il n'existe pas de meilleurs moyens pour détruire les plantes parasites que les récoltes-fourrages fauchées en vert au mois de mai. Par le fauchage, à cette époque, on empêche les mauvaises plantes de se propager par leurs semences, puisqu'elles sont coupées avant qu'elles ne laissent échapper leurs graines. Ces champs, labourés de suite après le fauchage, se trouvent, pendant six mois, sous l'influence et l'action d'une demi-jachère, qui demande plusieurs labours dans l'intervalle desquels les graines de plantes parasites ont le temps de lever et d'être détruites par les labours d'été et d'automne. Il en sera de même des plantes qui se propagent par leurs drageons ou leurs tubercules.

Pendant la végétation des récoltes sarclées, les plantes parasites sont détruites par les labours, les herbages et les sarclages répétés. Elles seraient presque aussi propres que les récoltes coupées en vert à la destruction des mauvaises herbes ; mais malheureusement les sarclages ne se font pas toujours assez fréquemment ni en temps assez opportun pour obtenir ce que l'on peut attendre de leurs bienfaits. Le plus souvent on n'obtient qu'un demi-résultat. Cependant on peut déduire de ces deux récoltes successives le degré de netteté qu'on aura pour les céréales qui leur succèderont.

Une jachère morte qui précéderait le froment, c'est-à-dire qui viendrait après une récolte-fourrage, et qui remplacerait une récolte sarclée dans un assolement triennal, serait, sans contredit, le plus sûr moyen de nettoiement du sol ; aussi devra-t-on l'employer sur les terres infestées de mauvaises herbes dans le principe de l'assolement. Dans ce cas, la jachère morte présente encore un autre avantage, qui a une très-grande valeur : celui de permettre l'enfouissement des fumiers frais pendant l'été.

Mais je ne cesserai de le répéter : malgré les avantages conditionnels que présente quelquefois la jachère morte, elle doit être exclue d'un assolement triennal après une première rotation, ou six ans, sur les domaines épuisés. Elle peut l'être de suite sur les domaines qui, depuis quelques années, ont reçu des soins convenables. Les terres médiocres ne doivent pas rester dans l'inaction ; ce serait revenir aux siècles de barbarie que de la conserver sur les terres fertiles. Dans un pays peuplé et civilisé, on doit mépriser presque partout cette pauvre ressource, qui a pris naissance dans l'ancienne ignorance des cultivateurs et dans les temps de trouble, où les bras et l'intelligence manquaient. Et comme le dit le savant agronome Thaër : « Quand l'agriculture était en « entier entre les mains de paysans esclaves et stupides, et sous « la dure inspection de la plus basse classe de gens libres qui « n'étaient pas plus instruits que les paysans, à l'époque où les « institutions que l'usage avait consacrées dominaient avec une « puissance irrésistible sur les arts et les sciences, et où le plus « léger doute élevé sur leur conformité avec les règles de la rai- « son était envisagé comme une hérésie. »

4ᵐᵉ *Principe.* — Dans le cours de nos soirées, nous sommes souvent revenus sur la nécessité de cultiver avec ménagement les plantes épuisantes et qui ne fournissent que de faibles moyens de réparer l'épuisement qu'elles occasionnent, comme les plantes oléagineuses cultivées pour leurs graines, le maïs, lorsque l'on donne à cette culture une extension démesurée, et en général toutes les plantes dites du commerce. C'est avec réserve qu'on doit les comprendre dans son assolement, à moins qu'on puisse facilement se procurer une grande quantité d'engrais supplémentaires, cas toujours assez rare ; mais quelle que soit la détermination de l'agriculteur, il doit toujours intercaler ces plantes avec d'autres cultures qui retournent sur le sol couvertes en engrais, comme les céréales, qui fournissent la paille et les fourrages qui donnent le moyen de nourrir de nombreux bestiaux, et celles enfin qui maintiennent l'équilibre des éléments que le sol fournit aux plantes, en lui restituant ce qu'une plante précédente lui avait soutiré.

Sans cette sage précaution, un cultivateur, quelque expérimenté qu'il fût, ne pourrait suffire à la grande consommation d'engrais que les plantes épuisantes exigent. L'effritement de la terre deviendrait si grand, qu'il serait difficile et surtout bien long de remédier au mal. Il ne faut jamais oublier que dans notre contrée la culture la plus avantageuse sera celle qui restituera au sol la plus grande partie de ses produits, soit sous forme d'engrais, soit par les moyens qu'elle présente d'en produire indirectement.

Cependant, combien de cultivateurs vendent certains produits qui pourraient être consommés sur l'exploitation avec un si grand avantage, que celui de leurs ventes peut être regardé comme illusoire ?

5me *Principe*. — Comprendre le principe précédent, c'est arriver à reconnaître implicitement celui-ci. Faire succéder à des plantes épuisantes des plantes qui réparent, c'est faire reposer la culture générale d'une exploitation sur une base solide et fructueuse, celle des fourrages et des prairies artificielles, et arriver ainsi à multiplier les bestiaux et à augmenter la force active et vitale de l'agriculture. Car il faut bien se pénétrer de cette vérité : que la première condition du succès d'une récolte est que la terre ait été convenablement préparée et semée en temps opportun. Hors de là, toute récolte est casuelle. Pour obtenir cette importante condition, il faut, non-seulement régler l'ordre des cultures de manière à ce qu'à l'enlèvement d'une récolte succèdent les travaux de préparation de celle qui doit suivre, chose qu'on n'obtiendra qu'autant que la force des bestiaux excédera celle absolument nécessaire à la culture générale, rien ne mettant jamais obstacle à l'enchaînement des travaux. 1 attelage supplémentaire pour une métairie de 2 ou de 3 attelages, 2 attelages supplémentaires pour une métairie de 4 ou 5 attelages, serait un moyen efficace pour arriver aux meilleurs résultats; pour les exploitations où l'on se sert de bœufs, on devrait joindre des attelages supplémentaires de fortes vaches, dont les produits en élèves ou en engrais compenseraient largement l'augmentation de dépense; et l'on peut d'avance considérer comme un boni le produit toujours plus considérable des cultures, lorsqu'on a la facilité d'en poursuivre le cours bien à propos et sans précipitation.

Je crois m'être fait assez comprendre par vous tous, mes amis, dans mon court développement des principes d'assolement que j'avais posés. A notre prochaine réunion, nous parlerons de l'application de ces principes en comparant entre eux divers assolements, ceux surtout usités dans notre contrée.

DOUZIÈME SOIRÉE.

LE COMMANDANT.

Application des principes. — De toutes les opérations agricoles, celle de l'assolement exige l'attention la plus sérieuse, la combinaison la mieux raisonnée et la judicieuse appréciation de ses ressources et de la position locale. Tous ses soins et ses travaux seront toujours incomplets, si l'assolement que l'agriculteur poursuit n'est pas conforme aux bons principes, et approprié à la nature de son exploitation comme aux exigences de localité. Ce sont les deux bases fondamentales sur lesquelles doit être assise la culture d'un domaine, quelle que soit d'ailleurs son importance.

Accepter sans calcul une formule d'assolement proposée par un agronome, parce que cet assolement aura parfaitement réussi dans une contrée quelconque mais différente de la nôtre, serait, le plus souvent, tomber dans une faute grave dont on pourrait avoir de la peine à réparer le mal. Il doit, au contraire, employer toute sa sagacité pour apprécier le système de répartition des récoltes et le modifier en vue de la position topographique et climatérique de son exploitation et selon la nature des terres qui la composent.

Assolement biennal. — Cet assolement, le plus répandu dans nos départements du sud et du sud-ouest, est composé d'une année de jachère et d'une année de froment. Sur les terres mauvaises ou médiocres, une faible partie de la jachère est consacrée à des fourrages ou à des récoltes sarclées; sur les meilleures, les récoltes fourragères ou sarclées occupent une plus large place. En rapprochant cet assolement des bons principes agricoles, nous y trouvons, quelle que soit la localité, l'aspect du sol et la nature des terres, deux vices radicaux : l'un, que les mêmes produits reviennent trop souvent à la même place; l'autre, que les plantes fourragères ne peuvent y occuper qu'un espace beaucoup trop restreint, et que conséquemment il nourrit peu de bestiaux et fournit peu de fumier. Il exige des travaux considérables de charrue pour que les terres soient convenablement cultivées et ne peut donner un revenu élevé en raison du peu de vigueur de végétation qu'imprime aux plantes un retour trop fréquent.

Les assolements alternes, pratiqués aujourd'hui par les cultivateurs éclairés, et malheureusement trop peu nombreux chez nous, ont prouvé hautement leur supériorité sur l'assolement biennal.

Lorsque j'entrepris la réforme du mode de culture de mon patrimoine, il était régi par l'assolement biennal. Vous n'avez pas oublié ce qu'il produisait alors, mes amis, et vous voyez tous les jours la preuve de la grande supériorité de l'assolement triennal alterne que je lui ai substitué, qui n'est autre que celui dont vous connaissez le tableau.

Assolement triennal non alterne. — Cet assolement, le plus mauvais de tous, est très-ancien, et tend à disparaître tous les jours, quoiqu'il soit partiellement pratiqué sur tous les points de la France. Il est ainsi formé : 1re année, froment ; 2me année, avoine ou orge ; 3me année, jachère. Il a les mêmes vices que le précédent, mais encore plus caractérisés, puisque la culture des céréales, se succèdant deux ans sur trois, doit infester plus encore de mauvaises herbes le sol qu'il appauvrit excessivement. L'absence des fourrrages est plus complète encore que dans l'assolement biennal.

De cet assolement il pourrait en sortir l'un des meilleurs, à mes yeux : celui de l'assolement triennal alterne, en supprimant tout d'abord la culture de l'orge et de l'avoine et la jachère sur presque toutes les terres immédiatement, et sur le reste bientôt après.

Les cultures alternes ont donné lieu à un grand nombre de systèmes d'assolement. Nous parlerons de quelques-uns des plus renommés, après avoir dit un mot sur les avantages des cultures alternes.

Cultures alternes. — Les cultures alternes ne sont que la pratique des principes que nous venons d'exposer. Plusieurs nations réclament la priorité de leur application, mais on croit généralement que son berceau est la Flandre, et que de là elle s'est répandue en Allemagne et en Angleterre. Avant l'application de ces principes, qui ont fait de la Flandre le pays le plus riche et le mieux cultivé du monde, le sol était régi par l'assolement triennal dont nous venons de parler.

Si l'expérience ne nous démontrait pas tous les jours que l'alternat des cultures est le plus sûr moyen d'obtenir une végétation vivace, nous pourrions, avec M. Barthez, suivre les phases que la nature impose aux prairies naturelles, sur lesquelles certaines plantes y abonderont pendant quelques années et feront souffrir d'autres plantes qui se trouvent au milieu d'elles ; plus tard celles-ci, au contraire, prendront le dessus et étoufferont de leur ample végétation celles qui les primaient d'abord. M. Bosq, qui a rapporté de l'Amérique des notions si utiles sur ses forêts séculaires, nous apprend que lorsqu'on abat les forêts pour la première fois, l'essence de bois qui les recouvre n'est plus la même qu'avant l'abattage ; là où il y avait des pins les chênes prendront le dessus, là où il y avait des érables croîtront des noyers, etc. Il nous dira que les habitants des pays qui ont remarqué cette transmutation n'ont pu lui assigner d'autre cause que celle-ci : que chaque essence d'arbres est changée en une autre par l'effet de l'abattage. Quoiqu'en France les forêts soient loin d'atteindre l'antiquité des forêts du Nouveau-Monde, on a vu dans les montagnes de l'Isère qu'à une vieille forêt de pins avaient succédé spontanément des charmes et des chênes, comme l'observe le célèbre botaniste Villars. Dans son voyage agricole, M. Mathieu nous dit que très-fréquemment, dans les montagnes des Vosges, on remarque le hêtre, le charme et le chêne se succéder réciproquement. Je pourrais donner encore beaucoup d'autres exemples qui tous prouveraient que la nature ne se repose qu'en variant ses productions.

Je vous demanderai, maintenant, mon cher régisseur, qui avez habité le département du Nord, ce pays si beau, si peuplé et si bien cultivé, de nous dire quels sont les assolements les plus usités au moyen desquels on a élevé si haut les produits généraux de l'agriculture dans cette partie de la France ?

LE RÉGISSEUR.

Comme toujours, commandant, je suis à votre disposition pour vous seconder lorsque vous croirez que mes faibles con naissances pourront être utiles et alléger la peine que vous prenez.

Assolements du département du Nord. — Dans les arrondissements de Lille, de Douai, de Bergues et d'Hazebrouck, la jachère y est complétement inconnue; il n'en existe, comme système, que dans l'arrondissement d'Avesne, et dois-je me hâter de dire que ce n'est que dans les localités très-pauvres et exceptionnelles.[1]

Quatre systèmes d'assolement sont généralement adoptés dans le département du Nord, ainsi conçus :

1er *Assolement.* — 1re année colza, 2me froment, 3me fèves, 4me avoine avec trèfle, 5me trèfle; puis on poursuit l'assolement en remplaçant le colza par des pommes de terre et les fèves par des vesces ou des pois et l'avoine par de l'orge.

2me *Assolement.* — 1re année colza, 2me froment, 3me vesces ou fèves, 4me pommes de terre, 5me avoine ou orge avec trèfle, 6me trèfle, et ainsi de suite avec des changements convenables, en ce qui touche les récoltes jachères.

3me *Assolement.* — 1re année navets, raves; 2me année avoine ou orge avec trèfle, 3me année trèfle, 4me froment.

4me *Assolement.* — 1re année pommes de terre, 2me froment, 3me betteraves, 4me froment, 5me sarrasin, 6me orge, 7me fèves, 8me avoine avec trèfle, 9me trèfle, 10me froment.

Le lin, le colza, le chanvre, le tabac remplacent ou diminuent les cultures autres que les céréales.

On remarque, sur le dernier assolement, que le froment se succède entre deux récoltes sarclées; mais ces récoltes sarclées reçoivent d'abondantes fumures et les soins de sarclage qu'elles

---

[1] Agriculture du Nord, par M. Victor Rendu.

exigent nettoient parfaitement le sol et le disposent admirablement à l'emblavure.

Depuis déjà longtemps, dans les départements voisins de celui du Nord, les cultivateurs suivent des assolements analogues à ceux que je viens d'énumérer, et généralement partout la moitié des terres est occupée par les plantes propres à la subsistance des hommes, l'autre moitié par celles destinées aux animaux.

LE COMMANDANT.

J'avais remarqué, avant votre observation, mon cher régisseur, que dans le 4ᵐᵉ assolement figuraient deux récoltes consécutives de froment avec une seule intercalation d'une récolte secondaire; mais, comme vous l'avez vous-même observé, la culture de ces récoltes sarclées ameublit et nettoie parfaitement le sol et l'effrite peu, à cause des fumures abondantes qu'on leur distribue. Ce système, quoiqu'il s'éloigne un peu des bons principes, peut se comprendre, néanmoins, lorsqu'on fait suivre la deuxième céréale d'une plante qui améliore, comme les vesces, le trèfle ou toute autre prairie artificielle.

J'ai remarqué, en vous écoutant, que l'assolement du comté de Norfolk, en Angleterre, si vanté et si productif, n'est qu'une imitation de ceux qui se pratiquaient dans le département du Nord bien avant que celui de Norfolk fût admis.

Près de Lucques, dans la riche vallée de Reviole, ce jardin de la Toscane, grâce aux bons principes répandus depuis longtemps par Tarello, les cultivateurs sont parvenus à obtenir trois récoltes de céréales en six ans. 1ʳᵉ année froment, 2ᵉ haricots ou maïs avec intercalation partielle de chanvre, 3ᵉ année froment, 4ᵉ année lupin en foin et vesces, 5ᵉ année froment, 6ᵉ année fourrages consommés en vert, 7ᵉ année maïs, sorgho ou haricots.

Ce mode de culture ne suffirait pas à l'entretien de nombreux bestiaux. Mais les cultivateurs des bords de l'Arno consacrent des parties convenables de leur sol à des prairies artificielles, comme la luzerne et le sainfoin qu'ils conservent cinq ans pour ne pas intervertir l'ordre de leur assolement. J'ai vu, même, certains cultivateurs obtenir deux produits dans une année sous ce riche climat en faisant succéder au froment immédiatement des fourrages consommés en vert, comme des vesces, du maïs, des dragées de pois, d'avoine et de fèves. Avant que les conseils donnés par l'immortel Tarello eussent été suivis, les plaines de l'Arno, si fécondes aujourd'hui, étaient régies par un assolement triennal avec jachère.

Je citerai encore un dernier exemple, bien frappant, qui démontre hautement la supériorité d'un assolement bien combiné sur la vieille routine. M. Dedelay Dagier acheta dans la plaine mal cultivée de Bayonne, près de Romans, une propriété d'une contenance de 88 hectares de terres arables et 4 hectares de prairies naturelles d'excellente qualité. Son régisseur, cultivant ce domaine aussi bien qu'il pouvait le faire, suivant la routine du pays, obtenait par an, en moyenne, 490 hectolitres de grains, dont le tiers en froment et le reste en seigle, en semant 125 à 130 hectolitres. Le produit des prairies naturelles nourrissait à grand peine les animaux employés aux travaux de l'exploitation.

M. Dedelay Dagier, surpris du mince revenu de son domaine, résolut de l'exploiter lui-même, en suivant d'autres combinaisons. *Il vendit ses prairies naturelles.* Cette première disposition étonna les uns et fit rire les autres. On appliqua à son système cet adage du pays : *Qu'un domaine sans prairies est un corps sans âme.* Il laissa rire et vendit 30 hectares de terres arables, ce qui réduisit son exploitation à 58. On jasa plus encore à ses dépens lorsqu'il assurait que les 58 hectares qui lui restaient, lui rapporteraient beaucoup plus que les 88 qu'il avait d'abord, joints aux 4 hectares de prairies naturelles. Il ensemença de suite le quart de son domaine en trèfle et en luzerne, multiplia ses fourrages progressivement. Six ans après, outre l'entretien copieux des animaux nécessaires à l'exploitation, il nourrissait 18 vaches à lait et récoltait 560 hectolitres de grains dont la majeure partie était du froment de première qualité.

Comme vous le pensez bien, mes amis, on ne rit plus de la détermination de M. Dedelay Dagier que suivirent bientôt, et à leur
grand avantage, les cultivateurs de la plaine de Bayonne.

Culture pastorale. — La culture qu'on nomme pastorale consiste à abandonner une partie d'une exploitation à des pâturages
plus ou moins permanents, qui permettant de nourrir une quantité
relative de bêtes à laine, ne peut convenir qu'aux climats humides favorables à la végétation de l'herbe. Sous notre climat trop
sec, ce serait s'exposer à des pertes assurées que de spéculer sur
un tel système, bien commode il est vrai, puisqu'il ne demande
que peu de travaux de culture. Je pourrais donner quelques
exemples près de nous qui prouveraient sans réplique la vérité
de mon assertion si je croyais avoir besoin de m'étendre plus
longuement sur ce système agricole.

Cependant le sol argilo-calcaire qui domine sur la plus grande
partie de nos coteaux, est arrivé à un état d'épuisement complet.
Je ne puis conseiller, pour relever ces terres appauvries, un système de culture pastorale que je considère comme impossible,
mais auquel on pourrait facilement substituer un système d'assolement avec pâturage qui pourrait être employé pendant quelques années pour rehausser nos coteaux ruinés par l'abus des céréales. Il faudrait commencer par purger le sol des mauvaises
herbes par des cultures sarclées, car les pâturages établis tout
d'abord ne feraient qu'augmenter le nombre des plantes nuisibles.

Un assolement décennal combiné comme suit pourrait parfaitement convenir à ces sols ruinés, et à en relever la valeur.
1re année vesces ou fèves; 2e haricots ou racines largement fumés; 3e froment; 4e pâturages; 5e idem; 6e idem; 7e froment
avec ou sans fumure; 8e fèves ou sarrasin; 9e haricots ou pommes de terre largement fumés; 10e froment.

A cause des difficultés que présente le transport des fumiers
sur les coteaux, cet assolement ne recevrait que deux bonnes fu-

mures en dix ans. Le repos de la terre serait représenté, sans travail, par trois années de pâturage, car il ne faudrait pas compter comme un revenu bien important l'avantage qu'il fournirait.

Ce moyen, qui serait loin d'être dispendieux, pourrait être entrepris de suite sans perte de revenu actuel, et qui s'accroîtrait beaucoup par ce système si simple.

Nous nous sommes assez étendus, je crois, sur les assolements; nous vous avons présenté assez de formules pour que vous puissiez choisir, en les modifiant suivant les circonstances, celles qui pourront le mieux vous convenir.

L'INSTITUTEUR.

Pour compléter notre instruction agricole, M. le commandant, ne trouveriez-vous pas convenable, si cela pouvait entrer dans vos vues, de nous donner votre avis sur l'élevage des bêtes à cornes dont la race est généralement chétive chez nous? Croyez-vous que nous pourrions obtenir au moyen de ce type les éléments d'une race robuste et suffisamment proportionnée à nos besoins, ou bien pensez-vous qu'il faille chercher le croisement en dehors pour l'améliorer? Le métissage amènerait-il chez nous des résultats aussi grands que dans certaines contrées?

LE COMMANDANT.

Les résultats de nos soirées seraient bien incomplets, mon cher ami, si nous ne disions quelque chose sur l'élevage des bêtes à cornes; aussi dois-je entrer dans quelques considérations sur ce point si essentiel et si intimement lié à nos progrès agricoles.

Il ne suffit pas, en effet, que l'agriculture produise beaucoup de grains pour que ses progrès soient satisfaisants. Elle doit produire beaucoup d'animaux; elle doit fournir non-seulement à la consommation de la partie de la population placée dans des conditions exceptionnelles, mais *il faut* qu'elle fournisse la viande à bon marché pour que la boucherie devienne accessible à toutes les conditions.

Le concours des bons assolements, de l'assainissement des terres, des lois utiles et praticables et des bons exemples amène-ront le progrès si désirable *tôt ou tard selon que l'impulsion donnée sera prompte, vigoureuse ou molle*. C'est là le rôle des comices cantonaux rôle qu'ils rempliront plus facilement que ne pouvaient le faire les comices d'arrondissement. Partout, remar-quons-le bien, les statistiques partielles ont fourni la preuve que l'amélioration des races bovines et ovines et aussi l'augmentation du nombre d'animaux ont constamment suivi les progrès de l'agriculture. Dans les départements où les assolements triennal, quadriennal ou autres plus élevés ont été adoptés, la race bovine s'y est le plus améliorée; au point que certains de ces départe-ments, comme nous l'apprend M. Bergasse dans ses conscien-cieuses recherches sur la consommation de la viande, qui four-nissaient en 1816 des bœufs dont le poids moyen n'était que de 320 kilogrammes, s'est élevé en 1833 à 426; poids qui s'est accru depuis. Si le croisement, l'introduction de races plus belles que l'espèce indigène et le métissage sont pour quelque chose dans le résultat signalé par M. Bergasse, l'abondance de la nourriture en est le plus puissant moteur. Ainsi, nos cantons non voisins des rives de la Garonne, qui, il y a trente ans, produisant peu de fourrages, ne voyaient jamais ni bœufs ni vaches des races agenaise ou bazadaise, et dont la race indigène était des plus chétives, comptent aujourd'hui un nombre important d'individus des deux premières espèces et ont considérablement amélioré la leur depuis que la culture des prairies artificielles et des fourrages de toute nature a été appréciée et a pris une extension qui aug-mente tous les jours. Quoique les progrès agricoles de notre contrée soient encore près de leur point de départ, l'amélioration est très-sensible. Cette courte marche ascendante cependant, ces progrès si nouveaux nous ont démontré déjà ce que nous devions attendre de progrès plus grands en agriculture.

Il y a vingt ans à peine, les bouchers de nos chefs-lieux d'arrondissement du midi et du sud-ouest abattaient des bœufs de temps à autre, et quelques-uns même au carnaval seulement. Maintenant, la plupart de nos chefs-lieux de canton sont arrivés dans l'échelle de la consommation à la hauteur où se trouvaient il y a trente ans les chefs-lieux d'arrondissement qui, à leur tour, ont suivi une marche ascendante proportionnelle.

L'agriculteur ne doit pas seulement chercher à obtenir de son exploitation un revenu relativement considérable. A mes yeux, l'adage suivant : *La meilleure agriculture est celle qui donne un revenu plus grand à la fin de l'année*, n'est pas la véritable appréciation de l'art en lui-même, ni de ce qu'une nation doit attendre des produits de son sol. Comme je vous l'ai déjà dit, mes amis, la meilleure, la plus haute agriculture est celle qui donne le *plus beau revenu en variant le plus* ses produits. L'acceptation du premier adage fait que pendant les années d'abondance des céréales, qui les rend à vil prix, les cultivateurs gênés n'ont d'autres ressources que leurs grains. C'est la seconde appréciation qui amènera l'équilibre dans le produit des céréales et permettra de recourir à d'autres ressources quand celles-ci auront manqué, ou que leur prix sera trop bas.

Dans une contrée comme la nôtre, si l'agriculture ne fournit pas largement à la consommation, non-seulement en céréales, en racines ou tout autre produit de la terre, mais encore en viande de boucherie, j'ai le droit de dire qu'elle est arriérée, car le bien-être général, le confort relatif de tous seront toujours la meilleure sauvegarde d'un État et de la société.

L'agriculture a été longtemps, trop longtemps sans doute, regardée par des esprits élevés comme un art secondaire qu'ils devaient abandonner aux intelligences médiocres. Maintenant ces préjugés disparaissent; la raison l'emporte sur l'apathie et l'incrédulité. Quelques efforts encore et les indolents resteront seuls isolés au milieu du mouvement progressif qui se manifeste. La persévérance, si nécessaire aux soins agricoles, apparaît sur bien des points; c'est le plus sûr indice d'un avenir fécond.

Après cette courte digression, nous allons causer un peu de l'amélioration de notre race et des moyens de l'obtenir. Trois se présentent : le métissage, le croisement ou seulement l'appareillage.

Métissage. — Ce moyen long, difficile et dispendieux, ne peut être entrepris que par de riches agronomes, disposés à faire de grands sacrifices dans l'intérêt de l'élevage, car ils ne devraient pas compter sur le résultat qu'ils auraient obtenu pour rentrer dans les dépenses que les essais auraient entraînées.

Le métissage consiste à obtenir une race nouvelle par le croisement de deux races distinctes. Le fameux éleveur anglais Bakewel, après des essais et des tâtonnements infinis qui le ruinèrent, parvint, avec des secours considérables que lui prodigua son gouvernement, à modeler comme à son gré des races nouvelles, admirables par leurs formes. Après lui, les frères Colling, ces sagaces continuateurs de ses principes, créérent la race de Durham, remarquable par l'énorme proportion des animaux et le peu de longueur de leurs cornes.

Il est facile de comprendre, d'après ce que je viens de dire, que le métissage ne peut se poursuivre que sur des fermes de l'Etat ou des fermes-modèles richement subventionnées.

Croisement. — Le croisement, qui a pour but l'amélioration d'une espèce indigène, au moyen de son accouplement avec une race voisine ou étrangère qui paraît supérieure, peut avoir des inconvénients selon qu'il sera plus ou moins judicieusement combiné.

D'abord, y a-t-il avantage à chercher à élever trop vite la taille des animaux, proportionnée au sol et à l'abondance de la nourriture? Evidemment non. Chercher le croisement d'une petite espèce avec la race agenaise, par exemple, alors que la nourriture ne répondrait pas à l'exigence des fruits, ce serait obtenir, sûrement, des sujets hauts, grêles, dont l'ampleur du thorax et le développement des poumons démontreraient bien vite le vice de constitution. Avant d'améliorer par le croisement l'espèce indigène, croyez-moi, mes amis, multipliez vos fourrages et assurez-vous d'une abondante nourriture pour les animaux que vous possédez déjà, pour arriver à nourrir largement des individus d'une espèce plus forte. Tous vos soins et toutes vos peines ne produiraient qu'un bien mince résultat, sans la prévoyance prudente que je viens de vous indiquer.

Y a-t-il avantage même, lorsque vous aurez augmenté sensiblement vos fourrages, à croiser la petite espèce gasconne avec la race agenaise ? Je ne le pense pas non plus. Ordinairement, nous possédons dans nos coteaux de petites vaches et nous cherchons, pour obtenir mieux, à les accoupler avec des taureaux d'une race supérieure. C'est un début vicieux, ne l'oublions pas. La nourriture que la mère donnera à son fruit sera toujours proportionnelle à sa taille, sauf de rares exceptions dont il ne faut pas tenir compte. Chez tous les animaux, le plus ordinairement, le fœtus est proportionné au développement des formes du père et recevra conséquemment une nourriture insuffisante, la mère étant comparativement petite.

LE MAIRE.

Ce que vous venez de nous dire, commandant, me fait ouvrir les yeux, et me découvre une faute qui eut pour moi des résultats dont je ne pus deviner la cause déterminante. Je vous demande la permission de vous interrompre un moment pour donner une explication qui ne sera pas sans utilité pour tous.

Il y a cinq ou six ans, je possédais une paire de vaches de race gasconne, petites, mais bien établies. Je les accouplai avec un taureau de même race qui n'était pas non plus de haute taille. Pendant deux ans de suite, mes vaches donnèrent des fruits qu'elles nourrirent à merveille, et dont le développement était remarquable à trois mois. Je crus mieux faire alors en les accouplant

avec un taureau de race agenaise, qui avait été primé à un concours agricole et qui était remarquable par sa haute taille et sa
forte constitution. Quoique les soins que je donnais à mes vaches
pendant la gestation ne fussent pas moindres qu'auparavant, les
veaux furent plus maigres de naissance que les premiers et ils
n'atteignirent jamais leur ampleur ; j'en retirai, enfin, un profit
moins avantageux, quoique le prix des veaux fût plutôt plus
élevé qu'inférieur. Depuis, j'ai remplacé ces vaches par d'autres
beaucoup plus grandes et plus fortes que j'ai accouplées cette fois
encore avec des taureaux de race agenaise. Ma réussite a été
meilleure que précédemment, les fruits sont les taureaux que
j'ai chez moi et que vous connaissez. L'année suivante, je ne trouvai pas à ma portée d'étalon de race agenaise, et j'accouplai mes
vaches avec un taureau de race gasconne bien fait, mais pas très-
grand. Les fruits que j'ai obtenus naquirent en bon état et se
sont constamment maintenus avec une supériorité marquée sur
les précédents. Ils sont en ce moment, quoique plus jeunes que
leurs frères, d'une valeur supérieure à ceux-ci. Le hasard m'a
donc conduit à mieux faire, car je n'avais nullement prévu ce
résultat.

LE COMMANDANT.

Les épreuves par lesquelles vous êtes passé, mon cher ami,
témoignent hautement en faveur de cette vérité : qu'il faut
que la femelle soit plus développée en proportion que le mâle ;
qu'autrement le fruit pécherait par l'harmonie de ses formes.
Voulez-vous continuer à améliorer les animaux que vous nour-
rissez? choisissez des mères grandes et bien constituées, l'ampleur
des formes du fruit dépendra beaucoup plus du père que de la
mère.

Aussi longtemps que nous conserverons notre petite race de
vaches, ne cherchons pas l'accouplement *en dehors*, c'est-à-dire
avec des étalons de races plus fortes. Améliorons celle que nous
avons, d'abord par une copieuse nourriture et au moyen d'éta-

lons indigènes convenablement constitués. Si nous augmentons suffisamment nos cultures fourragères pour nourrir des vaches plus grandes, ce qui pourrait facilement s'obtenir deux ou trois ans après le début d'un bon assolement, alors nous pourrions recourir à un accouplement *en dehors* et obtenir de bons résultats.

Appareillage. — L'appareillage ou l'accouplement des animaux d'une même espèce a pour but l'amélioration de cette espèce, lorsqu'il est fait avec soin, et une étude calculée sur les qualités et les défauts du père et de la mère. Les qualités de l'un doivent corriger les défauts de l'autre. Le choix de l'appareillage est donc d'une importance qu'il faut bien reconnaître ; car les formes visibles extérieures indiqueront toujours l'organisation interne. La santé, l'appétit des animaux et leur développement dépendra de la perfection et du volume du poumon. L'ampleur extérieure du thorax démontrera celle du poumon qui toujours lui est proportionnelle. Si le thorax est étroit, serait-il long, il indique que le poumon est peu développé; si, au contraire, le thorax a une largeur proportionnelle à la taille de l'animal, on peut compter que le poumon est ample et sain. Une poitrine large, des côtes rondes et arquées, des membres courts proportionnellement à la taille, un cou fort et peu allongé indiquent un animal fortement constitué et propre à l'engrais comme au travail. La poitrine étroite, de grands os et des côtes peu arrondies indiquent un animal mal nourri pendant sa croissance, ou auquel un vice de constitution empêche l'effet de sa nutrition.

Chez la femelle, on doit considérer encore l'ampleur du bassin; c'est-à-dire l'étendue comprise entre la réunion des os, des hanches et de la croupe. La largeur de cette cavité se reconnaît à la distance qui sépare les cuisses et au développement des hanches.

En accouplant ainsi, *en dedans* ou par appareillage, les individus aussi parfaits que possible d'une race, sans nul doute on obtiendra son amélioration assez prompte.

L'expérience que j'ai acquise par mes observations depuis bien des années me permet d'affirmer ce que j'avance. D'ailleurs, remarquons-le bien : le progrès que nous constatons depuis quelques années dans les produits de notre contrée est dû principalement à l'accouplement en dedans mieux observé et à une plus grande abondance de nourriture. Les étalons gascons, couronnés depuis vingt ans dans nos comices et choisis de préférence pour la propagation, ont produit un élan dont il faut maintenant activer la marche.

Il faudra s'arrêter à un moment donné, cependant, lorsque l'amélioration de notre espèce sera plus sensiblement élevée qu'elle ne l'est encore, et aura acquis un caractère permanent. Beaucoup d'éleveurs sont d'accord pour affirmer que l'excès de la propagation en dedans ou de l'appareillage finit par appauvrir la race. Alors il faudra avoir recours d'une manière générale à la propagation en dedans par l'accouplement avec des espèces franches et différentes de la nôtre.

LE RÉGISSEUR.

Vous savez, commandant, que sur le domaine que je régis se trouvent un nombre de vaches assez remarquables. Depuis bien des années déjà, j'ai recours, pour la reproduction, à des accouplements avec des étalons des races agenaise et bazadaise. J'ai obtenu de beaux fruits, sans doute, des étalons agenais, mais ceux provenus d'étalons bazadais ont été constamment plus remarquables que les premiers sous le rapport des formes et se soutenaient beaucoup mieux aussi avec une égale nourriture. Que pensez-vous, commandant, de mes observations à cet égard.

LE COMMANDANT.

La race agenaise, mon cher régisseur, est très-remarquable, sans doute, par le développement de sa taille et souvent aussi par la beauté de ses formes; mais une grande partie de ses sujets ont les jambes proportionnellement trop longues et les côtes peu arrondies. Les sujets, au contraire, de la race bazadaise ont les jambes courtes, le corps étoffé et ses formes presque toujours irréprochables. Les vaches et les bœufs de cette belle race sont plus sobres et plus vigoureux pour le travail que ceux de la race agenaise. Je n'hésite pas à dire avec vous, mon cher ami, que c'est là que nous devrions aller chercher nos étalons reproducteurs. Croisée avec notre race gasconne améliorée, comme sont les vaches de votre exploitation, on doit obtenir assurément une espèce remarquable, très-sobre, et dont les bœufs et les vaches, promptement endurcis au travail, fourniraient d'excellents attelages.

Étalon reproducteur ; choix. — Le point le plus essentiel pour arriver à l'amélioration de notre espèce bovine est le choix du taureau. Il doit avoir la poitrine large, le thorax très-développé, le cou épais et fort, la tête courte, le front large et crépu, les reins larges, les jambes courtes et droites, les pieds plutôt petits que larges, les hanches larges, la queue longue et fournie et le poil fin. Avec des formes aussi irréprochables que possible, sa taille doit être proportionnellement plus petite que celle des vaches qu'il doit féconder. Il peut saillir dès l'âge de 20 mois, mais pas avant cette époque : ses forces musculaires et ses dispositions au travail pourraient être très-compromises par des saillies précoces. Un taureau bien nourri, bien constitué, pourrait saillir plus de 60 vaches si les saillies étaient convenablement échelonnées, mais ordinairement ou lui en donne de 35 à 40.

Nous avons assez causé, je crois, mes chers camarades, de l'amélioration de notre race bovine. A notre prochaine réunion, nous dirons un mot du rut, de la gestation, du port, de l'allaitement, de l'élevage, de la nourriture, de l'engraissement et du travail des animaux.

TREIZIÈME SOIRÉE.

LE COMMANDANT.

Les génisses entrent souvent en chaleur à 20 mois ou 2 ans, mais on ne doit pas les faire saillir avant l'âge de 30 mois à 3 ans si elles n'ont pas été abondamment nourries et bien soignées depuis leur naissance. S'il en était autrement, et qu'elles entrassent fréquemment en chaleur, on peut alors les accoupler à 2 ans au plus tôt pour empêcher leur dépérissement ou qu'elles n'engraissent trop; car la privation du mâle, selon l'organisation de la génisse, produit l'un ou l'autre résultat, et fait aussi que, plus tard, elles refusent le taureau. L'éleveur doit s'en fier à sa sagacité sur ce point essentiel. Je dois ajouter aussi que le dépérissement de notre espèce a pour cause première la précocité de la saillie des génisses qui arrête, à sa moitié, la période de la croissance.

Les vaches bien entretenues, bien nourries, entrent souvent en rut 20 jours après le port. On doit attendre, cependant, un second rut, qui a lieu du 40me au 60me jour, pour ne pas les fatiguer outre mesure. Il ne faut pas laisser échapper le second rut sans les accoupler, de crainte qu'elles ne demandent plus le mâle, inconvénient que la négligence des éleveurs amène quelquefois et qu'on attribue mal à propos à d'autres causes. Si des vaches ne demandent pas le mâle vers le 60me jour après le port, cela tient à un excès de faiblesse ou d'embonpoint; on doit y remédier par un redoublement de soins et de nourriture dans le premier cas, par la diminution des aliments ou par le travail dans le second. Douze heures environ après le premier moment qu'une vache a manifesté son rut, on doit satisfaire son désir; plus tard, elle peut bien prendre le mâle, mais la fécondation est moins assurée.

Le signe sur lequel on se fixe généralement pour la plénitude des vaches, c'est qu'elles n'entrent pas en rut 20 jours environ après l'accouplement. Ce signe, néanmoins, ne doit pas en donner positivement l'assurance, car le signe certain dans les quatre premiers mois de la gestation est le renflement du ventre qui n'est bien apparent que du 4me au 5me.

Lorsque les vaches approchent de leur délivrance, on doit leur donner une bonne et saine nourriture, et ajouter des buvées à l'eau blanche de farine ou de son gras.

Si le fœtus ne se présentait pas bien au moment du port; si une jambe de devant n'était pas dans sa position naturelle; si la tête se montrait par l'oreille ou le haut, au lieu de se montrer par le museau, on peut, sans doute, remédier à ces accidents en introduisant la main dans la matrice avec adresse, et rétablir ainsi la position normale du petit; mais si on n'est pas assez expert, on peut déterminer des accidents graves; il est prudent d'appeler à la hâte un médecin vétérinaire, à moins d'*une nécessité absolue*.

Le plus souvent le port s'effectue naturellement; cependant, la présence d'un homme est toujours nécessaire pour éviter que la vache, en se couchant dans une mauvaise position, n'étouffe son fruit. On doit donc veiller le moment du port dont l'approche se manifeste par le gonflement des mamelles et de la vulve, et par deux petites cavités qui se forment à la partie supérieure de la croupe à côté des deux vertèbres de la queue et aussi, au dernier moment, par l'inquiétude de la vache qui s'agite et regarde souvent derrière elle.

Quand le veau est né, s'il doit être nourri par la mère, on le lui donne à lécher ; s'il doit être nourri au lait, il faut le lui enlever de suite.

Allaitement. — L'allaitement se pratique de deux manières, en faisant téter la mère ou en faisant boire du lait au veau. La première méthode est sans contredit la plus commode; mais il en résulte des inconvénients qui méritent que l'on prenne la seconde méthode en considération. Le veau peut être blessé, et il fatigue beaucoup la mère en frappant les mamelles à coups de tête, en essuyant le pis au-delà de ses besoins, ou, d'autres fois, en ne tirant pas assez de lait, ce qui expose la mère à des dépôts laiteux. Il faut donc constamment veiller pour éviter ces deux cas extrêmes. Ainsi, ce qui n'est pas un inconvénient pour les éleveurs soigneux, en devient un fort grave dans la plupart des étables; car les soins et la constance sont choses assez rares chez les éleveurs de nos contrées. Les heures où les veaux doivent être conduits à leurs mères sont rarement réglées, et l'on ne veille pas à ce que le veau tète trop ou ne tète pas assez. On doit, cependant, pour ne pas trop fatiguer la mère, éviter soigneusement le premier cas, et présenter le veau quatre fois au lieu de trois, si cela paraît nécessaire. Dans le second, il faut traire la vache pour que son lait se renouvelle selon les forces de la mère.

Un mois après la naissance du veau, pour soulager la mère, on ne lui présente son produit que deux fois par jour. Alors, à midi, on fait boire à ce dernier une buvée d'eau chaude mêlée à de la farine avec adjonction d'un peu de lait, si on peut se le procurer à l'exploitation.

LE RÉGISSEUR.

Permettez-moi, commandant, d'ajouter quelque chose à ce que vous venez de nous dire, en faisant connaître à mes collègues la méthode suivie à Pontoise, à Rivière et dans une partie de la Normandie, pour produire ces veaux de lait si beaux et si gras que l'on destine à la boucherie. Peu de jours après la naissance du veau, on commence à l'habituer aux buvées de farine de lait et d'eau chaude. Un mois après leur naissance, l'on sèvre complètement les veaux de leurs mères et l'on augmente progressivement la quantité de farine et de lait, de manière à arriver à leur faire prendre le lait de deux vaches, mêlé à de la farine d'orge, de pommes de terre , de raves écrasées. C'est ainsi que sont engraissés les veaux si remarquables qui arrivent journellement à Paris et connus sous la dénomination de veaux de lait de Pontoise et de Rivière.

LE COMMANDANT.

Dans le canton de Glocester, en Angleterre, si renommé par la beauté des veaux, on les engraisse à peu près de même. Le veau ne tète sa mère que pendant cinq ou six jours , on lui fait boire du lait écrémé chaud, mêlé à un peu de farine d'orge ou de lin , puis, après vingt jours , on l'engraisse, sans lait, avec des buvées de farines d'orge , de lin, de pommes de terre et de raves cuites, écrasées dans de l'eau chaude et remuées jusqu'à consistance de bouillie. A un mois et demi, ces veaux pèsent ordinairement 150 à 160 demi-kilogrammes.

Lorsqu'on veut éviter de faire téter le veau et que l'on veut le nourrir *au doigt*, c'est ainsi qu'on appelle ce mode , ordinairement, on éloigne le veau dès qu'il est né; puis, pour l'habituer à prendre lui-même sa boisson, on doit tremper les doigts dans le lait, les introduire dans sa bouche et lui mettre le museau dans le lait. Le jeune animal fera quelques difficultés , d'abord , pour se nourrir ainsi; mais bientôt , il attendra sa buvée avec impatience et la boira avec avidité. Durant les huit premiers jours, on doit donner le lait naturel de la mère ; après ce délai, l'on peut lui donner tout autre lait, même du lait écrémé mêlé à des farines ou des fécules. Après la première semaine, pendant laquelle le veau ne boit que le lait de la mère, on doit lui donner 7 à 8 litres de buvée par jour pendant la 2me semaine, de 9 à 12 la 3me ; enfin, de 13 à 15, à mesure que le veau prend des forces.

Élevage. — Nous ne sommes pas assez avancés dans la science de l'élevage , pour que nous puissions considérer dans quel but nous le faisons. La castration , cependant, a une très grande influence sur la destination de l'animal. Veut-on l'élever pour l'engraissement ? la castration doit s'opérer dans les deux premiers mois de son âge ; les Anglais la pratiquent même à un mois par la taille.

Dans ce cas, l'animal n'atteindra pas un fort développement des muscles et des os, mais l'engraissement devient plus facile et plus prompt. Si on le destine au travail, la castration doit s'opérer par bistournage de l'âge d'un à deux ans et demi au plus tard. On sacrifie dès-lors ses dispositions à l'engraissement, à un plus grand développement de forces musculaires qui le rend plus propre aux travaux des champs.

Dans l'état actuel de nos progrès agricoles, ce ne serait qu'exceptionnellement que nous pratiquerions l'élevage pour l'engraissement. Un jour viendra sans doute où, l'étendant davantage, nous pourrons ajouter à nos produits en élèves celui de l'élevage pour l'engraissement. Nos produits en fourrages et en racines sont si minimes encore que nous n'élevons en moyenne que le quart de nos veaux. Le reste est livré à la boucherie dès l'âge de 2 à 3 mois. J'ai cru devoir, néanmoins, vous parler un moment des buts de l'élevage, persuadé qu'un jour nous sortirons de notre mode si pauvre en produits.

C'est encore notre pénurie en fourrages qui nous fait mettre avant l'heure les jeunes bœufs sous le joug. Comment obtenir en effet des animaux une constitution robuste en leur demandant du travail à 2 ans et demi et en les assimilant à 3 à peine aux bœufs d'un âge avancé, tandis que l'on ne devrait pas les mettre sous le joug avant 3 ans et demi, leur demander un travail complet avant l'âge de 4 et demi ? Cette manière d'agir est une des causes premières de la faiblesse de nos attelages.

Il en est de même de nos jeunes vaches qui ne devraient jamais travailler avant leur premier port, et auxquelles on ne devrait jamais demander un travail trop pénible et trop prolongé pendant leur plénitude avancée et alors qu'elles allaitent. C'est beaucoup aussi à la méthode opposée, généralement suivie dans notre contrée, que nous devons l'appauvrissement de notre race bovine.

Un soin que n'ont pas ordinairement nos bouviers est celui de ne pas pousser les attelages qu'ils dressent, à une allure franche. Ils conservent toujours le pas qu'on leur a fait prendre dès le principe. Il est donc important de les accoutumer au début à une marche rapide qui ne les fatiguera pas davantage qu'une allure lente dès qu'ils en auront l'habitude. C'est avec douceur et patience que les bouviers doivent dresser et conduire ensuite leurs animaux. Les mauvais traitements influent d'une manière fâcheuse sur le caractère, la santé et conséquemment sur les forces de l'attelage ; c'est un défaut très-répandu, malheureusement, dont les bouviers doivent se corriger ; l'humanité, leur avantage ou celui du propriétaire, le leur commandent.

Nourriture. — Pour tous les agriculteurs, mais surtout pour ceux qui veulent se livrer plus particulièrement à l'élevage, il est nécessaire de savoir la valeur nutritive de tous les aliments. Quoique les nombreuses expériences qui ont été faites pour évaluer les parties nutritives des divers végétaux que consomment les animaux, présentent quelques différences, elles ne sont pas assez grandes, cependant, pour qu'elles puissent être prises en considération et faire douter un instant de leur valeur au point de vue de l'économie agricole.

Voici les formules le plus généralement adoptées :

Kilogrammes.

90	de trèfle ou sainfoin,	
89	de luzerne,	
92	de vesces,	
300	de paille de froment,	
225	de paille d'avoine,	équivalent à 100 kil. de foin.
230	de paille d'orge,	
300	de betteraves ou carottes,	
220	de topinambours,	

Kilogrammes.

300	de rutabagas,	
450	de raves ou navets,	
55	de maïs,	
60	d'avoine,	équivalent à 100 kil. de foin.
60	de sarrazin,	
55	d'orge,	
45	de fèves,	
50	de tourteaux de lin ou colza,	

Il est facile de donner aux divers aliments de plus grandes propriétés nutritives. Par le hachage du foin et de la paille, on obtient une valeur supérieure d'un sixième au moins. La cuisson
est indispensable pour les pommes de terre : qu'elles soient destinées aux animaux de travail ou à ceux que l'on engraisse. Les
raves, les turneps et les navets de toute espèce sont plus profitables aux animaux que l'on engraisse, lorsqu'on les fait cuire ;
mais si les buvées de toute nature sont plus profitables données
chaudes aux animaux soumis à l'engraissement, elles peuvent
être nuisibles à ceux de travail, à cause de la plus grande trans-
piration qu'elles déterminent.

Quelques agronomes ont combattu longtemps la cuisson des
aliments, se fondant, les uns sur la dépense du combustible, que
ne pouvaient compenser les avantages obtenus, les autres sur ce
que ce genre d'alimentation affaiblissait les organes digestifs des
animaux.

Les nombreuses expériences qui ont été faites aujourd'hui ont
parfaitement éclairé cette question ; et des aliments cuits et chauds
sont distribués aux individus des races bovine, ovine et porcine,
dans tous les pays avancés dans l'art agricole, comme dans le
nord de la France, en Angleterre, en Allemagne et dans quelques parties de l'Italie.

Vous m'avez dit quelquefois, mon cher régisseur, que dans
certaines contrées du nord de la France, au lieu de la cuisson, on

employait la fermentation. Voudriez-vous nous dire comment on opère et quels sont les avantages de cette opération ?

LE RÉGISSEUR.

Je vous ai souvent parlé, commandant, de la préparation des aliments des bestiaux par la fermentation. Je ne suis entré dans aucun détail à ce sujet : je vais le faire en peu de mots. — Cette opération exige beaucoup de soin ; aussi, beaucoup d'agriculteurs qui mettent en pratique ce mode de préparation, ne le font-ils que dans les années où les fourrages sont rares. Cependant il y a grand avantage à le faire tout l'hiver.

Cuisson des aliments par fermentation. — On fait construire des caisses d'un volume proportionnel au nombre d'animaux à nourrir. Ces caisses doivent avoir deux portes : l'une par dessus que l'on ouvre pour placer les aliments, l'autre sur un côté que l'on ouvre pour les sortir. On hache de la paille et du foin, ou tout autre fourrage avec des pommes de terre coupées en morceaux du volume d'une noix, que l'on mélange avec les fourrages, et l'on humecte le tas à mesure qu'il monte.

Pour 10 têtes de vaches ou de bœufs, chaque caisse doit contenir 4 hectolitres de fourrages hachés, $^1/_2$ hectolitre de pommes de terre humectées avec 60 litres d'eau. On distribue cette quantité matin et soir. Suivant les expériences nombreuses qui ont été faites, 7 hectolitres d'aliments fermentés valent 10 hectolitres d'aliments ordinaires.

En outre, on peut ajouter aux mélanges, avant la fermentation, des résidus de battage que les animaux ne mangeraient pas dans leur état naturel : tels que les siliques de colza, de navets, de pois, de fèves, de haricots, de gesses, etc., et qui leur profitent autant en état de fermentation que les autres fourrages avec lesquels on les mêle. En 60 heures, la fermentation est complète, et l'on distribue la ration aux bestiaux en la retirant de la caisse. Beaucoup d'éleveurs cependant n'attendent pas une fermentation aussi avancée et donnent les aliments, les uns après 36 heures, les autres après 48. D'après ce que j'ai vu de ce mode de procéder, je me rangerais volontiers du côté de ces derniers.

Pour la distribution à 36 heures, il faut 4 caisses; il en faut 5 à 48 heures de fermentation. Je vais m'expliquer aussi clairement qu'il me sera possible pour être bien compris de tous.

Supposons qu'un éleveur se détermine à donner des aliments fermentés dans les premiers jours de décembre :

Le 1er décembre, au matin, il remplira la 1re caisse ;

Le 1er décembre, au soir, il remplira la 2me ;

Le 2 décembre, au matin, il remplira la 3me ;

Le 2 décembre, au soir, il remplira la 4me ;

Enfin, le 3 décembre, au matin, il remplira la 5me.

Si l'on juge convenable d'arrêter la fermentation à 36 heures, le 2 décembre au soir, on distribuera la caisse remplie le 1er décembre au matin, que l'on remplira de nouveau pendant que les animaux mangent ce qu'elle contenait; et ainsi de suite sans interruption, matin et soir. Si, au contraire, on trouve la fermentation de 48 heures plus avantageuse, la première distribution ne se fera que le 3 décembre, au matin. A 60 heures, il faut 6 caisses. On donne aux animaux, en outre de la ration fermentée du matin et du soir, un peu de paille ou d'autres fourrages au milieu du jour.

Il ne faut avoir aucune inquiétude si les bestiaux refusent les aliments fermentés, dès le début. Devraient-ils rester 48 heures sans manger ou mangeant peu, l'on ne doit pas s'en étonner. Ils s'habitueront si bien, que plus tard ils refuseraient tout autre aliment pour manger ceux qui auraient subi la fermentation.

On a reconnu que les raves, les navets et les betteraves étaient peu appétés par les animaux après la fermentation et qu'ils subissaient une décomposition qui les faisait rejeter par les animaux. Quant à la nourriture soit des animaux de travail, soit de ceux destinés à l'engraissement, les betteraves doivent être données crues. Les raves ou navets seront donnés cuits à l'eau pour les animaux que l'on engraisse.

LE COMMANDANT.

Nous vous remercions, mon cher régisseur, des détails que

.15

vous venez de nous donner. Ils ont été bien compris, et la méthode de cuisson par fermentation que vous nous avez indiquée peut être facilement et avantageusement suivie : nous en ferons certainement notre profit.

Comparaison entre la consommation des fourrages verts et celle des fourrages secs. — Quelques agronomes , Thaër entre autres , ont fait des recherches sur cette importante question. Thaër est celui qui a élevé le plus le degré d'économie de l'emploi des premiers sur les seconds. Selon ce savant agronome, les fourrages verts se réduisent à 24 % de leur poids par un fanage bien fait. D'un autre côté , il assure qu'une quantité quelconque de fourrage vert, arrivé à un point convenable de végétation , équivaut à $^3/_8$ du même fourrage desséché, pour ses qualités nutritives. Il résulterait donc de ces études que 24 kilogrammes de fourrage vert, réduit en foin, ne pèseraient que 6 kilog., tandis que ces 24 kilog., consommés en vert, équivaudraient à plus de 8 kilog. de fourrage sec. Il y aurait donc économie d'un quart à consommer en vert plutôt qu'en sec, sans compter les frais de fanage. Cet agronome ne parle pas de la plus grande valeur du fumier produit par le fourrage sec, comparé à celui provenu de la consommation du fourrage vert. Cette différence est assez grande pour être appréciée. Sans doute aussi, trouverait-on un peu d'exagération dans le calcul de Thaër, parce qu'il a fait ses expériences dans le nord où le fourrage étant plus aqueux , perd beaucoup plus de son poids par la dessication que dans nos départements du sud-ouest. Nous nourrissons, en général, aussi longtemps que nous le pouvons, nos bestiaux à l'étable avec des fourrages verts, parce que c'est plus commode. C'est à l'éleveur à juger de l'avantage, selon les circonstances dont il est entouré.

Dans le pansage, il faut tenir compte du rapport qui existe entre les valeurs nutritives des divers fourrages, suivant le tableau que je viens de vous présenter, et distribuer les aliments, soit en poids, soit en volume, en ayant égard à ce rapport. Ainsi, par exemple, si un attelage se trouvait en bon état après avoir consommé, pendant un certain nombre de jours , 20 kilogrammes de luzerne, et que l'on substituât à cet aliment 20 kilogrammes par jour de foin, l'attelage dépérirait et ne ferait pas le même travail. La distribution des fourrages dans une étable convenablement dirigée, doit être faite en proportion des valeurs nutritives des fourrages. C'est là une observation importante sur laquelle on ne s'arrête pas assez généralement.

Quantité de nourriture nécessaire. — Cette question doit être considérée sous deux points de vue : la ration que j'appellerai d'entretien, qui serait celle nécessaire à un animal qui ne travaille pas, ou la ration d'hiver; la ration que j'appellerai active ou celle nécessaire à un animal qui travaille ou qui produit; comme la vache à lait.

Mathieu de Dombasle a établi que la ration d'*entretien* était proportionnelle au poids de l'animal.

Il faut nécessairement, pour être exact, combiner la nourriture avec l'exigence de la bête, car les besoins d'un petit bœuf ne peuvent être égaux à ceux d'un bœuf de plus forte proportion.

Ce que Mathieu de Dombasle a fait pour la race ovine, d'autres observateurs l'ont fait à l'égard de la race bovine. Il résulte de ces observations que la ration d'entretien d'une bête à cornes est de 800 grammes par 100 kilogrammes du poids de l'animal.

La ration active du même animal est de 1 kilog. 200 grammes, toujours par 100 kilogrammes de poids. De sorte que la ration d'un bœuf de travail est de 2 kilog. 200 grammes de foin ou 2 kilog. de trèfle ou sainfoin, etc.

Si la ration d'entretien reste toujours la même, il n'en est pas ainsi de la ration active, qui varie suivant la destination de l'animal. En effet, si un bœuf de travail demande 1 kilog. 200 gram. pour sa ration active et par 100 kilogram. de son poids vivant, un bœuf à l'engrais demandera 3 kilog. 450 gram. pour la sienne et par 100 kilog. aussi de poids vivant. La ration d'un bœuf qu'on engraisse sera donc :

Pour sa ration d'entretien... .... 0ᵏ 800ᵍ

Pour sa ration active............. 3   450

TOTAL............. 4   250 g. de foin
pour 100 kilog. de poids vivant.

Ces calculs et ces observations nous démontrent sans réplique que le développement des herbivores sera toujours en rapport direct de l'abondance de la nourriture, et que l'affaiblissement d'une race qui ne reçoit pas une ration suffisante, deviendra toujours plus grand, jusqu'au moment où l'équilibre se fera entre la ration et la force de cette race. De là aussi la conclusion rigoureuse qu'il faut, avant d'améliorer notre race par des producteurs d'une race plus forte, produire des fourrages, pour que nos granges puissent suffire à la ration active qu'exige une race plus forte que les nôtres. Ce serait arriver à un résultat diamétralement opposé que de chercher à améliorer notre race par des croisements avec une race supérieure avant de produire l'abondance des aliments.

Une fois l'abondance produite, un soin essentiel se présente avec elle : c'est celui d'une distribution suffisante, mais qui ne dépasse pas les besoins de l'animal. Si une suffisante nourriture soutient et améliore une race, une nourriture immodérée et déréglée serait la cause de son affaiblissement.

On doit apporter la plus grande régularité dans les heures de distribution et dans la quantité des aliments. Lorsque je vois des animaux se coucher et ruminer après leur repas, sans avoir achevé la ration qui leur avait été distribuée, c'est pour moi la preuve certaine que le bouvier chargé du pansage n'est pas expert et qu'il doit dépenser au-delà des besoins. La nourriture doit être distribuée peu à peu; tant que les animaux mangent promptement et avec appétit, on ne doit pas craindre de leur en donner ; mais dès qu'ils saisissent leur nourriture avec lenteur, ils sont saturés; on doit cesser alors la distribution , car une nourriture immodérée fatigue leur digestion et ne leur profite plus. En un mot,

la parcimonie et la profusion sont également nuisibles ; c'est
à l'œil du maître ou du fermier à surveiller ces deux inconvénients.

Moment propice pour l'emploi des racines. — L'emploi des
racines est essentiel, surtout pour ménager le passage de la nourriture verte à la nourriture sèche et vice versà. Ainsi, les betteraves, les raves ; les carottes , etc., doivent être réservées pour
ces deux époques, c'est-à-dire pour les mois de novembre et
d'avril. Au mois de novembre, on commence donc par donner aux
animaux des racines avec du fourrage sec et on diminue peu à peu
la quantité de racines pour que les animaux ne se ressentent pas
de la transition qui, trop brusque, leur est toujours nuisible. Au
mois d'avril, quinze jours environ avant la distribution des fourrages verts, on commence à donner des racines en procédant en sens
opposé aux distributions du mois de novembre, c'est-à-dire en faisant
le premier jour une petite distribution qu'on augmente graduellement jusqu'au moment du pansage en vert. La transition brusque de la nourriture sèche à la nourriture verte éprouve beaucoup plus les animaux que la transition contraire et affaiblit
considérablement leurs organes. Avec des précautions, on obvie
facilement à cet inconvénient.

Stabulation permanente. — Si la nourriture à l'étable que
l'on nomme aussi stabulation permanente, est impossible à
l'égard des animaux élèves , c'est celle qui convient le plus aux
animaux de travail pour lesquels le repas de l'étable est un
besoin, sauf une courte promenade dans les soirées d'été, lorsque
l'on a un pacage à portée, et en automne lorsque les travaux de
culture sont terminés. Dans les fermes bien dirigées, qui possèdent des vaches à lait, on a remarqué que la stabulation permanente était un progrès sensible et que la quantité et la qualité du
lait étaient très-supérieures à celles du lait provenant des vaches
qui pacagent.

La stabulation permanente présente encore des avantages que

l'on ne peut méconnaître. Le produit en fumier est de beaucoup supérieur ; on peut utiliser, sans déperdition, les fourrages au point convenable de maturité. Si le fauchage et le transport occasionnent quelques frais de plus que la consommation sur place, ils sont largement compensés par l'économie de fourrages qui est le fruit de cette méthode.

Les fourrages trop courts pour être coupés doivent être utilisés comme pâturages pour les bêtes élèves et par une sortie d'une heure, au plus, à l'entrée de la nuit, pendant l'été, par les vaches ou les bestiaux de travail.

Engraissement. — Les agriculteurs qui veulent se livrer à l'engraissement des bêtes à cornes doivent considérer l'âge des animaux pour éviter des mécomptes forts grands.

L'art de l'engraissement est beaucoup plus difficile que l'on ne le croit généralement et demande beaucoup de soins, de sagacité et d'expérience. Tous les animaux ne s'engraissent pas également bien ; il n'est donné qu'à très-peu de nourrisseurs de distinguer les qualités que doit avoir un animal pour arriver promptement à un bon état d'engraissement. Cette spéculation ne peut être donc avantageuse que pour celui qui sait acheter et bien vendre ; pour cela, il faut pouvoir juger du poids de l'animal dans les deux états.

L'âge de sept ans est celui où l'animal s'engraisse le plus promptement et conséquemment avec le moins de dépense. S'il est plus jeune ou plus vieux, l'engraissement est plus long et partant plus dispendieux. Pour les animaux qui dépassent plus ou moins l'âge de sept ans, il faut savoir calculer si le bon marché auquel on les obtient compensera seulement le supplément de dépense que l'âge avancé occasionne, ou rendra meilleure la spéculation.

L'engraissement des animaux au-dessous de sept ans ne peut être avantageux à moins que l'on puisse obtenir à bon marché des sujets vicieux ou tarés, pourvu que la tare ne nuise pas à l'engraissement.

En résumé, à égal mérite sous le rapport du développement et des qualités, et à prix égal aussi, il est plus avantageux d'engraisser une bête de sept à huit ans que d'un âge plus ou moins avancé. Le désavantage serait d'autant plus grand que la bête serait plus vieille ou plus jeune.

Les vaches s'engraissent aussi bien que les bœufs lorsqu'on prend une précaution qui active beaucoup l'engraissement, c'est de les faire saillir pour détruire les chaleurs qui ne manqueraient pas d'arrêter ou de diminuer le progrès de la graisse, lorsqu'elles se présenteraient.

Dans nos contrées méridionales, l'engraissement d'été hors de l'étable est à peu près impossible : il ne peut être pratiqué que dans des climats humides et sur de riches pâturages comme le sont les prairies de la Loire, de Saône-et-Loire, de l'Allier et de la Nièvre qui nourrissent l'une de nos plus célèbres races, la race charolaise. Ces beaux pâturages ont reçu le nom de *prés d'embouches*.

L'engraissement ne peut donc se faire qu'à l'étable, soit pendant l'hiver avec des fourrages secs, des racines, des tourteaux et des grains, soit pendant l'été avec des fourrages verts avec adjonction de fourrages secs, de graines et de tourteaux.

Est-il plus avantageux de pousser à l'extrême l'engraissement des bêtes à cornes dans notre contrée ? Je ne le pense pas. Les derniers progrès de la graisse coûtent incomparablement plus chers que les premiers. Trois degrés distinguent habituellement les bœufs de boucherie ; on les divise en bœuf en chair, bœuf gras et bœuf fin gras. Le bœuf en chair coûterait relativement peu pour arriver au second degré, il y a avantage à l'y pousser. Le bœuf déjà gras coûte beaucoup pour arriver au fin gras ; il y a désavantage à l'y amener. Rarement, quelquefois peut-être au carnaval, l'engraisseur serait récompensé de ses soins et de sa dépense. Ces calculs ont été faits souvent par des hommes très-compétents ; ce serait s'exposer à des pertes sûres que de nier leur évidence.

La distribution des aliments aux animaux à l'engrais se fait en deux fois : le matin et le soir. Il leur faut le plus de repos possible; car il hâte puissamment l'engraissement. Une demi. obscurité, une température égale et une propreté soutenue sont encore des conditions qu'il ne faut pas négliger. Nous devons ajouter, cependant, que le plus souvent c'est le contraire qui a lieu. Les bestiaux à l'engrais sont placés dans les mêmes étables que ceux de travail et l'on se figure qu'on ne doit pas les étriller; c'est une grande erreur dont il faut promptement revenir.

M. Alphonse Bergasse, dont je vous ai parlé, auteur d'un ouvrage sur la consommation de la viande très-estimé, nous dit que pour avoir le poids net d'un bœuf au crochet, on doit le peser vivant, prendre la moitié de ce poids et ajouter au poids net un sixième en sus de cette moitié. Le reste représentera ce qu'on appelle les issues, c'est-à-dire la peau, le suif, la tête, le bas des membres, etc. Ainsi, pour un bœuf qui pèserait 500 kilogrammes, vivant, on prend la moitié qui est 250 kilogrammes, on ajoute 50 kilogrammes qui est le 6me en sus de 250 et on aura pour le poids net du bœuf 300 kilogrammes. Ce calcul est basé sur le poids des bœufs très-gras. Mais les bœufs, en général, conduits à l'abattoir, ne fournissent pas une moyenne aussi élevée; elle est établie en ajoutant le 10me seulement à la moitié du poids du bœuf vivant.

Dans nos contrées en général, on établit ainsi le poids des bœufs. — Pour un bœuf en chair pesant 400 kilog., vivant, on prend la moitié $= 200$ plus le 12me ou 16 kil. 700 gram. — Total du poids net : 216 kil. 700 gram. — Pour un bœuf gras, pesant 500 kil., vivant, on prend la moitié $= 250$ plus le 9me 27 kilo. 700 gram. — Total du poids net : 277 kil. 700 gram. — Pour un bœuf fin gras, pesant 500 kil., vivant, on prend la moitié $= 250$ plus le 6me, 41 kil. 500 gram. — Total du poids net : vivant, 291 kil. 500 gram.

Il est très-difficile de juger à la vue et au toucher du poids d'un animal; aussi, serait-il avantageux pour l'acheteur et plus sou-

vent pour le vendeur de peser l'animal et d'opérer la vente au
poids ; c'est pourquoi l'établissement d'un bascule pour le pe-
sage des animaux engraissés serait très-utile dans toutes les localités où se fait un commerce important de cette branche de notre
richesse agricole.

Travail. — Il n'est pas nécessaire que nous discutions sur les
modes divers d'atteler les bœufs. Sans exception, dans nos contrées, on a adopté celui de les accoupler au joug. Le collier, que
je sache, n'a jamais été essayé. Je dirai seulement que, s'il présente quelque avantage, comme celui de faire marcher les bœufs
plus vite et de pouvoir atteler un seul bœuf, par exemple, il
présente de nombreux inconvénients dont le plus grand, à mes
yeux, est de faire perdre une assez grande somme de forces. On
obtient généralement des bœufs une parfaite soumission si on les
traite avec douceur. Pour obtenir ce résultat, les propriétaires
doivent apporter une active surveillance, car il n'est pas de
défaut plus grand chez un bouvier que celui de les traiter avec
dureté. Le travail s'en ressent beaucoup plus que l'on ne le
croit généralement, et les animaux maltraités ne profitent jamais
bien ; il en résulte une perte évidente sur leur valeur. Le caractère et la santé des bœufs dépendent des traitements qu'on leur
fait subir.

L'allure franche des bœufs dépendant entièrement de celui qui
les a domptés, il en résulte une différence extrême dans leur
marche ; aussi, sur une exploitation où il y a plusieurs attelages,
on devrait les séparer pour le travail, car la lenteur de l'un arrête
considérablement la marche des autres. L'avantage journalier qui
en résulterait serait plus sensible que l'on ne pense à la fin d'une
saison et pourrait sûrement surprendre si on le calculait. Les
attelages mêmes, seraient-ils de même allure, que leur séparation
est importante encore, à cause des retards continuels produits
par le dérangement de quelques pièces de la charrue que les
bouviers rétablissent les unes après les autres.

Généralement encore, dans les longues journées du printemps, de l'été et d'une partie de l'automne, on tient trop longtemps les bœufs sous le joug. Il serait beaucoup plus avantageux de faire deux attelées, l'une le matin, jusqu'à la chaleur, et l'autre le soir, lorsqu'elle a diminué. Les mêmes heures d'attelée, ainsi divisées, produiraient plus de travail, et la santé des animaux y gagnerait considérablement.

Race ovine. — Nous avons épuisé, je crois, tout ce qu'il était nécessaire de dire au sujet de la race bovine ; nous allons maintenant entrer dans quelques courts détails au sujet de la race ovine qui, pour nos contrées, n'a pas une aussi grande importance que la première, puisque plus l'agriculture progresse dans un pays, plus diminue l'élevage des bêtes à laine. Dans un pays où l'agriculture est encore dans l'enfance, règne la première période, celle de l'industrie ovine; témoin une grande partie de l'Espagne où, sur plusieurs points, des fortunes assez importantes consistent en troupeaux. Dans ce pays, un voyageur peut faire souvent plusieurs lieues sans trouver d'autres végétaux que ceux venus spontanément. Aucune culture ne décèle l'industrie agricole des habitants, même au milieu de plaines d'un sol riche ou de coteaux qui n'attendent que des bras pour les enrichir. Des troupeaux de plusieurs milliers de bêtes à laines réunies à quelques centaines de chèvres paissent paisiblement au milieu de ces contrées. J'ai vu, moi-même, un troupeau de 20,000 têtes traverser un peu en deçà de Lerma la route de Bayonne à Madrid. A mesure que l'industrie agricole pénétrera dans ces riches contrées, le nombre des troupeaux diminuera pour demeurer stationnaire au point qu'exige les besoins du pays. L'industrie des bêtes à laine, à proprement parler, ne peut être très-avantageuse que dans ceux où l'agriculture est arriérée, ou sur les exploitations très-étendues et peu fertiles. Ce que j'avance semble se confirmer par l'importation toujours plus élevée des laines exotiques.

Dans nos contrées, l'industrie ovine tend plutôt à diminuer qu'à augmenter ; nous n'avons donc que peu de choses à dire sur cette question ; aussi je crois rationnel de ne traiter que d'une manière laconique les points les plus essentiels.

Amélioration de nos races, avantages qui doivent en résulter. — Le prix des laines, au lieu de grandir, non-seulement ne reste pas stationnaire, mais tend à baisser tous les ans. C'est donc à l'abondance de l'alimentation que nous devons viser et, par suite, à la production de la graisse. Nous ne pouvons y parvenir que par l'amélioration de nos races qui peuvent être classées, il faut l'avouer, au plus bas de l'échelle. Du bélier doit dépendre surtout l'amélioration de nos troupeaux, puisque ses qualités se reproduisent chez 30 sujets, au moins, tandis que la brebis ne les communique qu'à un seul. Si nous ne pouvons avoir de nombreux troupeaux, faisons choix du moins de productions dont les formes soit celles de l'aptitude à l'engraissement, ou dont les toisons de qualités très-supérieures présentent de grands avantages, mais cependant, sans mêler les espèces propres à l'engraissement et celles qui fournissent de fines et riches toisons, car les unes et les autres ont leur aptitude particulière qu'il serait dangereux de confondre par le croisement.

Je ne puis vous donner que des idées générales sur l'industrie des bêtes à laine, mes amis, je vais donc avoir recours à la complaisance de notre cher régisseur qui voudra bien, je l'espère, nous initier à l'élevage et aux moyens d'amélioration de la race ovine qu'il connaît mieux que moi.

LE RÉGISSEUR.

Je vais tâcher, commandant, de suppléer par ce que vous appelez ma complaisance, au savoir qui n'est pas assez complet, quoique je me sois occupé, comme vous le savez déjà, de l'élevage des bêtes à laine.

La modicité du prix des laines a engagé les agriculteurs du

Nord à suivre la marche des Anglais qui, depuis longtemps déjà, ont dirigé leurs études ovines vers l'amélioration des races propres au produit de la viande et du suif. Des essais ont été faits depuis quelques années sur quelques points de la France méridionale, et tout fait espérer de très-bons résultats, quoique quelques agriculteurs aient échoué dans leur tentative. Cette non-réussite est due, probablement, au défaut d'une alimentation suffisante, car l'abondance de la nourriture est la première condition du succès.

La race mérine pure, si prônée il y a quarante ans, environ, reçut d'abord un accueil très-favorable. Cela devait être, à une époque où les laines fines offraient un très-grand bénéfice. Leur prix ayant considérablement varié depuis, on a dû chercher à rétablir l'équilibre entre les dépenses qu'exige une race aussi délicate que la race mérine et la valeur des laines. On a cru trouver ce moyen dans le croisement du mérinos avec une autre race plus précoce pour l'engraissement, plus productive pour la viande : à la race anglaise *Dishley*. De là les races déjà connues et justement vantées de *Dishley et Rambouillet* et de *Dishley et Manchamp*. Quant à l'introduction de la race anglaise à longue laine, elle n'a pas donné de bons résultats jusqu'à présent, et l'on croit généralement que la réussite sera toujours difficile à cause du régime qu'elle exige.

Age. — C'est par l'inspection des dents que l'on distingue l'âge des bêtes à laine. Les agneaux ont huit dents pointues qu'ils conservent intactes jusqu'à l'âge d'un an à un an et demi. A cette époque, ces animaux perdent les incisives du milieu qui sont remplacées par deux dents plus larges et plus plates, puis d'année en année, ils en perdent deux, une de chaque côté de celles tombées d'abord. Quand tombent les deux dernières, c'est-à-dire celles des coins, ils sont entrés dans la cinquième année. A mesure qu'elles tombent, les dents incisives sont remplacées par des dents larges comme les premières. Plus tard, l'expérience indique, plus ou moins bien, l'âge des bêtes à laine. Pendant la première année, les jeunes animaux conservent la dénomination d'agneaux et d'antenois pendant la deuxième.

Accouplement. — L'agnelage dans nos contrées se produit dans le même troupeau, pendant une série de jours beaucoup trop séparés les uns des autres; circonstance qui augmente la difficulté des soins et diminue l'avantage des ventes. Cet inconvénient résulte de l'habitude qu'ont les agriculteurs, en général, d'abandonner le bélier au milieu du troupeau ; il se fatigue beaucoup et souvent inutilement. Le plus avantageux des modes d'accouplement est celui désigné sous la dénomination de *monte à la main* qui se pratique dans toutes les bergeries où ont été introduits les bons procédés. Il consiste à enfermer séparément les béliers et à leur amener les femelles en rut. Pour les distinguer, on conduit deux fois par jour, au milieu du troupeau, un bélier chercheur, auquel on met un tablier pour empêcher la saillie.

Ce mode a le triple avantage : 1° de fixer l'époque de la la monte, de manière à ce que les brebis mettent bas au moment le plus convenable, celui où les herbes offrent une nourriture plus abondante que pendant l'hiver ; 2° d'économiser sur les soins et la nourriture des béliers, car au moyen de la monte à la main, le bélier peut facilement saillir jusqu'à 70 brebis, tandis qu'un troupeau de 40 est souvent trop fort pour un bélier en liberté ; 3° de pouvoir accoupler en associant, comme il convient, les formes et les qualités des brebis et du bélier. La monte doit être faite de manière à ce que l'agnelage s'accomplisse du 15 février au 15 mars, ou, au plus tôt, du 1er février au 1er mars. Chacun sait que les brebis portent 5 mois. Dix à douze jours avant l'époque choisie pour la monte, on donne aux béliers une ration de grains, puis on continue pendant la durée de la monte.

Pendant toute la gestation les brebis doivent recevoir un supplément de nourriture qu'il faut augmenter à mesure qu'elles arrivent au terme.

Les brebis antenoises bien constituées peuvent être accouplées sans inconvénients; cependant presque dans toute notre contrée elles le sont sans considération de force ou de faiblesse, et ce n'est pas là la moindre cause de la dégénérescence de notre race.

Agnelage. —Chez la plupart des agriculteurs de notre contrée on ne porte pas plus de soins aux troupeaux pendant l'époque de l'agnelage que pendant tout autre moment; elle en exige cependant de très-grands. Au moment de mettre bas, les brebis doivent être séparées du troupeau et placées dans des étables où on les laisse quelques jours avec leurs agneaux. On doit donner un peu de lait de vache aux agneaux faibles si cette faiblesse venait de celle des mères, ou si celles-ci n'avaient pas suffisamment de lait. Les agneaux commencent à manger, dès l'âge de 25 à 30 jours, des grains écrasés ou grossièrement moulus et du foin très-tendre et bien fin.

Dans nos fermes, la castration des mâles s'opère à l'âge d'un an environ, tandis que l'on devrait la pratiquer à celui d'un mois et demi ou deux mois, par l'arrachement des testicules, opération facile à cette époque. Les formes des jeunes bêtes se développeront mieux et ils acquerront ainsi les qualités propres à l'engraissement. A l'âge de 3 mois et demi l'on commence à préparer le sevrage des agneaux, en augmentant d'un jour à l'autre, jusqu'à quatre mois la séparation des agneaux de leurs mères pour la compléter alors en les séparant, pour qu'ils s'oublient entièrement. Lorsque les agneaux tètent plus longtemps leurs mères, celles-ci en sont fortement éprouvées, et les agneaux eux-mêmes ne se trouvent pas bien d'un allaitement trop prolongé.

Pour compléter les soins d'une bergerie et arriver à l'amélioration de l'espèce, on doit avoir un registre qui constate la filiation de chaque individu du troupeau auquel est attribué un numéro d'ordre.

En pesant au besoin les toisons, en comparant leur qualité, en examinant les formes des animaux, on peut se convaincre si les croisements essayés ont donné un résultat assez satisfaisant pour continuer ; on doit avoir recours à d'autres si le résultat ne répondait pas aux vues de l'éleveur.

Nourriture. — Dans la plupart des fermes de nos contrées les troupeaux sont nourris au moyen de ce qu'ils recueillent au pâturage joint à un peu de paille ou de chaume qui leur est distribué le soir. Pendant les jours de pluie, cette distribution a lieu deux fois par jour. Il est impossible qu'avec un régime aussi insuffisant on puisse obtenir une amélioration quelconque dans le troupeau. C'est le plus souvent au défaut de soins et de nourriture qu'il faut attribuer les maladies qui les déciment. Le pâturage d'hiver est toujours insuffisant pour l'entretien d'un troupeau, si l'on n'ajoute pas une ration de foin ou son équivalent en racines ou en fourrages.

Pendant les jours de mauvais temps, qui ne permettent pas la sortie du troupeau, une bête du poids de 26 kilog. doit recevoir une ration de la valeur de 1 kilog. de foin et la moitié de cette quantité pendant les jours de sortie. Supposons que la durée de la nourriture d'hiver soit de 5 mois, et que les mauvais jours représentent les $^2/_5$; pendant 90 jours, chaque animal consommera 45 kilog. et 60 kilog. pendant les mauvais jours. Il en résultera pour les 5 mois d'hiver, 105 kilog. ou 2 quintaux 10 livres de dépense par tête. La ration doit être accrue en raison du poids de l'animal et dans les mêmes proportions que pour les bœufs. Si l'on distribue de la paille, elle ne doit entrer que pour moitié dans la ration journalière, non pas en poids, mais en ayant égard à sa valeur nutritive comparée à celle du foin.

Gardien. — Les bons gardiens sont rares et c'est, je crois, un des motifs qui amènent la diminution des troupeaux sur les grands domaines, à cause du dommage considérable qu'ils causent lorsqu'ils sont mal gardés. Sur les petites propriétés ils sont confiés, le plus souvent, à des enfants qui font payer fort cher, par leur négligence, les produits que le propriétaire retire du troupeau.

On ne doit pas craindre de payer un fort gage à un bon berger, lorsque l'importance du troupeau peut le permettre. Le maître, en outre, devra surveiller son garde. Le meilleur est encore enclin à la rapine, non à son profit, car je n'entends le vol, mais au profit de son troupeau qu'il tient toujours à ramener bien repu, serait-ce même au dépens d'un dommage considérable, surtout si le propriétaire ne fournit pas assez abondamment à la nourriture de ses troupeaux. Il est aussi de l'intérêt du maître de procurer au berger un ou plusieurs bons chiens selon l'importance de son troupeau.

Parcage. — Le maître peut avoir recours au parcage lorsqu'il le juge avantageux dans la saison des chaleurs; mais il doit veiller, pour la santé du troupeau, à le faire retirer lorsque le temps ou la terre sont humides et prévenir les orages. Certaines races délicates, comme les mérinos, par exemple, craignent beaucoup la mouillure. On compte qu'il faut à chaque tête un espace de 60 centimètres carrés pour les parquer à l'aise.

Profits. — Comme pour toutes les entreprises agricoles les profits sur les troupeaux peuvent varier beaucoup suivant une infinité de circonstances; néanmoins je ne crois pas qu'il en soit de plus assurés que ceux que présente un troupeau de bonne qualité convenablement nourri et soigné.

Une brebis commune et de taille un peu forte donne, en moyenne, en laine, agneau ou fumier, un produit de 17 à 18 francs : si l'agneau n'est pas vendu pour la boucherie, il vaudra 8 francs à la fin de l'année de sa naissance et produira l'année suivante, comme antenois pour accroissement de valeur, à la fin de l'année 6 francs; sa toison vaudra 5 francs; il produira en outre pour 2 fr. 50 c. de fumier : total, soit 13 fr. 50 c. Il vaudra à la fin de l'année 14 fr. après avoir peu consommé encore.

Comparons maintenant le produit à la dépense. Nous avons dit qu'une brebis consommerait, durant cinq mois d'hiver, 2 quintaux 10 livres de foin ou son équivalant en racines, en grains, en fourrage ou en paille, à 2 fr. 50 c. le quintal = 5 fr. 25 c. Pendant le cours de la belle saison, supposons 60 jours mauvais qui ne permettront pas à la brebis de trouver au-dehors sa nourriture complète ; il lui faudra un supplément de 80 demi-kilog. de foin environ : 40 demi-kilog. pour 20 jours supposés très-mauvais à 1 kilog. par jour, et 40 demi-kilog. pour les autres 40 jours où la brebis pourra recueillir une partie de sa nourriture, soit 2 francs. Evaluant à 2 francs environ la valeur de la litière, nous trouvons au total une dépense de 9 fr. 25 c.

L'INSTITUTEUR.

Croyez-vous, mon cher régisseur, que les animaux de la race mérinos présentent plus d'avantages que notre forte race du pays ?

LE RÉGISSEUR.

A celui qui tiendra à un revenu facile et qui n'aura pas à sa disposition une grande quantité de fourrage, je conseillerai de s'en tenir à la bonne race du pays. Chaque tête de mérinos pourra donner un produit supérieur de 5 francs environ, à celui de la race commune, mais la plus abondante nourriture qu'exige la race mérinos, les soins incessants dont il faut l'entourer, rendent le profit net inférieur au premier.

Un agriculteur qui possède beaucoup de fourrages, qui a les moyens de construire une bergerie convenable et qui voudra obtenir des animaux à fortes proportions et destinés à produire la viande avant la laine, devra choisir de forts mérinos qu'il accouplera avec les Dishley, comme nous l'avons déjà dit. S'il réussit bien, il n'y a pas de doute qu'il trouvera des avantages que ne pourra jamais présenter la race du pays.

Je lui conseille, cependant, de ne pas commencer avant d'avoir obtenu sur son exploitation une quantité de fourrages proportionnée au nombre de son troupeau, et d'avoir établi sa berge-

16

rie avec toutes les conditions obligées; car il serait entraîné vers des déceptions qui l'arrêteraient sur la voie qu'il voulait suivre. Il vaut cent fois mieux retarder, pour arriver plus tard avec plus de sûreté à une réussite complète.

LE COMMANDANT.

Je vous remercie au nom de tous nos collègues, mon cher régisseur, des détails que vous venez de nous donner. Ils suffisent à l'importance qu'a dans nos contrées l'industrie des bêtes à laine.

Nous allons nous séparer, mes chers amis, et à notre prochaine réunion nous causerons du drainage ou de l'assainissement des terres, une des plus importantes des opérations agricolés.

QUATORZIÈME SOIRÉE.

—

LE COMMANDANT.

Drainage, assainissement de terres. — L'assainissement des terres est depuis longtemps pratiqué en France sous des formes et des noms différents. Je l'ai vu exécuter dans le département de l'Yonne, au moyen de fossés d'un mètre de profondeur environ, au fond duquel on plaçait deux rangées de pierres de la hauteur de 12 à 15 centimètres, qu'on recouvrait d'une autre pierre placée à plat. Ce mode d'assainissement auquel on a donné le nom de raie couverte, je l'ai pratiqué moi-même dans des circonstances et avec des résultats que je tiens à faire connaître. En 1844, je devins propriétaire d'un champ connu comme peu productif; sa réputation était bien méritée, car il ne produisait jamais plus de 4 pour 1 et quelquefois moins. Je crus pouvoir remédier à cet état de choses au moyen de transports de terre qui lui donneraient une pente uniforme. Après cette opération peu coûteuse faite avec une ravale, en grande partie, au printemps de 1845, le champ assez profondément labouré après le terrage, reçut deux autres labours et deux hersages dans le cours de l'été, et fut de nouveau semé en froment dont le produit ne s'éleva qu'à 6 pour 1, résultat bien inférieur à celui que j'attendais; car le sol arable ne me paraissait pas de mauvaise nature quoiqu'il contînt un excès d'alumine qui le rendait assez compacte. En entrant dans le champ au moment de la moisson, je m'étais aperçu que sur plusieurs points du champ le froment n'avait fourni que des tiges très-frêles et rares. J'attribuai ce résultat à l'état constamment humide du sous-sol. L'eau qu'il contenait, en venant s'évaporer à sa surface par l'effet de la capillarité, devait nécessairement le refroidir considérablement, au printemps surtout, et déterminer l'étiolement des plantes. Je fis marquer, avec soin, les points où cette action s'était le plus manifestée. L'hiver suivant, je fis ouvrir un fossé de la profondeur de 1 mètre 20 centimètres et d'une largeur suffisante pour qu'un homme pût jeter la terre au dehors. Ce fossé fut établi vers le milieu du champ et de haut en bas. Je fis creuser ensuite plusieurs fossés d'écoulement de la même profondeur que le premier, lesquels, passant par les points humides venaient déboucher au fossé principal avec une pente suffisante. Au fond de ce dernier je fis établir un petit aqueduc en pierres sèches; les autres furent remplis de cailloux et de pierres concassées à la hauteur de 25 centimètres et le tout fut immédiatement recouvert de terre. Très-peu de jours après que ce travail fut achevé il se manifesta un écoulement sensible qui grandit bientôt, se prolongea jusqu'aux grandes chaleurs, pour diminuer à cette époque et reprendre à la fin de l'automne avec la même intensité qu'au printemps. Ce champ, bien préparé à la sortie de l'hiver, reçut une culture de maïs qui donna un assez bon produit.

Il fut semé au mois d'octobre en froment, dont le produit s'éleva, cette fois, à 10 pour 1. Dès la première année, je fus largement soldé de mes soins, puisque le coût de ce drainage ne s'éleva pas à 50 fr. Cette opération ayant rendu les soins et les labours beaucoup plus faciles, le succès a encore grandi depuis.

Un propriétaire de l'arrondissement de Castelsarrasin a pratiqué un autre mode de drainage dont les résultats ont été consignés dans un rapport que ce propriétaire lut aux membres du comice agricole de Castelsarrasin, dans sa séance du 30 avril dernier, dont je vais vous donner un extrait.

Cette expérience affirmative de toutes celles qui ont été faites en ce genre, militera encore en faveur de l'élan déjà donné et aidera à convaincre les plus incrédules que le drainage, dans un temps peu éloigné, sera regardé comme une des opérations les plus indispensables de la science agricole.

L'auteur [1] du rapport s'exprimait ainsi : « Si jamais une ques-
« tion d'à-propos s'est présentée aux méditations des comices
« agricoles, c'est, sans contredit, celle dont se préoccupent à un
« si haut degré, aujourd'hui, les agronomes de l'Europe occi-
« dentale : c'est vous dire que je viens vous entretenir du drai-
« nage. Cet art, importé depuis peu de l'Angleterre avec ses nou-
« veaux perfectionnements, est appelé, en effet, à rendre les plus
« grands services à l'agriculture. Dérivé du mot anglais *drain*,
« qui signifie égout, le drainage comprend toutes les opérations
« qui ont pour but de faciliter ou de donner un écoulement arti-
« ficiel aux eaux stagnantes, de manière à assainir le sol im-
« prégné de cet excès d'humidité qui fait le désespoir de l'agri-
« culteur, en transformant le terrain le plus riche en stériles
« sillons.

« Le sud-ouest de la France, et principalement notre contrée,
« retirerait une amélioration immense de cette pratique agricole,
« qui, faite sur une grande échelle, augmenterait considérable-
« ment nos produits. Mais, il faut bien le dire, de longues années
« se passeront encore avant de faire comprendre à nos cultiva-

---

[1] Rapport présenté par M. de Thèze ainé, propriétaire, à Belleperche.

« teurs et aux propriétaires eux-mêmes l'importance qui s'atta-
« che dans ce pays, cependant éminemment agricole, à l'intro-
« duction du drainage perfectionné, si le pouvoir ne nous
« communiquait pas cet élan si nécessaire pour en populariser
« l'usage.

« Le moment ne saurait être plus opportun pour répandre
« cet art utile, si fort encouragé par nos voisins d'outre-Man-
« che ; car quel est celui d'entre nous qui n'a pas eu à souffrir,
« l'an passé, de la surabondance de l'humidité causée par les
« pluies continuelles du printemps? Dans plusieurs autres ré-
« gions de la France, l'on a attribué aussi au long séjour des
« eaux pluviales sur les terres ensemencées, la médiocrité de la
« dernière récolte de céréales. C'est en nous livrant donc avec
« ardeur à l'assainissement du sol, cet autre nerf de l'agricul-
« ture, que nous éviterons le retour de pareilles calamités.

« Le drainage ordinaire, c'est-à-dire selon l'ancien système,
« que je pratique depuis longtemps avec un succès qui ne s'est
« jamais démenti, se borne, comme vous le savez tous, Mes-
« sieurs, à construire dans les terrains humides des fossés ou-
« verts où vont aboutir des saignées donnant une issue souter-
« raine à la surabondance de l'humidité dont le sol est imprégné.
« Ces rigoles d'écoulement sont tantôt comblées avec des pierres
« ou des cailloux, tantôt, quand ces derniers matériaux man-
« quent, et c'est le cas pour moi, on emploie des fascines de bois.
« Toujours les pierres ou les fascines sont couvertes d'une cou-
« che de terre qui les préserve de la charrue.

« Le terrain que j'ai mis ainsi dans un état d'assainissement
« convenable, sur une étendue qui a exigé 2,500 mètres de con-
« duits souterrains et presqu'autant de fossés ouverts, est situé
« dans la plaine de la Gimone, commune de Cordes-tolosanes. Il
« est de nature argileuse tellement imperméable, qu'autrefois,
« pendant plusieurs mois de l'année, après la moindre pluie, on
« voyait l'eau naître sous ses pas. Il y a douze ans, cette pro-
« priété ne donnait que de très-faibles produits : aujourd'hui,

« elle se trouve dans des conditions de culture infiniment meil-
« leures qui me récompense largement de mes soins, etc., etc. »

Si avec des moyens si simples, et il faut ajouter aussi impar-
faits, on a pu obtenir un résultat immédiat si inappréciable, que
ne doit-on pas attendre du drainage perfectionné, qui aura le
double avantage d'être aussi immédiat et d'être plus durable que
l'emploi des pierres et des fascines de bois. Peu à peu, l'infiltration des eaux entraîne au fond de la tranchée des particules de
terre qui finissent par former avec les pierres un tout compacte
qui ne permet plus l'écoulement des eaux. Les fascines de bois
une fois consommées et leurs terreaux mêlés au sous-sol ne
sauraient continuer longtemps les effets produits dans le principe.

Le drainage n'a pas pour but unique, j'ajouterai même principal, d'empêcher la stagnation des eaux pluviales à la surface du
sol ; il a le but plus essentiel encore de faire descendre la nappe
d'eau, qui toujours existe dans le sous-sol, à une profondeur telle
que l'effet de la capillarité, comme les physiciens nomment ce
phénomène, soit fortement amoindrie. C'est là le résultat le plus
considérable du drainage, résultat qu'il n'est possible d'obtenir
pour longtemps qu'en établissant des conduits à la profondeur de
1 mètre 30 centimètres en moyenne.

En France, les grandes découvertes n'ont jamais été protégées
comme elles le sont en Angleterre, par la double action du gouvernement et des sociétés qui se forment à l'instant où l'une de
ces découvertes est reconnue fructueuse, pour en étendre et en
populariser l'application. Nous devons le reconnaître, cependant,
à aucune époque nos hommes d'Etat n'ont compris, comme ils le
comprennent aujourd'hui, ce qu'il y a d'avantageux pour un
gouvernement à protéger l'agriculture, à élever la science agricole
au niveau des plus hautes industries, afin de ramener dans nos
habitations rurales, depuis si longtemps veuves de leurs posses-
sions, le trop plein de nos grandes villes. Ce que le gouvernement semble appeler de ses vœux et de son action, la facilité et
la rapidité des communications le rendront normal un jour. Avec

les habitants des villes, à l'exception de ceux qui, par la nature de leurs affaires, de leur industrie ou de leurs fonctions, sentiront le besoin de revoir nos campagnes trop longtemps abandonnées à la routine et à la pauvreté, viendront des capitaux, qui trouveraient si bien un emploi fructueux et si hautement moral, enrichir nos campagnes en secondant de leur action puissante l'intelligence de nos agriculteurs. Vienne le moment où les capitaux sortis de nos campagnes cesseront de s'enfoncer à flots dans les grandes villes ; alors les découvertes et les procédés, appliqués avec ensemble, doubleront le revenu territorial et apporteront dans nos plus petits hameaux l'aisance et le bonheur qu'accompagne toujours l'amour de l'ordre et du sol.

Le drainage perfectionné consiste à pratiquer de petits fossés d'une profondeur variable et d'une largeur suffisante pour que les ouvriers chargés de le faire puissent travailler à l'aise, ensuite à disposer convenablement au fond de ces fossés des tuyaux chargés de recevoir la couche aqueuse du sous-sol et diriger les eaux vers des tuyaux conducteurs qui eux-mêmes portent la somme de ces eaux au point de réunion, soit un vivier, soit un ruisseau, ou enfin des fossés d'écoulement. La pente donnée aux tuyaux sera toujours variable, puisqu'elle sera soumise à la configuration du terrain ; elle sera suffisante si l'on obtient de $^1/_2$ à $^1/_3$ de centimètre par mètre. La bonne disposition des tranchées sur les terrains qui n'auront pas une pente naturelle vers des points où les eaux pourraient être conduites, dépendra toujours de la perspicacité de l'agriculteur, qui devra, dans ce cas, étudier son terrain, disposer sur le papier son travail préparatoire et annoter les observations qu'il aura faites en nivelant le terrain. Toutes ces précautions l'empêcheront de tomber dans des erreurs que l'œil le plus exercé ne pourrait pas déterminer d'avance, mais que le niveau préviendra sûrement ; elles éviteront ainsi des dépenses inutiles auxquelles il devrait recourir de nouveau si, par une combinaison mal calculée, il ne pouvait déverser les eaux qu'il aurait recueillies dans ses drains.

L'assainissement des terres est une des opérations agricoles qui paient le plus largement les soins de l'agriculteur et le coût des travaux, car rien n'est aussi préjudiciable aux céréales, comme à toutes les plantes agricoles, qu'un milieu trop humide où plongent leurs racines. Sur les sols naturellement humides, il se produit continuellement un phénomène dont l'action amoindrit ou détruit fréquemment l'espoir du cultivateur. Sous le sol arable et dans les terrains argileux surtout, il existe toujours comme une nappe aqueuse, variable dans sa profondeur et dans son épaisseur.

Une force ascensionnelle dont nous avons déjà parlé, amène continuellement à la surface du sol une certaine quantité d'humidité qui s'y évapore. L'évaporation, à son tour, produit un autre phénomène : un abaissement sensible dans la température du sol, action mortelle pour les plantes qu'elle entoure.

Ce que la nature produit sur une vaste échelle, l'homme l'a reproduit artificiellement, d'une manière analogue, au moyen d'une poterie, connue en Espagne sous le nom d'*alcaraza*, fabriquée avec une argile qui a la singulière propriété de rendre la poterie poreuse. Lorsqu'on remplit ces vases d'eau et qu'ils sont exposés à l'air libre, il se produit sur les parois externes des vases une évaporation qui abaisse considérablement la température de l'eau. C'est ainsi qu'en Espagne on se procure toujours de l'eau fraîche pendant les plus fortes chaleurs.

Rien donc ne peut être plus pernicieux pour les plantes fourragères, hivernales surtout, que le passage continuel de l'humidité à travers le sol arable pour venir s'évaporer à la surface en entourant sans cesse de son mortel contact les racines de ces plantes.

C'est en vain que l'on chercherait à établir une luzernière sur un champ humide ; dès la seconde année la luzerne serait remplacée sur les points les moins sains par des plantes aquatiques ou par certaines graminées dont le produit serait nul ou très-éloigné de celui que l'on cherchait à atteindre. Combien de coteaux cependant, qui renferment sur leurs flancs des champs nombreux d'un accès difficile aux transports des engrais, qui demeurent peu à peu abandonnés par suite des frais considérables que demandent les travaux à peine couverts par les faibles produits qu'ils donnent, à cause de l'état constamment humide du sol. Ces produits isolés formeraient dans leur ensemble un tout considérable et augmenteraient d'une manière très-sensible l'élevage du bétail qui laisse tant à désirer par le nombre et par la qualité des animaux. Du moment où les fourrages de toutes natures et les racines propres à la nourriture des bestiaux prendront un grand accroissement, les cultivateurs calculeront moins sur la consommation et rechercheront des animaux plus forts et plus productifs au lieu de les appeler *des granges à fourrages*, selon l'expression vulgaire.

Nous savons tous combien il est difficile de faire progresser l'agriculture qui est stationnaire par instinct.

Les lois les plus utiles, les procédés les plus perfectionnés agiraient peu sur l'apathique incrédulité des agriculteurs, si on ne leur démontrait la preuve de l'intérêt qu'ils ont à rénover leurs vieilles habitudes. Ce sont donc des exemples qu'il leur faut; ce sont les agriculteurs riches et instruits qui doivent les donner.

Notre pays n'est certainement pas le seul où les vieilles routines sont difficiles à vaincre. M. Champollion-Figeac, dans ses relations si intéressantes sur l'Egypte et les mœurs de ses habitants, ne nous apprend-il pas que les riches plaines du Nil sont cultivées aujourd'hui comme elles l'étaient du temps d'Hérodote, qui vivait, il y a plus de 2,000 ans, qui, lui-même ne faisait que reproduire les méthodes employées plus de 1,000 ans avant lui.

Résultats du drainage. — Le résultat le plus apprécié du drainage, est celui de pouvoir pratiquer de bons labours presque en toutes saisons, sur les sols de nature compacte et humide; chacun de vous sait combien il est difficile de saisir un moment favorable sur ces terrains pour les labourer à propos. Il s'ensuit de cette facilité une économie notable dans les frais de culture.

Le drainage rend les terres plus sèches en hiver et plus fraîches en été. Cette proposition ressemblerait à un paradoxe si elle n'était suffisamment expliquée par la complète révolution qui se produit dans l'état du sol.

En effet, la sécheresse rendra toujours un terrain d'autant plus dur en été qu'il aura été, en hiver ou au printemps, dans un état plus pâteux. L'effet du drainage rendant les terrains plus poreux et plus friables, permet à la chaleur solaire d'élever la température de ces terrains et aux agents atmosphériques de les pénétrer facilement à la suite du passage continu des eaux pluviales par les conduits capillaires, pendant la saison pluvieuse.

Pendant la chaleur l'humidité remonte en quantité qui, cette fois, ne sera pas nuisible, et entoure les racines des plantes d'une fraîcheur fécondante.

D'un autre côté, les eaux de pluie, qui, pendant l'été, tombent parfois en abondance, ne pouvant être absorbées par les sols non drainés, courent à leur surface et vont déposer au loin les éléments fécondants dont elles se chargent, pénètrent en majeure partie dans les sols drainés en abandonnant à la couche arable les sels que la nature prévoyante leur a confiés, mâne fécondante des plantes que les eaux pluviales sont chargées de déposer autour des racines.

La stagnation des eaux pendant l'hiver et le printemps développe des principes qui sont pour la plupart d'entre elles une cause de mort; elle détermine aussi une fermentation très-nuisible à toutes. Le drainage prévient ces accidents.

Le drainage produit des froments plus vigoureux que les sols non drainés et moins sujets au versement. Les grains sont plus pleins, plus vernis et conséquemment plus lourds.

Au milieu des nombreux avantages qu'offre le drainage, j'ai entendu quelquefois joindre celui de l'économie des engrais. En réfléchissant à cette proposition, il est facile de se convaincre que c'est là un de ces résultats qu'en agriculture on indique trop souvent sans les avoir constatés.

S'il est vrai que le drainage aide le sol à produire des plantes plus vigoureuses, plus fournies et des grains plus lourds, elles s'assimilent des aliments en quantité plus considérables qu'avant le drainage. Une remarque qu'ont faite presque tous les agriculteurs qui ont eu recours au drainage régulier, vient détruire cette proposition. C'est que les plantes venues à une première rotation après l'assainissement, ont toujours été plus productives qu'à la seconde rotation. Il est évident que les plantes ont dû dès-lors s'approprier une grande quantité de principes nutritifs pendant la première rotation, et que ces principes ne se sont pas rencontrés en quantité aussi notable à la seconde. Ce qui m'engage à répondre à cette proposition par le principe opposé suivant : *Plus on formera le sol à produire des plantes plus vigoureuses par des moyens artificiels, plus il faudra fournir au sol des éléments propres à la nourriture de ces plantes.* Exécuté au point de vue d'une telle économie, le drainage, cette opération si grande d'avenir, se changerait en mécomptes très-graves, et supporterait très-injustement l'effet d'une fausse application d'un principe qui me paraît bien simple, à savoir : le drainage secondera les effets des engrais dont la fermentation devenue plus facile *cèdera* aux plantes les substances propres à leur développement ; car cette fermentation ne peut s'opérer d'une manière complète que par l'action combinée de la chaleur, de l'air et de l'humidité, *sans excès.*

Signes caractéristiques que présentent les terrains qui demandent le drainage. — L'eau pluviale s'y infiltre difficilement et demeure souvent plusieurs jours au fond des billons. La terre est généralement poisseuse, les empreintes des pieds des animaux s'y conservent longtemps. Après une pluie abondante, qui a tassé la terre, quelques jours de chaleur produisent à la surface une croûte dure qui intercepte le passage de l'air dans la couche arable. Cette croûte se fend, et si la chaleur continue, ces fentes poursuivant leur solution de continuité, s'enfoncent à plus d'un mètre en s'élargissant à leur partie supérieure de manière à presser les plantes comme le feraient des coins. Si cette étreinte dure longtemps, elles sont nécessairement étouffées. Nous avons tous remarqué ces phénomènes; nous avons souvent enfoncé des cannes dans ces fentes profondes sans penser qu'il serait si facile d'empêcher un effet aussi pernicieux pour nos cultures

Exécution du drainage. — Les tranchées doivent avoir une largeur proportionnelle à leur profondeur. Ainsi, si l'on suppose que le placement des drains à la profondeur de 1ᵐ 20 à 1ᵐ 30 suffit à l'assainissement du sol, les tranchées devront avoir environ 0ᵐ 50 à leur partie supérieure pour se terminer à leur partie inférieure par un diamètre égal à celui des tuyaux ; de telle sorte que, s'enchâssant dans cet espace, ils ne puissent dévier de leur ligne de continuité. Placés ainsi, les drains pourront être simplement ajustés bout à bout aussi exactement que possible. Tous les moyens que l'on pourrait prendre pour éviter la déviation des drains ne pourraient pas être aussi sûrs que celui de les enchâsser dans la terre ferme. Les anneaux dont quelques agriculteurs se servent pour unir les drains ne font qu'augmenter le prix de revient du drainage et sans utilité pour la plupart des cas. On ne devrait en faire usage que dans celui où l'on opèrerait sur des terrains mouvants ou rocailleux qui obligeraient à faire des tranchées à peu près aussi larges à leur partie inférieure qu'à leur gueule. Ces anneaux, percés de trous dans la moitié de leur circonférence, doivent avoir de 8 à 10 centimètres de long. Dans le placement des drains, il faut observer que les trous des anneaux doivent toujours se trouver en-dessous pour qu'il n'y puisse pénétrer des matières qui obstrueraient le passage de l'eau.

Dans les cas, de beaucoup les plus nombreux, où les drains seront placés dans le lit de terre ferme, il suffira de mettre sur chaque jonction des tuyaux des tessons de tuile-canal ou, à défaut, une petite pelote de terre glaise; il faut recouvrir le tout d'une couche de terre de 10 à 12 centimètres placée avec précaution pour éviter le dérangement des tessons ou des pelotes d'argile. Cette première couche de terre devra être un peu et uniformément pressée avec un battoir dont le diamètre sera moindre que le diamètre de la tranchée à la hauteur où se trouve la terre qui recouvre les tuyaux. Cette première opération terminée, la terre sortie des tranchées pourra y être remise sans craindre le dérangement des drains. Le diamètre de l'ouverture ou gueule des tranchées doit être augmenté de 0m 5 par 0m 10 de profondeur au-delà de celle que je viens de déterminer.

Si l'on éprouvait des difficultés à tracer des tranchées présentant la forme dont je viens de parler et qui ne peuvent se faire qu'au moyen d'outils disposés exprès, on pourrait y obvier ainsi, afin de faire usage des instruments ordinaires du pays. Les tranchées auraient la même ouverture que les autres et arriveraient à n'avoir que 0m 30 de large à la profondeur de 1m. Les ouvriers pourraient se tenir ainsi dans les tranchées pour rejeter la terre. A cette profondeur, on pratiquerait une rainure de 0m 20 à 0m 25 au milieu des tranchées pour y déposer les drains. Si le drainage devait être pratiqué plus profondément, on descendrait davantage les tranchées de manière à ce que la rainure eût toujours la même dimension. Pour établir facilement ces rainures, il faut un outil étroit et un peu lourd, pointu d'un côté et de l'autre présentant la largeur de la rainure, dans le genre de celui que des terrassiers nomment une *piémontaise*, de plus une curette arrondie et de même largeur aussi que les rainures. Cette méthode, je crois, amoindrirait beaucoup les frais tout en assurant la réussite. Avant le placement des drains, il est nécessaire de battre le fond des rainures avec des battoirs arrondis aussi lourds que possible, afin de hâter cette dernière opération.

LE MAIRE.

Comment se fait-il, commandant, que, dans un terrain à sous-sol d'argile compacte, l'eau puisse pénétrer jusqu'au fond des drains ? Cela me paraît bien difficile.

Par la théorie, sans doute, on aurait eu beaucoup de peine à expliquer cette action. L'autorité de l'expérience, plus puissante que les explications théoriques, trompe souvent les prévisions qui paraissent les plus judicieuses. C'est le cas ici ; car les nombreux essais de drainage faits sur les terrains argileux, ont démontré qu'il fallait beaucoup de temps pour arriver à leur assainissement complet, un an au moins ; mais ce laps de temps écoulé, les eaux de pluie s'infiltraient facilement par les pores formés par le premier écoulement qui doit nécessairement désagréger sensiblement le sol.

Permettez-moi, commandant, de vous adresser une autre question. Comment expliquer que l'eau puisse arriver dans les drains qui sont placés bout-à-bout, s'il n'y a pas de trous pour donner passage à l'eau ?

Ceci, mon jeune ami, s'explique par des chiffres ; vous allez facilement le comprendre. Les faits, d'ailleurs, ont apporté pleine satisfaction aux doutes qui pouvaient s'élever à ce sujet.

Quelque juxtaposés que semblent être les drains, il existe un vide sensible sur un tiers de leur circonférence. En évaluant ce vide à un tiers de millimètre, ce qui serait peu de chose, on obtient entre deux tuyaux, de 0^m 030 de diamètre ou de 0^m 090 de circonférence, 30 millimètres de vide. Ainsi, sur une longueur de 100 mètres de drains il y a 300 joints. En multipliant 300 joints par 30 qui est le tiers de la circonférence, nous obtenons le chiffre de 0^u 900 , lequel divisé par 3, puisque nous disons que le vide est de $^1/_3$ de millimètre, nous obtenons, en définitive, 0^m 0300 ou 30 centimètres carrés de vide environ sur 100 mètres de drains. Cette section est si considérable comparée à celle des tuyaux que la crainte que vous manifestez à cet égard ne peut avoir sa raison d'être.

L'INSTITUTEUR.

Je vous remercie, commandant, de l'explication mathématique que vous venez de me donner ; elle a tout-à-fait éclairci mes doutes. Il nous reste à savoir maintenant quel est le prix de revient du drainage d'un hectare ; voudriez-vous nous initier à ces divers travaux ?

LE COMMANDANT.

Prix du drainage. — Le coût du drainage est très-variable puisqu'il est relatif aux difficultés que présente le sol et au prix des tuyaux. Le drainage irrégulier que j'ai exécuté m'a fourni des données qui pourront vous aider ; je vais vous les faire connaître. Comme je vous l'ai déjà dit, le sol que j'ai ainsi assaini était un terrain argilo-siliceux, homogène et compacte.

Les tranchées de 1^m 20 de profondeur ayant de 45 à 50 centimètres d'ouverture et environ 20 à 25 centimètres au fond m'ont coûté 0 fr. 08 centimes le mètre courant. Je suppose que les tranchées soient espacées de 10 mètres, l'assainissement exigera environ 1000 mètres de tranchées plutôt moins que plus ; car, si on ne drainait qu'un hectare, il faudrait faire des tranchées sur les deux limites de côté pour arriver à 1000 mètres, tandis qu'en les établissant à 8 mètres de ces deux limites, la longueur des tranchées arriverait à 900 mètres environ, selon la figure du champ. Nous allons établir le calcul sur 950 mètres courants.

Ainsi, 950^m courants de tranchées à 0 fr. 0,08 le m.   76ᶠ » ᶜ

950 mètres de tuyaux à 50 fr. les 1000 mètr.   45 »

Transport à pied d'œuvre. . . . .   15 »

Comblement des tranchées. . . . .   20 »

TOTAL du drainage d'un hectare. .   156ᶠ » ᶜ

Le prix que je viens d'établir ne peut être qu'un coût moyen qui peut varier selon la difficulté du creusement des tranchées et l'écartement des drains qui varie à son tour de 8 à 14 mètres, Quelques agronomes ont même poussé cet écartement plus loin.

Difficulté du drainage. — Quand on veut drainer un terrain de figure presque rectangulaire avec une pente uniforme dans un sens quelconque, l'opération n'offre aucune difficulté. On doit éviter seulement d'avoir un grand nombre de dégorgements qui sont les points qui demandent le plus de surveillance pour qu'ils ne soient pas obstrués. A cet effet, et alors même que tous les drains primaires pourraient aboutir à un fossé d'écoulement, il serait beaucoup plus avantageux de les faire déboucher dans un ou plusieurs drains conducteurs dont la section des tuyaux serait proportionnelle à la quantité d'eau qu'ils recueillent.

Si le terrain est ondulé, s'il se trouve des dépressions, le drainage demande une aptitude spéciale qui ne peut se rencontrer chez tous les agriculteurs. Le mieux est, dans ce cas, d'appeler un homme de l'art pour opérer les nivellements convenables et pour diriger les travaux, afin de ne pas s'exposer à des mécomptes graves.

LE CURÉ.

Création de viviers au moyen du drainage. — Puisque vous avez terminé votre leçon sur le drainage, mon cher commandant, je vous demande la permission de développer une idée dont l'application, liée à l'opération du drainage, pourrait avoir de très-bons résultats. Sous notre climat, il tombe en moyenne, 0m, 40 d'eau, par an, ou 4,000 mètres cubes sur la superficie d'un hectare. En faisant la part assez grande de l'évaporation et de l'écoulement superficiel soit $\frac{1}{3}$ pour chacun, il restera à recueillir le tiers de 4,000 ou 1,333 mètres cubes. Je suis assuré qu'il sera toujours possible de réunir sur un point les eaux provenant du drainage de 2, 3, 4, 5, 6 hectares. On pourra donc établir des viviers considérables qui renfermeraient des eaux préférables aux eaux de sources parce que, en général, ces dernières tiennent en dissolution des sels qui les rendent insalubres ou impropres à l'économie domestique. L'établissement de ces viviers serait donc, sur beaucoup de points, d'un avantage considérable. Sans aucun doute, lorsque le drainage aura pris l'essor que l'on doit attendre, la création de nombreux viviers, conséquence immédiate de cette fructueuse opération, constituera une branche nouvelle de commerce très-appréciable et fournira à l'alimentation un supplément que la cherté des subsistances fera prendre en considération. Chacun de nous a pu s'apercevoir de la rareté du poisson dans nos rivières les plus poissonneuses autrefois. La Garonne, entre autres, arrivera bientôt à un degré d'épuisement tel qu'elle ne serait jamais repeuplée, si des causes particulières n'en modifiaient l'état actuel.

Comme je vous le disais il y a un instant, les drains sur un hectare de terre peuvent réunir 1,333 mètres cubes d'eau sur un point. Voyons, maintenant, comment seraient suffisamment alimentés des viviers d'une capacité proportionnelle à l'étendue du terrain drainé.

Un vivier de 35 mètres de longueur, sur 15 mètres de largeur et 3 mètres de profondeur contiendrait 1,575 mètres cubes d'eau. Il serait largement alimenté par le drainage de 2 hectares, qui fournirait 2,666 mètres cubes d'eau; il faut faire une large part à l'écoulement, car les viviers ne doivent pas renfermer de l'eau croupissante.

Un vivier de 45 mètres de longueur, de 15 mètres de largeur, et sur 3 mètres 50 centimètres de profondeur, contiendrait 2,362 mètres cubes, et serait suffisamment alimenté par le drainage de 3 hectolitres qui fournirait 3,999 mètres cubes d'eau.

Un vivier de 60 mètres de longueur, de 20 mètres de largeur, sur 3 mètres 50 de profondeur, contiendrait 4,200 mètres cubes, et serait abondamment alimenté par le drainage de 4 hectares qui produirait 5,332 mètres cubes d'eau.

Un vivier de 65 mètres de longueur, de 20 mètres de largeur, sur 4 mètres de profondeur, contiendrait 5,200 mètres cubes, et serait suffisamment alimenté par le drainage de 5 hectares qui fournirait 6,665 mètres cubes d'eau.

Enfin, un vivier de 75 mètres de longueur, de 20 mètres de largeur sur 4 mètres de profondeur, contiendrait 6,000 mètres cubes, et serait aussi très-suffisamment alimenté par le drainage de 6 hectares qui fournirait 7,998 mètres cubes d'eau.

LE COMMANDANT.

Le drainage va donc devenir la panacée universelle, mon cher pasteur, puisque après nous avoir fourni du pain, des légumes et de la viande, en augmentant nos fourrages, il nous donnera du poisson en utilisant les eaux dont il nous débarrasse. Je ne serai pas le dernier à appliquer votre système, car, au prochain drainage que je compte exécuter, j'ajouterai le complément de ses bienfaits.

LE RÉGISSEUR.

Nous touchons au terme de nos soirées, mon cher commandant, et comme je tiens à compléter mon instruction agricole, je vous demanderai ce que vous pensez de l'écobuage, dont j'ai entendu souvent parler. Croyez-vous qu'il puisse être exécuté avantageusement sur tous les terrains ?

LE COMMANDANT.

L'écobuage, mon cher régisseur, rentre dans un ordre d'opérations qui demande des connaissances spéciales. Je prie donc M. le curé de vouloir répondre à votre question, car, sans nul doute, il doit résulter de l'écobuage une modification constitutive du sol qui peut le rendre fructueux ou nuisible.

LE CURÉ.

Je suis trop heureux de vous venir en aide, mon cher commandant, pour ne point accepter avec empressement l'occasion que vous me fournissez de vous procurer du repos.

Écobuage. — L'incinération des gazons, à laquelle on a donné récemment le nom d'écobuage, du nom d'un outil appelé écobue dans le nord de la France, et qui sert à lever le gazon de deux pouces d'épaisseur environ, était connue des anciens; car Virgile, dans son premier livre des Géorgiques, la conseille en ces termes : « *Sœpè etiam steriles incendere profuit agros.* « (Brûler des champs stériles profite *souvent.*)» Le mot souvent indique assez les réserves du poète, à ce sujet ; car si les champs n'en profitent pas toujours, l'agriculteur doit étudier les cas où la calcination est avantageuse ou nuisible.

L'écobuage peut être nuisible sur certains terrains, et très-utile, au contraire, sur d'autres. Ce procédé agricole a passé bien des fois au tamis de la controverse. Quelques chimistes l'ont stigmatisé tandis que d'autres, au contraire, l'ont trop vanté. La pratique, qui se charge toujours de resserrer les idées des théoriciens et de les passer à sa rigoureuse filière que nous nommons expérience, la pratique, dis-je, a pu reconnaitre l'abus des controverses qui n'auraient rien éclairé sans son intervention.

L'agriculture, heureusement, compte des hommes intelligents qui apportent au milieu de ces conflits leur dévouement et leurs expériences pour limiter la discussion et faire à chaque camp la part qui lui revient. A mon avis, ceux qui prétendent que l'écobuage ne produit pas de bons effets, ne sont pas dans le vrai ; à ceux qui croient que l'écobuage peut toujours être employé avec avantage, je répondrai qu'ils en étendent beaucoup trop l'action fécondante. Cette action serait donc bonne ou mauvaise, selon qu'elle agirait sur telle ou telle nature de terrain. C'est là une vérité qu'un bon agriculteur démontrera facilement : je vais vous le faire entrevoir.

Par la calcination de matières combustibles sur un sol compacte, on obtient plusieurs résultats considérables qui sont, non-seulement immédiats, mais qui se font ressentir toujours. Le sol supérieur perd sensiblement de sa tenacité, et il ne peut en être autrement, car la calcination a la propriété de réduire en une matière ferme les matières pâteuses dont la cohésion rend la couche arable froide et humide. Sur les sols de cette nature, l'écobuage présente l'avantage d'élever l'action climatériale en divisant les éléments constitutifs de la terre végétale qui devient plus favorable à la végétation. Les chimistes qui blâment d'une manière à peu près absolue le procédé de l'écobuage nous disent qu'en calcinant le sol, soit au moyen de l'écobuage proprement dit, soit au moyen de matières combustibles que l'on y a transportées, on détruit les matières animales et végétales, c'est-à-dire l'engrais. N'eussé-je pas vu expérimenter plusieurs fois, et suivi l'action de la calcination du sol supérieur, je n'hésiterais pas à répondre que sur une terre argileuse et compacte les matières carbonisées qui se mêlent au sol avec les cendres sont préférables aux parties animales ou végétales inertes que la chaleur a décomposées. Partout où ces expériences ont été faites, la portion du sol arable qui a subi la calcination, est devenue d'un travail plus facile, et les produits que le terrain a donnés ont été constamment plus beaux.

UN MÉTAYER.

Il me serait facile, M. le curé, de prouver que ce que vous venez de dire est parfaitement fondé. Il y a trois ans, je transportai sur la partie la plus mauvaise d'un champ tous les débris de l'aire, des herbes sèches, et que je répandis à 0 mètre 30 cent. d'épaisseur et auxquels je mis le feu. J'y semai des vesces noires, qui furent beaucoup plus belles que sur la meilleure partie du champ; le blé qui a suivi s'est toujours mieux maintenu sur la partie calcinée que sur les autres. Le sol était argileux et compacte et d'une très-mauvaise qualité.

LE CURÉ.

Que cela ne vous surprenne pas, mon cher ami; le résultat que vous venez de nous signaler a une cause toute naturelle que je vais vous expliquer. En agriculture surtout, un procédé bon relativement peut être très-mauvais relativement aussi. Nous allons l'examiner. Nous savons que l'argile possède à un très-haut degré la propriété de retenir l'eau ; une couche d'argile, à la surface du sol, produit toujours un effet nuisible, celui d'empêcher l'air de pénétrer la couche végétale. Ce phénomène a lieu surtout lorsqu'une pluie abondante a tassé la terre et qu'à la suite, par l'action de la chaleur, il s'est formé une croûte dure qui ne laisse aucune issue aux agents atmosphériques. Sur ces terrains de la pire espèce, il s'agit donc, pour neutraliser cet effet, de diviser le sol supérieur par l'addition de matières qui puissent modifier sa constitution, comme du sable, du plâtras (vulgairement appelé chaffre) ; on arrivera à ce résultat par des moyens plus artificiels encore. Lorsque vous avez mis le feu à ces débris, mon ami, vous vouliez simplement vous décharger d'objets qui vous embarrassaient, et vous n'avez pas songé que vous alliez produire une partie de ce qui manque à votre sol argileux, du *sable*. Eh bien ! cependant, l'incinération des gazons, des bruyères ou de toutes autres plantes sèches produit sur le terrain qui l'a supportée une matière analogue au sable qui vient affaiblir l'affinité de l'argile pour l'eau. Prenons, par exemple, une brique d'argile bien sèche, plaçons-la dans un milieu humide; cette brique absorbera une quantité notable d'eau et se ramollira. Au lieu de placer cette brique dans un milieu humide, faisons-la cuire au four, et lorsqu'elle sera cuite, plaçons-la dans ce même milieu humide ; cette fois la brique n'absorbera pas d'humidité ou en absorbera très-peu ; c'est que pendant la cuisson la brique a changé de nature ; ce n'est plus de l'argile, c'est un silicate d'alumine que nous avons obtenu. Ce silicate d'alumine n'est pas du sable, mais une matière qui a beaucoup d'analogie avec lui. En faisant brûler la partie supérieure de votre champ argileux, vous avez produit la même matière ; vous avez donc diminué la quantité d'argile que vous avez remplacé par une matière dont le caractère essentiel est d'être friable, et qui est venu modifier par sa présence la composition vicieuse du sol.

Ce que nous venons de dire prouve surabondamment que l'écobuage ou la calcination du sol par tout autre procédé peut nuire dans certains cas et être utile dans d'autres.

Il est certain, M. le curé, que d'après la théorie que vous venez de développer, si l'on calcine un champ sablonneux, déjà trop sec, on augmentera la quantité de sable par la décomposition du peu d'argile que contenait le sol arable. On aura donc rendu plus vicieuse encore la composition de ce sol.

LE CURÉ.

C'est très-bien, M. l'instituteur, vous avez parfaitement saisi la théorie; dès-lors, dans la pratique, vous ne pourrez tomber dans une erreur qui serait fatale au sol que vous vouliez bonifier.

Ainsi donc, si la calcination d'un sol le rend plus friable, en changeant ses principes compactes et en diminuant la faculté qu'il a de retenir l'eau, la calcination serait nuisible sur un sol siliceux ou une terre calcaire déjà trop friable et retenant peu l'humidité. Rien ne pourrait compenser sur ces terres les principes volatils dégagés par la combustion qui aurait détruit, sans compensation, les matières animales ou végétales qui forment l'humus.

En me résumant, je conclus donc : 1° Que l'écobuage est utile sur les sols argileux et compactes sur lesquels la perte d'une partie des principes composant l'humus et l'incinération des matières inertes en elles-mêmes, sont largement compensés par les cendres qui se mêlent au sol et par l'addition de matières analogues au sable qui sont le résultat de la calcination, et dont la présence rendra la couche arable plus accessible aux agents atmosphériques et plus propre à recevoir avec fruit les engrais et les soins agricoles ; 2° Que l'écobuage est nuisible sur les terrains sablonneux et calcaires friables, puisqu'il détruit une partie des matières animales et végétales qui entrent dans la composition de l'humus et ne fait rien pour compenser ces pertes, puisqu'au contraire la calcination ne ferait qu'augmenter la somme des matières friables dont les terres de cette nature n'ont pas besoin. Cette addition rendrait plus vicieux encore leur mélange constitutif.

L'écobuage proprement dit consiste à enlever avec une écobue ou une houe (*fousson*) le gazon d'un champ en mottes de 6 ou 7 centimètres d'épaisseur et de 25 centimètres carrés environ que l'on redresse ensuite les uns contre les autres pour les faire sécher de la même manière que les tuiliers font sécher leurs briques. Quand le gazon est parfaitement sec, on en forme de petits fours de 40 centimètres d'élévation dans lesquels on introduit des matières inflammables, comme de la menue bourrée, auxquelles on met le feu. Si le gazon est bien sec, les racines et l'herbe se consument peu à peu.

Je n'ai pas besoin de m'étendre davantage ; je vois que tous vous avez parfaitement compris la théorie de l'écobuage.

LE MAIRE.

Nous avons souvent remarqué, commandant, la vigueur des arbres de votre jardin et de votre verger dont le sol n'est cependant pas de bonne nature. Vous devez certainement à un bon procédé de plantation un résultat qui doit nous paraître étonnant si nous venons à comparer nos plantations aux vôtres. Voudriez-vous nous dire les moyens que vous employez ?

LE COMMANDANT.

Très-volontiers, mon digne magistrat ; je ne suis nullement jaloux de la méthode que je mets en pratique, et je vais m'empresser de la dérouler devant vous dans ses moindres détails.

Plantation des arbres. — Généralement, il faut bien que je vous le dise, on plante les arbres avec une négligence extrême qui est le seul motif de leur mauvaise venue. Le premier soin, quand on se dispose à faire des plantations, est de défoncer le sol à 0 mètre 60 ou 70. Si l'on plante des lignes très-espacées, il suffit

alors de défoncer une bande de terre de 4 mètres de large au milieu de laquelle l'on ouvre les fosses pour recevoir les arbres.

Il faut les ouvrir de 1 mèt. à 1 mèt. 20 cent. en carré et de
1 mèt. de profondeur, et avoir le soin de placer la terre végétale
sur un des côtés de la fosse et celle du sous-sol sur le côté opposé. Comme la plupart des plantes herbacées, les grands végétaux, en général, et les arbres fruitiers, en particulier, préfèrent
les sols qui ne sont ni trop calcaires ni trop siliceux ou argileux; c'est-à-dire qu'ils prospèrent toujours sur les terrains heureusement mélangés.

Pour assurer la prise des arbres fruitiers, surtout, il est donc
nécessaire de corriger le vice des compositions du sol. Aux terrains trop calcaires ou siliceux, partant trop secs, il est indispensable d'ajouter une quantité convenable de bonne terre argilo-
siliceuse (boulbène). Sur les sols argileux ou argilo-siliceux
compactes ou doit ajouter de la terre calcaire aussi riche que possible. Ce mélange n'est jamais très-coûteux, puisqu'il suffit toujours de 2 à 3 hectolitres de terre transportée, et par fosse, pour
obtenir une correction qui assure la prise et la prompte venue
des arbres; ces avantages compensent largement les frais de ces
transports, car sans eux les arbres restent rachytiques et le plus
souvent périssent sans avoir soldé le travail.

Compost pour les plantations. — Quand on est entouré d'un
sol compacte et qu'il est difficile ou coûteux de se procurer des
mélanges convenables, on peut y remédier très-avantageusement
avec du terreau produit par la raclure des bois en en enlevant la
surface à 0 mèt. 10 cent. environ, que l'on entasse au fur et à
mesure par charrois à bœufs, et que l'on ne doit enlever qu'un
an après. On obtient ainsi un compost excellent et très-propre à
neutraliser les effets d'un terrain compacte de nature argileuse ou
argilo-calcaire.

Sur une exploitation, comme à portée d'une exploitation, tout
doit concourir à sa fécondité; aussi doit-on conserver avec soin

les débris de cuisine, les herbes sorties des jardins, les raclures des allées, qu'il faut déposer journellement dans des fosses disposées à cet effet. Quand l'une est suffisamment comblée, on recommence à en combler une autre. Il faut arroser tous les deux jours la plus ancienne avec les eaux de vaisselles conservées dans un baquet à cet effet. Cette méthode doit être suivie même pendant l'hiver.

On obtient ainsi tous les ans une quantité relative d'un compost précieux qui sert à des mélanges de terre pour les plantations d'arbres ou de vignes, ou à défaut, pour amender un carreau de jardin ou un champ destiné à recevoir des plantes épuisantes, comme les betteraves, les carottes, les pommes de terres, le colza etc. Je songe même, dans ce moment, à établir des latrines dans lesquelles seront enfermés des baquets mobiles pour les gens de la ferme.

Les excréments seront saupoudrés tous les jours avec du plâtre qui aura le double but d'empêcher le dégagement du gaz dont l'odeur incommode, et de fixer ceux bons à conserver ; mais je reviens à mon sujet.

Au moment de la plantation il faut faire transporter sur le bord des fosses les terres ou les composts destinés au mélange ; puis, si le sol où l'on plante est d'une nature froide et humide, on place au fond des fosses 0 mèt. 10 cent. de menu bois, comme de l'ajonc, de la bruyère, du buisson, etc., que l'on tasse avec les pieds, sur lesquels on jette la première terre sortie de la fosse, seulement ; celle du sous-sol ne doit jamais y rentrer ; elle ne doit servir qu'à butter l'arbre un peu plus qu'à fleur de sol.

Soins de plantations. — Au dessus de la première couche de terre, qui n'est autre que la terre végétale extraite en creusant la fosse, on forme le sol de l'arbre composé de terre prise sur la superficie du guéret voisin (jachère) mêlée au compost ou terre transportée. Quand le lit est à la hauteur convenable, c'est-à-dire que l'arbre doit se trouver enfoncé comme il l'était en pépinière, on le place après l'avoir débarrassé des racines meurtries et ménagé les racines traçantes, surtout celles qui ont de la tendance à s'enfoncer dans le sol, qui servent à affermir l'arbre contre les vents, et lui permettent de résister aux fortes sécheresses. En général, moins on mutile les racines des arbres, mieux ils réussissent. S'il est des racines difformes, ou qui menacent de s'enchevêtrer dans les autres, on les coupe d'une manière très-nette avec une serpe ou des ciseaux bien affilés. L'arbre ainsi disposé se place dans la fosse et l'on donne à ses racines, autant que possible, une disposition rayonnante, comme les raies d'une roue.

Trois hommes sont nécessaires pour bien disposer une plantation : un pour placer l'arbre et le maintenir pendant que l'on comble les fosses ; un autre pour mettre la terre locale au pied de l'arbre ; le troisième pour mettre les composts, ou les terres de transports. Chacun de ces derniers prend tour à tour une pelletée de la terre qu'il est chargé de porter, et la place au pied de l'arbre, non pas en la jetant, mais en secouant la pelle comme s'il tamisait. L'un des deux, après les premières pelletées, doit faire passer la terre entre les racines avec la main pour que la terre ne fasse pas de chambres. Le compost, la terre transportée, etc., doivent être mis en proportion de ce que réclame la nature du sol, et aussi eu égard à la quantité dont on peut disposer ; c'est donc à celui qui dirige la plantation à l'évaluer à la moitié, au tiers, au quart, etc., et à veiller que, dans le premier cas, celui qui met la terre locale jette trois pelletées pendant que celui qui distribue le compost et la terre transportée en jettera une, ainsi de suite.

Lorsque les plantations sont faites sur des terres compactes, il est très-avantageux de se procurer des débris de vieilles constructions, des plâtras, et d'en mêler une petite quantité avec les terres destinées à entourer les racines ; un 10me d'hectolitre suffit à chaque arbre.

Je vous ai dit, il y a un instant, que si le terrain était de nature compacte, on disposait au fond de la fosse du menu bois pour l'assainir. Lorsque, au contraire, le sol est sablonneux ou calcaire friable, il faut avoir recours à un procédé opposé : celui de mettre au fond de la fosse 20 centimètres de terre argileuse, sans mélange, indépendamment de celle qui doit servir au mélange qui forme le lit et qui entoure le pied de l'arbre. Je ne dois pas craindre de paraître minutieux, mes amis, en entrant dans tous ces détails, car la reprise, la bonne venue, le volume des arbres dépendront des soins que l'on portera à leur plantation.

Lorsque l'on a projeté une plantation, on doit exécuter le défoncement au moins six mois avant la plantation, c'est-à-dire au printemps qui la précède et le labourer encore deux fois avant le mois de septembre. Un autre moyen concourrait beaucoup aussi à la bonne tenue des arbres pendant les premières années de leur végétation : ce serait de pratiquer les fosses deux ou trois mois après le défoncement, en juillet ou en août.

Le plant arraché de la pépinière doit être transporté et planté immédiatement pour éviter les effets de la gelée, de la pluie, du hâle, qui altèrent vite les tissus des jeunes racines, de la conservation desquelles dépend le succès général de la plantation.

UN MÉTAYER.

Vous nous avez dit, M. le commandant, que les arbres doivent être placés sur leur lit de terre de manière à ce qu'ils ne soient pas plus enfoncés qu'en pépinière; cependant, on m'avait toujours dit qu'un arbre doit être plus enfoncé dans la fosse que sur son premier lit.

LE COMMANDANT.

Un arbre que tu plantes dans une fosse de 1 mètre de profondeur et que tu places sur un lit de 0 mètre 60 centimètres d'épaisseur, au moins, mon cher Pierre, s'enfoncera par l'effet du tassement de la terre d'une quantité plus que suffisante si, par exemple, tu plaçais au fond des fosses des débris de bois.

Il faut donc considérer et faire la part du tassement quand on plante un arbre; c'est à l'intelligence du directeur de la plantation à évaluer le tassement, à peu près, pour que les arbres ne soient pas trop avant dans le sol; car les racines inférieures manqueraient de bonne terre et seraient privées de l'influence de l'air et du soleil.

Si l'arbre était trop élevé, les racines seraient forcées de courir à fleur du sol et passeraient fréquemment d'une trop grande humidité à une trop grande chaleur; ces passages dangereux altéreraient promptement leurs tissus et détruiraient tout ou partie de leurs rayons. L'arbre périrait ou resterait toujours maladif.

La fin du mois d'octobre ou le commencement du mois de novembre est l'époque la plus favorable pour planter sur les terrains naturellement chauds ou qui craignent peu l'humidité, et la fin du mois de février ou le commencement de mars sur les autres terrains, pourvu qu'ils ne soient pas humides; une plantation faite avec un temps pluvieux réussit rarement bien.

Dès que les arbres sont plantés, on doit les butter assez haut pour que les eaux pluviales ne pénètrent pas en trop grande abondance jusqu'aux racines. Un milieu trop humide, quand les radicules commencent à se développer, est une des causes les plus ordinaires qui s'opposent à la reprise. On ne doit les faire débutter qu'au milieu du printemps, époque à laquelle les pluies sont moins abondantes. Je me sers pour le buttage de la terre du sous-sol extraite de la fosse que je fais répandre ensuite au-delà des fosses.

Taille des arbres. — La taille, non moins importante que les plantations, est faite, la plupart du temps, avec une ignorance complète des buts qu'elle doit atteindre.

Elle doit être pratiquée au double point de vue d'empêcher la séve de se porter dans une partie aux dépens d'une autre et de faire prendre aux arbres une forme quelconque. La taille produit dans un arbre une révolution qui altère sa constitution et le force à transformer en produit une partie de la séve qui, sans elle, eût servi seulement à grossir le volume du bois. Dans nos campagnes la taille est complètement inconnue. On enlève bien du bois aux arbres tous les ans à peu près mais sans but raisonné.

La plupart des agriculteurs ont le défaut de mettre un grand empressement à laisser développer les branches des arbres, s'imaginant qu'ainsi ils jouiront plus vite du fruit de leurs plantations. C'est là une erreur qu'il est bon de détruire.

Lorsqu'un jeune arbre a des branches nombreuses et très-développées, la séve attirée par elles outre-mesure s'élève promptement dans la partie supérieure de l'arbre. Son courant ascensionnel est si fort qu'elle ne peut s'arrêter dans la tige de l'arbre pour fournir à cette dernière la nourriture qui lui est nécessaire.

Il en résulte presque toujours que la tige est plus grosse près du tronc qu'elle ne l'est dans sa partie inférieure ; de là une faiblesse extrême de l'arbre que le vent agite en tous sens et lui fait prendre une position inclinée qui le fatigue et empêche l'élaboration convenable de la sève en rendant son travail laborieux. Si, au contraire, on a le soin pendant plusieurs années de rabattre très-court les branches de l'arbre au moment de la taille, sa tige se renforcera et fournira un sujet vigoureux que l'on pourra ensuite élever promptement.

L'arbre ainsi ménagé donnera des fruits nombreux et volumineux qu'on n'obtient jamais sans ces soins raisonnés.

Le moment le plus favorable pour la taille est au commencement du mouvement de la séve. Alors les bourgeons prennent un développement qui permet de distinguer ceux qui sont à fruits ou à feuilles. L'arbre ne souffrira pas de la mutilation, tandis que si la marche de la séve est active, il éprouvera des épanchements de séve très-préjudiciables.

Si la forme de l'arbre entre pour beaucoup dans les soins de la taille, on ne doit pas négliger l'équilibre de la séve entre les divers côtés de l'arbre. Si la séve, en effet, se portait plus d'un côté que d'un autre, elle l'accroîtrait bientôt au point de le rendre ché- tif et de faire périr ensuite le côté négligé par elle. En supprimant du bois à la partie forte de l'arbre, on oblige la séve à se porter sur les autres parties, et l'on ramène ainsi l'équilibre nécessaire à la forme du sujet et à sa fructification, car plus la séve se précipi- tera sur un point, moins il se rendra à fruit. Conserver à l'arbre une vigueur uniforme et le forcer par la taille à donner des fruits, tels sont les résultats que l'on doit toujours atteindre. Il faut donc conserver des rameaux à la base des branches pour mettre à profit toute leur longueur pour la production du fruit et aussi pour remplacer celles qui viendraient à périr.

On doit considérer, en taillant, l'essence des arbres sur lesquels on opère. Les uns portent leurs fruits au bout des branches, le fruit vient sur d'autres aux branches d'un an, sur certaines en- fin, la fructification n'a lieu que sur le bois de trois ans.

La néflier et le coignassier appartiennent essentiellement à la première catégorie. La taille leur est donc contraire et ne doit être faite que dans le but de diriger leur forme et de les débar- rasser d'un excès de branches.

Les arbres à noyau appartiennent à la seconde : leurs boutons à fruits ne peuvent se changer en boutons à bois ; mais ils de- viennent stériles s'ils ne sont pas accompagnés d'un bouton à bois.

Le pêcher surtout demande conséquemment à n'être taillé que lorsque ses yeux à bois sont très-reconnaissables et après qu'on s'est assuré que les boutons à fruits sont pourvus. Il est essentiel de savoir que les rameaux à fruits des pêchers ne produisent *qu'une fois* et qu'on doit les renouveler annuellement pour en ob- tenir d'autres sur les yeux inférieurs qui, à leur tour, donneront les fruits. L'ignorance de ces faits est la cause première de la perte des pêchers et de la médiocrité de leurs produits.

Les arbres à pepins appartiennent à la troisième catégorie. Ce- pendant quelquefois, mais rarement, le poirier et le pommier donnent des fleurs sur le bois de l'année précédente, mais le fruit y noue mal et tombe presque toujours bien avant sa maturité.

Pour pratiquer une taille rationnelle, il faut savoir distinguer sur les arbres à pepins : 1º les boutons à bois qui tiennent à la branche sans support intermédiaire : il se termine en pointe recourbée; 2º les boutons à fleurs, arrondis et attachés aux branches au moyen de courts supports appelés lambourdes qui sont les véritables rameaux à fruits ; 3º les brindilles, petites branches très-courtes, venues d'un œil à bois, qui donnent souvent et que l'on doit ménager selon les circonstances, quand les lambourdes à fruits, par exemple, ne sont pas assez multipliées; 4º enfin, les lambourdes qui sont les supports des boutons à fruits qui viennent quelquefois sur les brindilles, comme je viens de le dire, et sur les branches à bois jeunes et vieilles, mettant ordinairement trois ans à se former.

Le moment le plus propice pour la taille est la fin de février ou le commencement de mars ; mais on doit la hâter sur les arbres délicats qui pousseront plus vigoureusement, et la retarder au contraire sur les arbres d'une végétation emportée afin d'arrêter un trop grand essor qui nuit à la fructification.

Outre les branches essentielles dont je viens de parler, il en est deux autres qu'offrent encore la plupart des arbres : ce sont les branches chiffonnes que l'on ne conserve pas, et les branches gourmandes dont on taille en coursons la quantité nécessaire à la fructification à venir. Lorsque ces deux natures de branches viennent en trop grand nombre, elles affament les fruits et font souvent périr les branches. Il s'offre un moyen d'en diminuer la quantité au moyen d'une opération très-facile qui assure la bonne tenue des arbres et la persistance des fruits : c'est l'ébourgeonnement dont je vais vous dire un mot.

L'ébourgeonnement. — Ce soin, l'un des plus importants, est le plus négligé par les agriculteurs et la plupart des jardiniers. Plus on coupe du bois sur un arbre, plus on le fatigue ; c'est pour obvier à cet inconvénient que l'on pratique l'ébourgeonnement qui consiste à supprimer, vers la fin de mai, les jeunes pousses mal placées ou inutiles. Si les arbres souffrent des nombreuses amputations du bois ligneux, ils ne se ressentent pas du tout de la suppression des jeunes tiges qui ne produit aucune plaie et qui débarrasse les arbres des gourmandes qui les affament pendant l'été et empêchent que les fruits atteignent le volume qui leur convient.

On doit toujours conserver le bourgeon terminal, à moins qu'il ne soit mal placé ou qu'il ait une pauvre apparence; on rabat alors jusqu'à la pousse la plus vigoureuse qui servira au prolongement du rameau à la taille prochaine. C'est au moment de l'ébourgeonnement que l'on doit supprimer aussi les fruits trop nombreux. Cette facile et fructueuse opération se fait au moyen d'une serpette ou de ciseaux qui coupent bien. Le temps que l'on met à l'ébourgeonnement, loin d'être un supplément de travail, abrége tellement la taille qu'il procure, au contraire, une économie de temps. C'est une opération que je fais moi-même en visitant mes arbres. Il faut avoir le soin encore de supprimer tous les bourgeons qui viennent souvent au pied et à la tige des sujets, qui sont autant de chancres pernicieux qui retardent leur venue.

L'arcure. — Elle s'exerce en courbant une branche que sa vigueur empêche de se mettre à fruits ou qui nuit à l'équilibre de l'arbre; en la disposant en arc, on ralentit le courant de la séve et on l'empêche de s'emporter en branches inutiles.

Le cassement. — Cette opération consiste à casser de trois à cinq yeux les brindilles que l'on désire mettre à fruits et auxquelles on reconnait cette disposition; mais il arrive souvent que l'on fait naitre des sous-bourgeons à bois au lieu de lambourdes; aussi, est-ce une opération très-délicate et que les jardiniers expérimentés peuvent seuls exécuter avec un plus ou moins grand succès. Elle se pratique quelquefois pendant la taille, mais le plus souvent pendant la végétation.

Le pincement. — Le pincement est à peu près inconnu de tous les cultivateurs, quoiqu'il soit une opération essentielle sur la plupart des arbres d'un verger. Il consiste à couper avec l'ongle ou des ciseaux la pointe d'un bourgeon à bois qui n'est pas encore développé. Cette suppression qui se fait pendant la durée de la séve, arrête sa marche vers le bourgeon terminal et le force à produire des branches à fruits. Il est bien entendu que le retranchement ne peut avoir lieu qu'après la taille.

Les brindilles qui donnent du fruit à la 3ᵐᵉ année, doivent être conservées sur les jeunes arbres et supprimées sur les vieux pour obtenir des gourmandes qui servent à remplacer les vieilles branches et à rajeunir l'arbre peu à peu.

Modes divers de taille. — On taille en espalier, en quenouille, en espalier-quenouille, en buisson, en sujets nains, et en plein vent, suivant le goût de l'horticulteur ou les circonstances locales. La bonne tenue de ces modes dépend de la direction primitive qui aura été donnée aux sujets. Si elle n'a pas été donnée avec l'intelligence et le goût nécessaires pendant le jeune âge, il est bien difficile d'y remédier plus tard.

Les espaliers et les quenouilles-espaliers sont les formes les mieux appropriées à un jardin potager, à cause de la facilité qu'elles laissent de travailler commodément la terre.

LE MAIRE.

Je ne m'étonne plus, commandant, du pauvre état de nos arbres, quand je compare notre manière de planter à celle que vous nous avez indiquée. Habituellement nous pratiquions une fosse de la profondeur à peu près de celle où se trouvait l'arbre en pépinière, que nous placions presque sur la terre ferme, et nous comblions la fosse avec la terre que nous en avions sortie. Dès à présent nos arbres prospèreront, j'espère, comme ceux de votre verger.

LE COMMANDANT.

Plantez vos arbres comme je le fais, mon cher ami, vous verrez qu'ils lutteront de vigueur et de production avec les miens, car leur médiocrité ne venait, permettez que je vous le dise, que du peu de soin que vous mettiez à les planter.

A notre prochaine réunion, mes amis, nous parlerons de la vigne; il est trop tard aujourd'hui pour entamer cette importante question.

QUINZIÈME SOIRÉE.

LE COMMANDANT.

De la vigne. — Ce précieux végétal, originaire de l'Asie d'où il fut transporté en Grèce et de là en Italie, d'où il nous parvint, fut d'abord cultivé à Marseille et se répandit bientôt dans les Gaules. Noë et Bacchus passaient, dans l'antiquité, pour avoir enseigné aux hommes la culture de la vigne et la vinification de ses délicieux fruits.

De tous les pays, la France est le mieux partagée pour la culture de la vigne , soit par la quantité et la variété de ses produits, soit par la juste renommée de beaucoup de ses crus. Ses vignobles peuvent, en effet, satisfaire tous les goûts, flatter tous les amours-propres et fournir au luxe les échantillons les plus riches et les plus recherchés. Depuis le vin le plus fin, le plus léger, jusqu'aux vins les plus alcooliques et les plus distingués par leur bouquet ; depuis le vin le plus liquoreux jusqu'au vin le plus sec , le choix est si grand que dans chaque ordre chaque fantaisie y trouvera satisfaction.

Les pays qui produisaient les vins si célèbres de l'antiquité en produisaient rarement plus d'une variété. La Grèce avait ses vins liquoreux de Lesbos, de Chio et de Thasos , mais elle empruntait à l'Asie les vins que je nommerai *d'entremets*, ceux du Liban, par exemple.

Les Romains avaient leurs vins de la Campanie, comme ceux

de Cécube, de Fondi, de Catenum, et leur délicieux Falerne dont
la réputation se soutient encore. Ils allaient chercher les vins liquoreux en Grèce et en Afrique ; plus tard, les vins d'Espagne et
des Gaules vinrent animer leurs tables splendides.

Entre les pays de vignobles modernes, je puis citer l'Espagne
qui possède des vins blancs secs et liquoreux et des vins rouges
fortement constitués ; il lui manque notre royal Bordeaux et
notre délicieux Clos-Vougeot. Il en est de même du Portugal.

Les côtes du Rhin et la Hongrie produisent aussi d'excellents
vins que les Anglais trouvent trop faibles. Pour satisfaire tous
les goûts, il manque aux côtes du Rhin et à la Hongrie les crûs
de l'Ermitage, de Condrieux, de Cahors et de Tavel.

Entre les vins fins d'entremets, nous pouvons citer dans le Bordelais ceux de Lafitte, de Latour, de Château-Margaux, de Haut-
Brion, etc. ; de Clos-Vougeot, de Saint-Georges, de Pomar et Beaune
en Bourgogne ; de l'Ermitage, de Tain, de Côte-Rôtie, de Condrieux,
sur les côtes du Rhône ; de Saint-Laurent, de Cassie, de la Ciotat
en Provence, et une infinité de vins d'un rang plus inférieur ou
moins connus qui pourraient figurer avec honneur sur les meilleures tables. Comme nous le savons tous, notre contrée en produit
de très-bons, qui seraient meilleurs encore et pourraient rivaliser
avec certains d'entre ceux que je viens de citer, si nous voulions
apporter à la fabrication de nos vins tous les soins qu'ils méritent.

Entre les vins blancs, il faut nommer les vins d'Aï, de Sillery
et d'Epernay dans la Champagne ; des côtes du Rhin dans l'Alsace ;
de Saint-Péray et de Lunel dans la Provence ; de Jurançon dans
le Béarn ; de Virelade, de Blanquefort, de Barsac, de Sauterne et
de Preignac dans le Bordelais ; de Chably et de Coulange dans la
Bourgogne ; de Bergerac dans le Périgord ; de Gaillac et de Li-
moux dans les environs de Toulouse, et de Rivesaltes en Rous-
sillon. Nous pourrions placer à côté de cette nomenclature,
mes chers amis, certains de nos vins blancs dont le goût et
la finesse nous ont valu souvent des compliments de la part

des étrangers qui nous visitaient et quelquefois des marques significatives de doute sur leur véritable origine ; car beaucoup de nos vins, en effet, mériteraient d'être connus et classés, et l'on s'étonne souvent que certains d'entre eux, soient le produit d'un pays dont les vins n'ont qu'une réputation qui s'arrête à quelques lieues.

Espèces de vignes. — On compte environ vingt-cinq espèces de vignes subdivisées en une énorme quantité de variétés. Les pépinières du Luxembourg en possédaient plus de mille et ne les possédaient pas toutes. Il serait bien difficile d'établir une nomenclature synonymique satisfaisante à cause des noms divers donnés au même raisin en pays différent, et aussi à cause de l'influence du sol, d'aspect et de climat sur le même raisin, différence qui le rend méconnaissable de son congénère qui n'aurait pas quitté son berceau. Une synonymie générale et exacte me paraît impossible ; mais elle pourrait facilement s'établir par zone et par région. Ce serait déjà là un grand résultat. Des réunions régionales dont les membres venus de divers points apporteraient les meilleures espèces de raisins et les plus répandues étiquetées avec soin au double point de vue de la synonymie et de la qualité, soit comme produit alcoolique, soit comme produit en vin, serait un grand pas fait vers l'amélioration de nos vignobles.

En attendant que nous puissions établir cette synonymie, au moins régionale, nous parlerons de nos meilleurs raisins de table et de vinification.

Les meilleurs raisins de table sont : les chasselas blanc et rose et leurs variétés, les muscats blanc, noir, gris, rose, rouge et à la fleur d'oranger ; les chaussés gris et noirs, le sauvignon blanc (figuen), le chalosse blanc, les mozats blancs et roses, le despen blanc primeur, le dauzet blanc, le millau noir, le maroquin noir, le carétou noir, le bouchalès noir.

Pour le vin blanc, les meilleurs raisins sont : le chaussé gris, le mozat, le chalosse, le béquin, le guilen muscat, le sauvignon ou figuen, le dauzet, l'aube clair (non productif), le despen, le plant de dame commun, le plant de dame à sarment rigide, la blanquette, la clarette, le cufidé.

Pour le vin rouge : le mérille, le côte-rouge, le plant fort, le guilen, le chaussé, le peillous, le gros pique-pout, le bouchalès, le mourelet. A ces derniers raisins, qui sont tous noirs, il faut ajouter une quantité convenable de raisins blancs pour obtenir une bonne vinification.

Nous pouvons dire, sans trop de prévention, que nous possédons, dans notre contrée, les meilleurs raisins qu'il soit possible de rencontrer, et cependant l'incurie des propriétaires nous a amenés à n'avoir, dans nos vignobles, que le plus piteux mélange de ceps. Il faut se convaincre, enfin, que le choix réfléchi du cépage compte pour beaucoup dans la supériorité du produit. Il est temps de ne plus préférer, pour les plantations, le sarment que l'on trouve le plus à sa portée, celui qui coûte le moins à prendre. On ne devrait plus ignorer qu'il y a des espèces à rejeter et des types à multiplier, ce qu'indiquerait à coup sûr une réunion de propriétaires de vignobles et de vignerons qui voudraient apporter le concours consciencieux de leur expérience.

Le choix du cépage ne suffit pas ; il faut encore ajouter à ce soin celui de diviser les espèces par carreaux, afin de séparer ceux qui mûrissent à des époques différentes, et pouvoir opérer la taille à coursons ou à sarments recourbés ; car en taillant au hasard de l'une ou de l'autre manière, on diminue considérablement le produit de certains cépages. Nous en parlerons plus tard. Cette imprévoyance cause, dans les grands comme dans les petits vignobles, des pertes que l'on n'évalue pas assez haut. Beaucoup d'espèces primeurs sont détruites par les oiseaux et les insectes quand les autres espèces, moins hâtives, arrivent à leur point de maturité. Que les raisins soient mêlés dans le panier ou qu'ils le soient plus tard dans la cuve, cela ne change en rien la nature du vin ; on obtiendra donc, par la division des espèces, et sans inconvénient, la faculté de cueillir chacune d'elles à son point de maturité convenable.

Plantation de la vigne. — L'économie qui concerne cette importante partie de la culture de la vigne ne doit et ne peut consister que dans une augmentation de dépenses. En effet : que la vigne soit peu ou très-productive, les dépenses annuelles sont toujours les mêmes. Il faut donc que les frais primitifs, que les frais de plantation soient faits de manière à arriver au plus haut point de produit possible. Avouons-le, mes amis, notre pays comprend peu ses intérêts en cela, car aucune culture n'est plus mal entendue. Le plus souvent, après un ou plusieurs labours, dont la profondeur ne dépasse pas celle des labours ordinaires on plante à la barre, ou l'on pratique de petites tranchées dans lesquelles on place le plant. Sur les terrains fertiles, il est possible d'arriver par ces moyens à obtenir des vignes passables ; mais pour la plupart des sols destinés à la vigne, il ne peut en être ainsi. En Bourgogne, et surtout dans la vallée du Rhône, où la plantation de la vigne est beaucoup mieux entendue que chez nous, un hectare de vigne produit deux fois plus que chez nous. D'où vient la cause de cette énorme différence dans le produit ? Evidemment, elle vient des moyens de plantation usités dans chacun des pays. Si dans nos contrées nous plantons après un labour de 25 à 30 centimètres de profondeur, dans la Bourgogne et dans la vallée du Rhône, on ne plante qu'après un défoncement de 60 centimètres en moyenne. Un végétal quelconque trouve dans le sol une nourriture dont l'abondance est toujours en rapport avec la profondeur de la terre remuée.

Si les couches fertiles d'un sol se trouvent disséminées par le défoncement dans une couche épaisse les fortes racines de la plante fouilleront dans cette épaisseur, y trouveront une nourriture qu'elles ne peuvent aller chercher à la partie supérieure du terrain et un abri assuré contre les fortes sécheresses.

Songeons, d'ailleurs, que les frais de plantation de la vigne se répartissent sur un grand nombre d'années, puisqu'une vigne bien plantée peut durer de 60 à 80 ans, sans que le produit en soit sensiblement diminué à 50. Une vigne mal plantée ne produira jamais beaucoup et sera presque stérile à 40 ans.

En exécutant le défoncement d'un terrain destiné à être planté en vigne, il faut autant que possible que le sol supérieur soit disséminé dans toute la couche de terrain défoncé, car s'il restait à la surface, les racines n'en profiteraient pas. S'il était enfoui trop profondément, une faible partie de racines l'atteindrait : nous savons tous que la vigne ne descend guère que de 50 à 55 centimètres de profondeur. Il résulte de ce que je viens de dire que si un défoncement dépassait 60 à 65 centimètres, le surplus serait non-seulement une dépense inutile, mais il serait même préjudiciable à la vigne, puisqu'il enfouirait une partie du sol végétal au-dessous de la profondeur où les grosses racines de la vigne puisent leur nourriture. Quand on a eu recours au mode si avantageux du défoncement, on peut planter au moyen de la barre ou en pratiquant de petits trous d'une grandeur suffisante pour placer le sarment, de telle sorte que la plantation s'opère vite.

Lorsque au contraire on croit le défoncement inutile ou trop dispendieux, le moyen le plus convenable, pour opérer sûrement, est de faire, l'année qui précède la plantation, deux ou trois labours aussi profonds que possible, par un temps sec ; puis on pratique des tranchées de 40 à 50 centimètres de largeur, et de 55 à 60 de profondeur. Ces tranchées devront être ouvertes aux deux extrémités, si le sol est plat ou à deux pentes, ou par le fond, s'il n'a qu'une pente, et aboutir à des fossés découverts en contrebas des tranchées, pour faciliter l'écoulement de l'excès d'humidité, très-nuisible aux sarments. Pour assurer la prise, on peut se servir d'un procédé excellent qui consiste à placer au fond des fossés des débris de bois, des fascines de petits buissons, de bruyère, d'ajoncs ou de tout autre peu coûteux, de l'épaisseur de 12 à 15 centimètres. Ce procédé est déjà assez communément employé. On attribue généralement à ces fascines une action qui n'est pas la plus appréciable : celle de nourrir le plant. Son effet immédiat est d'établir un assainissement qui assure la prise du sarment. La décomposition du bois n'étant complète qu'après trois ou quatre ans, on ne peut lui attribuer l'effet instantané qui en résulte. C'est un assainissement, un drainage que l'on opère dans cette circonstance. Si l'on n'avait pas le soin d'ouvrir les extrémités des tranchées, les eaux s'y amoncèleraient par l'infiltration, et maintiendraient le plant dans un état constant d'humidité qui le ferait pourrir.

Lorsque les ouvriers font les tranchées, il faut veiller à ce que la terre végétale, la couche arable, soit placée sur l'un de leurs côtés, et celle du sous-sol sur l'autre ; car cette dernière ne doit pas servir à combler les tranchées.

La terre provenant de la couche arable doit être placée au-dessus des fascines ou au fond des tranchées si on ne se sert pas de ce procédé. On place le plant sur cette terre, on l'entoure d'un peu de terreau, si l'on peut s'en procurer, ou d'un peu de terre prise à la superficie du champ. Le restant des tranchées doit être comblé au moyen de la terre arable qu'on enlève sur le sol même. En prenant ces soins, il est rare que la vigne ne vienne pas vite et bien.

On plante la vigne en bouture ou simple sarment ; en crossette, qui est un sarment avec un peu de bois de la taille précédente, et enfin en chevelu, qui est le produit de pépinières ou de provins de l'année antérieure, que l'on sépare de la souche-mère au moment de la plantation.

Le plant en chevelus provenant de provins de la première année est, sans contredit, le plus sûr de tous. Le plant en crossette vaut mieux que le chevelu de pépinière, car la vigne ne souffre guère le déplacement. Le plant en bouture est le plus casuel de tous.

Généralement, on racourcit le plant à deux yeux. Certains agriculteurs le laissent dans toute sa longueur et ne taillent qu'à la troisième année. Ce mode me semble plus en rapport avec la nature. Les végétaux empruntent à l'air, au moyen de leurs feuilles, une partie de leur nourriture; dès-lors, plus le plant a de feuillage, mieux il sera nourri.

Pendant la première période de la vigne, que l'on peut limiter à son premier produit, soit quatre ans, on doit multiplier les labours, les binages et les sarclages. On ne saurait trop croire combien ces soins sont avantageux et combien l'on est largement rémunéré par la précocité du produit.

Les vignes destinées à être labourées à la charrue doivent être espacées de 1 mètre 60 à 1 mètre 80, selon la nature du terrain, et les ceps de 1 mètre 20 à 1 mètre 30 dans les lignes. Les vignes destinées à être labourées à la bêche doivent être plantées à 1 mètre 20, en quinconce. On abandonne généralement ce mode de plantation, parce que la vigne ne vieillit pas autant que celle plantée pour la charrue, et aussi à cause de la cherté des travaux, à moins que ce ne soit sur des terrains inaccessibles à la charrue.

UN MÉTAYER.

Lorsque nous plantons autour de nos champs des rangs de vignes que nous appelons des treilles, pourquoi, M. le commandant, certains ceps n'y sont-ils pas productifs, tandis que d'autres, au contraire, y fructifient beaucoup ?

LE COMMANDANT.

C'est parce que toutes les espèces de vignes ne demandent pas la même taille, mon cher ami, et qu'il faut savoir faire cette distinction. M. le maire s'occupe spécialement du soin de la vigne ; nous allons le prier de vouloir bien nous dire comment il procède pour réussir aussi bien qu'il le fait.

LE MAIRE.

Comme toujours, je me mets entièrement à votre disposition, commandant, heureux de pouvoir vous aider de ma faible expérience, lorsqu'elle pourra être utile à nos réunions.

De la taille. — Le soin de la vigne est un des travaux de la campagne les moins fatiguants et les plus agréables; aussi les propriétaires devraient-ils les étudier pour employer les meilleurs procédés de culture. Des soins multipliés qu'exige la vigne, il n'en est pas de plus délicat que la taille. Comme le climat exerce sur elle une grande influence, nous ne devons pas en parler d'une manière générale, mais seulement en vue de notre contrée.

En principe, le nombre des coursons ou œuvre, qui est la partie de bois de l'année que l'on conserve, doit être proportionnel à la force du cep et à la distance qui se trouve entre chacun d'eux. Ordinairement on laisse 2 ou 3 yeux aux coursons, et quelquefois aussi on laisse 1 ou 2 sarments de 6 à 10 yeux, que l'on recourbe ensuite sur la souche; c'est ce que nous appelons *plier*. Cette dernière méthode est utile, nécessaire même pour certaines espèces de raisins qui autrement ne produiraient rien, mais très-nuisible à d'autres. Ce sarment, coupé à 6 ou 10 yeux, que vulgairement nous nommons *couréges*, doit être aussi fortement arqué que possible, en l'attachant à la souche pour éviter que la séve ne se transporte promptement à l'extrémité du sarment, d'où il ne sortirait que 2 yeux ou au plus 3 des plus extrêmes. La forte courbure empêche la séve de monter avec précipitation et la force à se disséminer dans tous les bourgeons.

Cependant, l'impéritie de certains propriétaires fait opérer la taille sans discernement; ils nuisent beaucoup ainsi au produit et à la conservation du cépage.

Ce serait surtout pour arriver à un bon résultat, en vue de la taille, que la plantation en carreaux de la même espèce de vigne, dont parlait tout-à-l'heure M. le commandant, serait d'une grande importance. Ce n'est qu'ainsi que je suis arrivé à une taille faite suivant l'exigence du plant; car dans une vigne d'espèces mêlées, il faudrait des vignerons très-experts pour distinguer les espèces et faire sur chaque cep la taille qui lui convient le mieux. Je crois utile de vous indiquer les espèces qui veulent les sarments courbés, ou *couréges*, et celles qui les repoussent.

Les ceps noirs les plus répandus dans nos contrées, qui demandent absolument les *couréges*, sous peine de ne rien produire, sont : le pique-pout, le côte-rouge, le chaussé noir, le peillous, le carétou.

Les ceps blancs qui sont dans le même cas sont :

La blanquette, la clarette, le chaussé-gris, le guilen-muscat, le plant-de-dame commun, le dauzet, le béquin, le despen, le sauvignon ou figuen. Les chasselas l'aiment aussi mais peuvent s'en passer; leur production est plus grande au moyen de la courége et les raisins se conservent mieux. Les coursons produisent de plus beaux raisins, mais moins nombreux et plus serrés, ce qui les dispose à la pourriture.

Les raisins noirs qui ne veulent pas le sarment arqué ou courége, sont : le bouchalès, le mérille, le plant-fort, le mourelet.

Les raisins blancs qui ne veulent pas l'arcure sont : le guilen-blanc, le cufidé, le chalosse, le plant-de-dame à sarments rigides, également connu sous le nom de jurançon, le mozat blanc et rose.

On soutient la vigne sur des échalas, comme dans toutes les contrées septentrionales où la vigne produit, ainsi que dans quelques parties du sud-ouest; sur hautains, c'est-à-dire, mariée aux arbres comme en Italie; les treilles relevées au moyen d'échalas avec traverses qui y sont liées, produisent du vin de très-médiocre qualité. Lorsque le climat le permet, comme dans les départements du midi et quelques uns du sud-ouest, il n'y a rien de mieux que d'abandonner la vigne à elle-même, ne la diriger que par la taille et de ne lui donner de tuteurs que pendant son jeune âge. Ce mode procure une économie notable et une grande supériorité dans les produits.

Époque la plus favorable à la taille. — Les opinions sur l'époque la plus favorable à la taille sont diverses. Les uns croient que l'arrière-saison est préférable à cause des gelées tardives, d'autres ne redoutent pas ce danger et ne craignent pas de tailler en hiver. Il est généralement reconnu, cependant, que les vignes tardivement soumises à la taille se chargent moins de raisins et qu'elles sont plus sujettes au coulage parce qu'elles sont affaiblies par l'effet de la taille tardive. Que l'on ne se figure pas que la liqueur qui s'échappe des coursons par la coupure d'un sarment en séve soit de l'eau pure; ce serait une grande erreur. Cette eau, puisée par les suçoirs des racines contient les principes nutritifs que la plante élabore, s'assimile et ne peut plus reprendre lorsqu'elle s'est échappée; c'est donc une perte qui ne peut se réparer. Cet inconvénient ne peut avoir lieu quand la taille se fait avant l'ascension de la séve, parce que la plaie des coursons se ferme et que la séve ne peut que très-difficilement s'échapper entre les fibres.

Il est utile de signaler une négligence que l'on rencontre sur presque tous les points, celle de ne pas nettoyer le pied des souches au moment de la taille. La mousse et certains lichens ont le double inconvénient d'enlever à la vigne une partie de ses sucs et de cacher des insectes qui dévorent la pousse.

Greffe. — Les mauvaises espèces de raisins peuvent être facilement remplacées par la greffe en fente. On déchausse le pied de la vigne à 10 ou 12 centimètres en terre, on le fend par le milieu et l'on adapte aux deux côtés un sarment taillé en coin. On presse un peu de terre fraiche que l'on place sur la fente entre les deux sarments pour éviter qu'il ne s'y introduise de petits cailloux qui gêneraient le rapprochement des lèvres. Lorsque les sarments ont bien poussé, l'on détruit celui qui présente le moins de vigueur. Il faut placer à chaque souche un petit tuteur pour éviter que rien ne s'en approche, car les greffes se cassent ou se dérangent facilement. Un ouvrier peut greffer, selon son activité, de 180 à 220 pieds de vigne. On obtient du fruit dès la seconde année.

Pinçage. — J'ai vu pratiquer par beaucoup de vignerons le

pinçage de la vigne, c'est-à-dire l'action de racourcir les sarments à une hauteur plus ou moins élevée au-dessus des fruits. Cette opération, dont je ne comprends pas l'utilité, présente le double inconvénient de priver les raisins d'une quantité relative de sucs nourriciers que toutes les plantes puisent dans l'atmosphère et de diminuer les bénéfices que produit la vigne en multipliant les frais de culture.

Ébourgeonnement. — L'ébourgeonnement est très-utile, indispensable même, et doit se faire au pied de la vigne seulement dans les pays où, comme le nôtre, le climat la favorise. Ces pousses profitent sans utilité de la première séve et croissent au détriment des sarments à fruits. Ébourgeonner sur la partie élevée de la souche les sarments sans fruits, ce serait s'exposer dans notre climat, souvent brûlant, à enlever aux jeunes raisins une ombre qui les protége contre la chaleur de l'été.

Effeuillage. — Dans les départements du midi et une partie de ceux du sud-ouest, cette opération est inutile et pourrait être préjudiciable dans certains cas. On ne doit donc y recourir que pour les vignes montées en treille, lorsqu'elles sont très-vigoureuses, ou pour les raisins de table à la dernière période de leur maturation : huit ou dix jours, au plus, avant qu'elle soit complète. C'est plus en vue de la coloration des raisins qu'en vue de leur maturité que l'effeuillage doit se faire.

Coulure. — La coulure est produite par l'impossibilité où se trouve le pollen, pendant les pluies et les brouillards prolongés, de se répandre dans son état naturel des étamines, où il se forme, sur les ovaires qui reçoivent la fécondation. L'état normal du pollen est une poussière excessivement ténue que la mouillure dénature et empêche de remplir le rôle qui lui est assigné. Ainsi, tous les moyens artificiels que l'on pourrait prendre pour éviter la coulure, même la plaie annulaire, un moment si vantée, ne sauraient l'arrêter. Une action atmosphérique produit ce résultat ; une action naturelle peut seule l'empêcher. Ce serait temps et peine perdus que de chercher à arrêter le cours des causes de la coulure de la vigne. J'entrerais volontiers dans le récit des observations que j'ai faites à ce sujet, si elles pouvaient être utiles et faire entrevoir un remède : ce serait, mes amis, vous fatiguer sans but.

Oïdium tuckéri. — Cette calamiteuse maladie, qui depuis quelques années est venue fondre sur les vignobles de toute l'Europe, sans distinction de climat et de nature du sol, a produit déjà un mal immense, et tout semble nous indiquer qu'elle n'a sans doute pas atteint l'apogée de son action délétère. Les remèdes presque tous impraticables qui ont été indiqués jusqu'à ce jour, ne me paraissent pas dignes d'examen, car tous ont été, l'un après l'autre, abandonnés sans avoir produit un résultat à constater. L'oïdium est une de ces mille maladies dont la nature retient secrètement les germes, et qu'elle répand tour à tour dans un but que la Providence seule connait. Comme toutes les épidémies qui se précipitent sur tous les points du globe à des époques déterminées, tantôt contre les hommes, tantôt contre les animaux ou les végétaux, qui ont la durée que la Providence leur assigne et disparaissent sans que le génie de l'homme puisse quelque chose pour les arrêter, l'oïdium aura son cours et sa fin. Il ne faut donc pas que cette terrible maladie empêche les agriculteurs de poursuivre la culture de la vigne, destinée, sans aucun doute, à devenir d'un grand produit pour les pays heureusement doués d'un climat propre à sa végétation. Les moyens faciles de transport que vont nous procurer les chemins de fer lorsque tous les réseaux projetés envelopperont nos départements, rendront la consommation du vin une nécessité pour les populations qui le connaissent peu encore.

La France produit de 35 à 36 millions d'hectolitres de vin. Le 5me au moins est réduit en eau-de-vie, un autre 5me passe à l'étranger ; reste 66 litres à consommer par habitant, ou 85 litres à peine par individu d'un âge à pouvoir en boire. Notre production actuelle n'arrivera pas à la moitié des besoins les moins exagérés lorsque nos lignes ferrées pourront transporter, sur tous les points de la France qui ne produisent pas de vin, l'excédant de la consommation des pays viticoles. La vigne a donc un bel avenir; songeons sérieusement non-seulement à soigner les vignobles que nous possédons, mais encore à les multiplier.

Labours. — La vigne se laboure à la bêche ou à la charrue; mais partout où l'accès de la charrue est possible, on doit planter de manière à se servir de cet instrument qui offre une très-grande économie. Je suis convaincu aussi que la vigne, plantée à la distance qu'exigent les travaux à la charrue, est plus productive et dure plus longtemps, malgré l'endommagement inévitable qu'elle cause, que la vigne plantée à la distance que veut le travail à la bêche.

Rien n'est plus contraire à la vigne que de la labourer ou de la bêcher par un temps humide. Beaucoup de propriétaires, cependant, soit par insouciance, soit par une économie mal comprise, font exécuter ces travaux sans avoir égard à l'humidité du sol.

Engrais. — Sous toutes les formes, les engrais conviennent à la vigne; mais certains nuisent à la vinification; tous même influeraient d'une manière fâcheuse sur ses produits s'ils n'étaient distribués avec discernement.

Fumure. — La fumure nuit beaucoup à la qualité du vin pendant toute la durée de son action qui se prolonge longtemps. L'emploi des engrais d'animaux quelconques rend les vins gras et leur communique, dès leur 2me ou 3me année, un goût de rance fort désagréable.

On connaît, sur plusieurs points de la France, des vignobles longtemps en réputation dont les produits ont été complétement dénaturés par l'emploi des fumiers.

Terrage. — C'est le meilleur de tous les amendements : il convient à la vigne comme à la production, à condition que le terrain transporté ne soit pas trop gras, sous peine de nuire à la qualité du produit. Ce n'est que sur les vignobles qui donnent des vins supérieurs que cet inconvénient doit être pris en considération; sur ceux produisant des vins ordinaires, ils font augmenter la quantité des produits par le terrage, sans nuire à sa qualité d'une manière appréciable.

Compost. — Formés de menu bois, d'ajonc, d'herbes, de raclure d'allées, de feuilles, etc., mêlés à de la marne, de plâtras (vulgairement appelé chaffre), les composts sont d'excellents amendements pour la vigne. Si l'on n'a pu ajouter des plâtras à ces mélanges, il serait avantageux d'y mêler de la chaux en poussière pour détruire l'acidité qui caractérise tout compost végétal. Ils ne doivent être employés qu'un an après leur composition.

Vendanges. — Dans les pays viticoles, les vendanges ont lieu du 15 septembre au 15 octobre. Dans les années exceptionnelles, l'état de la saison peut avancer ou retarder cette époque. Elles sont dans certaines localités soumises à des réglements particuliers et ne s'ouvrent que lorsque l'autorité, après avoir pris l'avis de propriétaires ou de prud'hommes désignés pour examiner les vignes, en fixe le jour soit pour toute la commune, soit par quartiers, lorsque les circonstances l'exigent; on les appelle *bans de vendanges*. Ces réglements peuvent avoir quelques inconvénients; mais dans les contrées où le sol est divisé, les avantages sont bien au-dessus des inconvénients. Les conseils municipaux de certaines communes, désireux de se soustraire à la gêne qu'ils reconnaissaient, ont essayé d'abolir les bans de vendanges, mais pour y revenir bientôt après.

Autant que possible, les raisins doivent être cueillis dans l'état le plus complet de maturité. Communément, en France, nous vendangeons trop tôt. Cela résulte, en partie, de la diversité des plants qui composent nos vignobles et qui, presque partout, sont disséminés au hasard, de manière à rendre coûteuse et difficile la cueillette des raisins primeurs. Quelle que soit la nature de la liqueur que l'on veut obtenir en définitive; que les raisins soient destinés à la cuite ou à produire de l'eau-de-vie, soit même à être conservés pour la table, leur bonté, leur spirituosité et leur conservation seront toujours en rapport avec leur degré de maturité. Si les différentes espèces de ceps étaient divisées par carreaux, on pourrait vendanger, sans grossir les frais, au fur et à mesure de la maturité.

Égrappage. — Les avis sont très-partagés sur les avantages et les inconvénients de l'égrappage. A mes yeux, il en peut être autrement, parce qu'on n'a pas fait assez la part des circonstances ; car, si cette opération est avantageuse dans l'une, elle présente des inconvénients dans l'autre. Les œnologues des pays septentrionaux qui produisent des vins légers et inférieurs, parce que les raisins n'y mûrissent pas parfaitement, ont dû remarquer que l'égrappage nuisait au vin ; c'est qu'en effet la pulpe seule des raisins ne peut donner au liquide la force qu'il puise dans le tannin de la grappe. Les œnologues des pays méridionaux, au contraire, ont reconnu que les grappes donnaient au vin une ardeur démesurée et une âcreté très-sensible. Si cette distinction avait été faite d'abord, toute discussion au sujet de l'égrappage aurait été évitée, et l'on aurait reconnu que dans les pays septentrionaux l'égrappage était plutôt nuisible qu'utile, et qu'il en était tout autrement sous les climats chauds. Dans ces derniers pays, même, lorsque la température qui précède la maturité des raisins n'a pas été favorable, et que par suite la vendange ne promet pas du vin de bonne qualité, il est avantageux de ne pas égrapper, ou tout au moins de ne le faire qu'en proportion de la maturité des raisins.

Dans le cas où l'on vendangerait par carreaux, il ne faudrait faire fouler les raisins que lorsque la cueillette serait terminée. Il n'y a aucun inconvénient à conserver la vendange 10 ou 12 jours dans les vaisseaux qui la reçoivent à la vigne. La faible fermentation qui s'opère ne peut nuire à la qualité du vin, tandis qu'il y aurait un grand inconvénient à fouler une partie du raisin et à le mettre dans une cuve pour ajouter de la nouvelle vendange, lorsque la première aurait acquis un grand degré de fermentation. Le mieux serait, sans doute, de fouler et de

19

mettre en cuve les raisins cueillis à leur point de maturité et ne mêler qu'au décuvage.

Foulage de la vendange. — Je n'entreprendrai pas de comparer entre elles les diverses méthodes du foulage; cette question demanderait un long développement qui ne serait pas en rapport avec le résultat, car la différence du foulage influe bien peu sur la qualité du vin. Nous devons laisser à chaque pays sa méthode qui n'a besoin d'être modifiée qu'en vue d'économiser les frais. Le pressoir est, sans contredit, le moyen le plus économique de tous.

UN MÉTAYER.

Voudriez-vous nous dire, M. le Maire, d'où proviennent les nombreux accidents qui arrivent tous les ans en foulant la vendange dans la cuve? Il y a sans doute des moyens pour les éviter?

LE MAIRE.

M. le curé, mon ami, répondra à votre question beaucoup mieux que je ne pourrais le faire : nous allons le prier de nous édifier à ce sujet.

LE CURÉ.

Très-volontiers, Messieurs, je vous indiquerai le moyen facile de prévenir tout danger.

Il arrive souvent, en effet, que l'on jette dans la cuve une certaine quantité de vendange pour débarrasser les vaisseaux et pouvoir continuer; souvent même attend-on jusqu'au lendemain pour fouler les premiers raisins versés dans la cuve. Il en résulte souvent de graves accidents qu'il est très-facile d'éviter. Lorsque les vendanges se font par un temps sec et chaud, et que les raisins se trouvent dans un bon état de maturité, la fermentation se détermine après quelques heures, et il se dégage un gaz irrespirable (l'acide carbonique) qui, plus lourd que l'air, demeure au fond de la cuve où il s'élève graduellement. Si, au moment où les hommes chargés du foulage entrent dans la cuve, la couche d'acide carbonique s'élève à la hauteur de leurs organes respiratoires, ils tombent asphyxiés, comme frappés par la foudre; la mort suit de près, si de prompts secours ne leur sont pas donnés. J'ai vu quelquefois les hommes chargés de cette opération monter à l'extrémité de la cuve, y plonger la tête et se croire sans danger parce qu'ils ne sentaient pas l'odeur de la fermentation, puis descendre sans prendre d'autres précautions. Ce que je viens de dire à l'instant vous prouve assez que ce moyen de se soustraire au danger est très-insuffisant. Avant de descendre dans une cuve, on doit y plonger une bougie allumée, ou tout autre lumière, jusqu'à toucher la vendange; si la lumière ne s'éteint pas, le foulage peut s'opérer sans danger; si elle s'éteint, il faut bien se garder de descendre.

L'INSTITUTEUR.

Je prie M. le curé de vouloir nous dire si l'événement arrivé l'année dernière à Valence-d'Agen, a quelque analogie avec ceux qui sont causés par la fermentation vineuse, et s'il eût été possible de le prévenir.

LE CURÉ.

Sans nul doute, mon cher ami ; le triste événement dont vous parlez pouvait être facilement prévenu. Les quatre malheureux qui ont été asphyxiés en descendant dans un puits, ont dû évidemment la mort à l'action du gaz acide carbonique.

Soit qu'il existât dans ce puits une source de ce gaz, soit que le puits, privé d'air depuis longtemps, lui ait donné passage par son orifice supérieur (la pesanteur spécifique de l'acide plus grande que celle de l'air rend plus probable cette dernière hypothèse), le fluide gazeux, en pénétrant dans le puits par petite couche diurne, aura déplacé l'air respirable. Tout accident aurait été évité si l'on avait pris la précaution de descendre une bougie allumée dans le puits.

La chute de la première personne qui descendit pouvait ne pas faire soupçonner la cause de cet accident; mais celle de la seconde ne devait laisser aucun doute à cet égard. Malheureusement il ne se trouva personne là qui fût capable de deviner ce qui se passait ; les deux premières victimes auraient pu être sauvées peut-être ; mais certainement on n'aurait pas eu à déplorer la mort des deux autres personnes.

L'ammoniaque, plus connu sous le nom d'alcali volatil, dont les pharmaciens sont toujours pourvus, possède à un haut degré la propriété d'absorber l'acide carbonique. A l'instant de l'accident, il fallait envoyer chercher quelques flacons d'ammoniaque et en jeter sur les parois du puits ; ce qu'un homme, en descendant avec précaution, aurait pu faire à son aise, en se faisant accompagner d'une bougie allumée qu'une autre personne aurait plongée peu à peu. Elle aurait indiqué la hauteur du gaz délétère et sa disparition à mesure de l'absorption par l'ammoniaque. Il serait arrivé ainsi sans danger au fond du puits pour en retirer les malheureux asphyxiés.

Dès qu'une personne asphyxiée par l'acide carbonique est retirée d'une cuve ou de tout autre lieu qui en renfermait, on doit la mettre sur son séant et placer sous sa bouche et sous son nez un vase d'alcali volatil. Si l'asphyxie n'est pas complète, elle sera bientôt rappelée à la vie.

Tous les propriétaires devraient avoir continuellement un flacon d'alcali, qui peut servir dans de telles circonstances, et aussi pour soulager les animaux météorisés par le trèfle et la luzerne, en leur faisant flairer et avaler de ce précieux liquide.

Lorsqu'il est difficile de se procurer promptement de l'alcali volatil, après avoir dépouillé un asphyxié de tous ses vêtements, on lui fait sur le corps des aspersions d'eau froide, et l'on tâche de lui faire avaler de l'eau froide mêlée à un sixième de vinaigre et de lui en donner également en lavement. Tous ces secours mêmes peuvent être administrés avec l'alcali volatil, et sans attendre l'arrivée d'un médecin qu'il faut toujours s'empresser d'appeler.

L'INSTITUTEUR.

Permettez-moi de m'écarter un peu du sujet qui nous occupe,

M. le curé, pour vous demander si un asphyxié par submersion peut être rappelé à la vie par les mêmes moyens qui sont employés à l'égard d'un asphyxié par la fermentation vineuse ?

M. LE CURÉ.

Il y a peu d'analogie entre ces deux asphyxies, mon cher ami, aussi les moyens de combattre la dernière ne peuvent être les mêmes. Il faut bien se garder de suspendre un noyé par les pieds, comme cela se pratique quelquefois. Il est des exemples qu'un noyé a été rappelé à la vie plus de 4 heures après sa submersion, quand les secours ont été judicieusement prodigués. Voici les plus simples et les plus sûrs :

Il faut le déshabiller sur-le-champ en coupant ses vêtements avec des ciseaux après l'avoir couché sur le *côté droit, la tête élevée* et ne pas l'agiter ; l'envelopper ensuite d'une chaude couverture de laine, le placer sur un matelas à terre et près d'un grand feu ; lui tenir constamment aux pieds des linges chauds ; lui frictionner toutes les parties du corps avec de la flanelle sèche ; quand le corps n'est plus mouillé, le frictionner avec de la flanelle imbibée d'eau-de-vie ; introduire un tuyau de soufflet dans une de ses narines et fermer l'autre en la pressant avec le doigt pour faire pénétrer l'air dans les poumons ; lui tenir de temps à autre de l'alcali volatil sous le nez ; enfin, lui presser doucement le bas-ventre de temps en temps. Comme pour les asphyxiés par l'acide carbonique, ces secours doivent être donnés avant l'arrivée du médecin qu'il faut se hâter d'envoyer chercher tout de suite.

UN MÉTAYER.

Quand nous foulons notre vendange, M. le curé, nous ne prenons pas de précautions comme celles que vous nous avez indiquées. Nous pensons, en général, que l'odeur de la vendange enivre si l'on y reste longtemps; mais que l'on est toujours à temps de se retirer. Nous qui connaîtrons maintenant le danger, nous nous garderons bien de nous y exposer. Si nous avions connu aussi les moyens de faire revenir à la vie le fils de Jacques le meunier, qui l'année dernière se noya dans le réservoir, et qui n'y resta pas un quart d'heure, il est probable que nous l'aurions conservé à son père. Nous crûmes bien faire aussi de le tenir assez longtemps la tête en bas.

M. LE CURÉ.

C'était le moyen de rendre plus prompte l'asphyxie complète, mon cher André ; il faut bien se garder de recourir à un tel moyen.

Il est déjà tard, mes amis ; ce serait fatiguer outre mesure M. le maire que de l'engager à poursuivre le cours de ses intéressantes observations. Nous le prierons de les reprendre à notre prochaine réunion.

SEIZIÈME SOIRÉE.

—

LE MAIRE.

Fermentation. — Lorsque la vendange a été foulée et jetée dans la cuve, se présente la fermentation tumultueuse qui se complète en un nombre de jours indéterminés pourvu que le calorique se maintienne de 12 à 14 degrés centigrades. Si la température n'atteignait pas 9 degrés, il faudrait alors ajouter un liquide qui réchauffât le moût. Il est rare que sous notre climat, nous ayons besoin de recourir à cet expédient qui, cependant, pourrait être utile quand les vendanges ont été tardives ou que le raisin n'a pas bien mûri ; mais on y a souvent recours dans les pays septentrionaux où l'on ajoute du moût bouilli au sortir du feu, du miel ou du sucre.

Quelquefois, c'est l'eau qui manque dans le moût ; aussi, dans les pays très-chauds, comme en Grèce, en Espagne, etc.; on l'ajoute souvent.

M. LE CURÉ.

Ce que vous venez de nous dire, M. le maire, exige une expli-cation que je vous demande la permission de vous donner en peu de mots.

La vendange, ou pour mieux dire le moût, se compose princi-palement dans celui fourni par les raisins noirs d'un principe extractif particulier à tous les fruits, d'acides tartriques, d'une substance colorante, de ferment de tannin, d'une quantité variable d'eau et d'une autre substance appelée mucoso-sucré qui varie aussi selon la maturité des raisins et de leur qualité, et surtout, suivant les climats.

De tous ces éléments, deux disparaissent pendant l'acte de la fermentation tumultueuse : le mucoso-sucré qui se convertit en alcool et le ferment dont le rôle n'est pas très-connu. Les autres se combinent pour former un liquide savoureux que la fermen-tation insensible et le temps perfectionnent en donnant à nos vins des qualités et des bouquets plus ou moins recherchés.

Dans les pays froids, ou pendant les années peu favorables dans les pays tempérés, le mucoso-sucré ne se trouvant pas en quantité convenable pour que la fermentation vineuse se produise suffisamment, on devrait alors ajouter du sucre ou du miel qui ont de l'analogie avec le mucoso-sucré. Le prix du sucre ne rend pas la dépense très-élevée, puisque dans les pays septentrionaux qui produisent la vigne on a souvent recours à ce procédé. Beau-coup de propriétaires se servent d'un instrument inventé par l'ingénieur Chevalier pour servir de guide afin de mesurer la quantité qui manque. Cet instrument a reçu le nom de *gleuco-œnomètre*. Dans les pays tempérés comme le nôtre, le ferment manque rarement.

Dans les bonnes années, l'instrument de Chevalier doit mar-quer 11 degrés au moins ; s'il marque moins de 8 à 9 degrés, le mucoso-sucré ne se trouve pas en quantité suffisante.

Après cette observation, qui peut avoir son importance, je vous laisse, M. le maire, continuer les vôtres.

Après les explications que M. le curé nous a données, beaucoup mieux que je n'aurais pu le faire, se présente la question de savoir si la fermentation tumultueuse se fait mieux en vaisseaux clos qu'en vaisseaux ouverts. Je n'hésite pas un moment à dire oui ; car nul doute que la chaleur et le mouvement violent qu'imprime la fermentation ne produisent une perte notable d'alcool et ne laissent dégager une partie du bouquet. Le vin fermenté dans des vaisseaux clos sera toujours plus généreux que celui qui a subi la fermentation à l'air libre, en la précipitant outre mesure. Ce n'est cependant pas sans précaution et sans appareil qu'il serait possible d'obtenir une fermentation en vaisseaux clos sans danger d'explosion. Plusieurs instruments inventés à cet effet ont amené la résolution du problème. On se sert aujourd'hui d'un tube recourbé scellé au couvercle de la cuve et qui plonge dans un vaisseau rempli d'eau qui demeure chargée de l'absorption de l'acide carbonique. Mieux serait encore de remplacer l'eau par du lait de chaux qui l'absorberait avec plus de facilité.

Le plus grand avantage, sans contredit, que présente la fermentation à vaisseaux clos, beaucoup moins tumultueuse que celle qui se produit lorsque la vendange est en contact avec l'air, est de ne pas s'inquiéter du moment le plus opportun du décuvage, parce qu'il n'y a pas à craindre le soulèvement d'une partie de la vendange qui, sans cesse au contact de l'air, passe fortement à l'acide et le communique au vin. Si ce chapeau descendait lorsque la fermentation tumultueuse diminue, il ne serait plus soulevé par elle.

Décuvage. — Il ne serait pas à propos de fixer la durée du décuvage, puisqu'elle dépend de la force de la fermentation, et conséquemment du climat, de la qualité de la vendange, du temps plus ou moins sec qui a présidé aux vendanges, du degré de coloration du vin que l'on veut obtenir, et enfin du produit final que l'on se propose. C'est ainsi qu'en France le cuvage varie de

4 à 45 jours. L'intelligence des producteurs et la pratique doivent seules servir de guides dans cette opération.

Le choix des futailles est le point le plus important du décuvage, parce qu'il influe beaucoup sur le goût et la conservation des vins. Lorsqu'elles sont neuves, il faut avoir le soin de les laver d'abord à l'eau bouillante, en les agitant en tout sens, puis laisser refroidir l'eau, la jeter et remplir les futailles d'eau fraiche. Cette opération doit se faire sept à huit jours avant le décuvage et ne jeter l'eau que la veille de les remplir de vin, pour qu'elles puissent s'égouter convenablement. On peut être certain qu'ainsi la partie extractive du bois, qui donnerait au vin un goût amer ou désagréable, aura complétement disparu. Sans cette prudente opération, on perdrait, en outre, une quantité appréciable de vin qui garnirait les fibres du bois s'ils n'étaient déjà occupés par l'eau ; car l'ouillage des futailles neuves est considérable pendant les deux premières semaines lorsque cette précaution n'a pas été prise.

Si l'on emploie des futailles vieilles, il faut s'assurer qu'elles ne soient ni moisies ni aigres. Celles qui sont moisies doivent être rejetées, car elles ne peuvent être utilisées qu'en remettant le bois à neuf intérieurement, ce qui ne peut se faire qu'en les reconstruisant. Si le bois est trop mince, les douves peuvent servir à faire de petites futailles après les avoir reblanchies. Lorsqu'elles sont aigres, il faut les rincer vivement avec du lait de chaux fraîche et l'y laisser plusieurs jours, en ayant soin de les agiter deux fois par jour. La veille du décuvage, il faut rincer soigneusement les futailles à plusieurs eaux et terminer cette opération en y introduisant de l'eau bouillante que l'on y laisse refroidir après l'avoir fortement agitée pour détacher le reste de la chaux. On y passe enfin une dernière eau claire, puis on laisse égouter jusqu'au lendemain.

Je dois me hâter de dire que ces futailles ne doivent renfermer que du vin commun qui n'est pas destiné à être conservé.

Quelques heures avant de décuver, on doit faire brûler une

mèche soufrée que l'on adapte à un crochet en fil de fer attaché à un morceau de bois qui doit être plus gros qu'une bonde ordinaire, mais amincie par le bout où se trouve attaché le fil de fer pour qu'il puisse pénétrer dans le trou de la bonde et le fermer hermétiquement. Si la mèche soufrée ne brûle pas dans la barrique, c'est parce qu'elle contient de l'air méphitique. On doit alors souffler la barrique avec un soufflet de tonnelier pendant cinq minutes environ, pour forcer le gaz qu'elle contient, qui n'est autre que de l'acide carbonique, à sortir et à laisser pénétrer à sa place l'air respirable. Si l'on n'a pas de soufflet de tonnelier il faut alors placer la barrique dans sa position normale, ouvrir la bonde et l'esquive. L'acide carbonique plus lourd que l'air sortira par l'esquive et la bonde donnera passage à l'air qui le remplacera. Six heures suffisent ordinairement à l'entier écoulement du gaz méphitique.

Si l'on trouvait ce temps trop long, il est un moyen plus expéditif : celui de remplir la barrique d'eau ; l'acide qui ne sortira pas par la bonde à mesure que l'eau pénétrera sera absorbé par ce liquide en entier.

Si l'on ne prenait pas les précautions que je viens d'indiquer et que l'acide carbonique restât dans la futaille, le vin absorberait une grande partie de ce gaz qui déterminant une fermentation très-sensible finirait par faire tourner le vin à l'aigre, ce qui arrive très-souvent dans nos contrées.

La mèche soufrée doit être employée dans la proportion de 3 centimètres de longueur par hectolitre de capacité du vaisseau. Les mèches ont ordinairement 3 centimètres de largeur.

On trouve maintenant des mèches chez tous les épiciers, mais on peut en fabriquer soi-même par un procédé très-simple. On fait fondre du soufre dans un vase de terre ; on coupe des mèches de 20 à 25 centimètres de longueur, soit en fil soit en coton, puis on les plonge dans le soufre fondu.

Le premier vin qui sort de la cave n'est pas le meilleur, non plus que le dernier ; il faut donc pour que le vin n'ait pas des qualités différentes, diviser le liquide pendant le décuvage, de manière que toutes les pièces renferment du vin sorti au commencement, au milieu et à la fin de l'opération, si ce n'est les 100 derniers litres qui doivent être mis à part pour servir d'ouil-lage, huit ou dix jours après avoir fait subir à ce vin un soutirage pour en séparer la lie.

Fermentation insensible. — Cette fermentation, qui s'opère après le décuvage, et que l'on nomme ainsi par opposition à la fermentation tumultueuse dont nous avons parlé, se poursuit quelque temps encore, trois mois environ. On la reconnait quand on entend un soufflement sensible lorsqu'on enlève la bonde d'une futaille : c'est de l'acide carbonique qui se dégage. Si cette fermentation se prolonge au-delà de trois mois, on peut être assuré qu'il existe encore une partie de ferment qui deviendrait nuisible. Il faut se hâter de soutirer le vin pour l'ôter de dessus sa lie. On doit, à mesure du soutirage, rincer les futailles et y brûler, comme je l'ai dit pour le décuvage, une mèche soufrée qui détruira le ferment. Souvent cette fermentation se renouvelle plusieurs fois à l'automne et au printemps.

Pour les vins blancs, la fermentation tumultueuse se produit dans les futailles, puisque ordinairement on y place le vin au sortir du pressoir. Selon les qualités que l'on cherche à obtenir, le premier soutirage se fait du huitième au trentième jour. Les soutirages doivent être d'autant plus fréquents que l'on désire des vins plus liquoreux; mais comme les vins blancs ont plus de tendance que les vins rouges à tourner à l'acide, ils doivent être plus fréquemment soutirés et soufrés.

Conservation du vin. — Quand le vin a été mis en futailles, il faut être attentif à les entretenir toujours pleines. Pendant la première semaine on doit ouiller chaque jour et deux fois par semaine pendant le mois qui suit; puis une fois par semaine jusqu'à ce que les futailles soient placées bonde de côté. Le contact de l'air est très contraire au vin, il faut, autant que possible, l'en préserver.

Les vins nouveaux devraient être toujours mis en futailles neuves, à moins qu'ils ne soient placés en foudres en bois ou en pierre revêtus d'un bon ciment qui s'altère difficilement; si ce n'est cependant les vins très-médiocres dont le bas prix ordinairement ne permet pas cette dépense annuelle. Les vins destinés à la table ne se conserveront droits de goût qu'autant qu'au décuvage ils auront été mis en futailles neuves. L'emploi des vieilles futailles entraîne toujours l'altération du vin dès la seconde ou la troisième année, et souvent pendant la première, à moins de soins particuliers qui se rencontrent rarement dans nos celliers.

Le vin doit être soutiré deux mois après le décuvage, puis au mois d'avril suivant, et deux fois par an pendant les trois premières années. S'il est conservé plus longtemps en futailles, il n'exigera plus qu'un soutirage par an, soit en avril, soit en octobre. Après le soutirage, qui a lieu un an après le décuvage, les futailles peuvent être mises bonde de côté ; mais elles doivent l'être rigoureusement au printemps suivant. Les futailles se tournent sur bonde à un quart.

Fouettage et collage. — Il ne suffit pas d'arrêter la fermentation du vin par le soutirage, il faut encore le dépouiller de matières qu'il tient en dissolution et le clarifier par le collage et le fouettage.

Deux substances servent au collage du vin : la gélatine, qui s'extrait des cuirs et des os des animaux ou de la vessie des poissons, et l'albumine, qui se trouve en grande quantité dans le blanc d'œuf.

Si l'on se sert de gélatine, que l'on trouve chez presque tous les épiciers préparée en tablettes pour futailles de deux hectolitres environ, on la fait dissoudre dans du vin chaud. Quand elle est suffisamment fondue, on doit verser le tout dans la futaille, dont il faut ensuite agiter le contenu avec un fouet de tonnelier pendant cinq minutes, et aussi vivement que possible.

Si l'on se sert d'albumine, on doit prendre douze œufs qui ne soient pas vieux, huit jours au plus, dont il faut battre les blancs mêlés à la coque et y ajouter un peu de vin ou d'eau froide. Lorsqu'ils sont à l'état de *neige*, on met le tout dans la futaille et l'on fouette ensuite comme avec la gélatine. Il faut cinq œufs par 100 litres de vin.

L'action de la gélatine étant plus active que celle de l'albumine, le vin collé au moyen de la première substance ne doit demeurer que 10 jours sur le fouet et être tiré au fin le 11me, tandis qu'il y doit rester 15 jours, lorsqu'il a été collé au moyen de la seconde.

Si un collage ne suffisait pas pour dépouiller convenablement le vin, il faudrait avoir recours à un second et à un troisième, même, de mois en mois. Mais, si trois opérations ne suffisaient pas à la complète clarification du vin, cet insuccès viendrait de ce que le vin ne contiendrait pas de tannin, dont la présence est nécessaire pour arriver au résultat; il faudrait avoir recours alors à une décoction d'écorce de chêne que l'on obtient facilement en faisant bouillir pendant quelques minutes, soit 125 grammes d'écorce de chêne sèche dans un litre de vin et par 100 litres de vin ; on passe le liquide au travers d'un linge et on l'introduit dans la futaille avant le fouettage et le collage.

LE CURÉ.

Il faut, en effet, pour que le collage produise un bon résultat, Messieurs, qu'il y ait combinaison de l'albumine ou de la gélatine avec le tannin du vin ; or, comme l'écorce du chêne contient une grande quantité de cette substance, M. le maire vous donne un conseil rationnel.

LE MAIRE.

Vin blanc. — Le vin blanc qui ne doit pas avoir de couleur n'a pas besoin d'être soumis au cuvage. On doit le fouler au sortir de la vigne et le mettre dans les futailles. Plus sujet que le vin rouge à tourner à l'acide, le vin blanc doit être soutiré et soufré plus souvent.

Mise en bouteilles. — Les vins se bonifient dans les fûtailles ; mais c'est surtout dans les bouteilles que se développent les qualités qui leur donnent le plus de prix.

On doit soigneusement rincer les bouteilles et les laisser égoutter avant de les remplir ; un petit intervalle doit être laissé entre le vin et le bouchon pour éviter la casse en frappant le bouchon.

Le choix des bouchons n'est pas sans importance ; car leurs qualités varient beaucoup. Ceux qui ont déjà servi ne doivent pas être employés pour les vins destinés à vieillir ; le goudronnage ne suffirait pas toujours à les préserver du contact de l'air et de passer à l'aigre.

Les bouteilles renfermant des vins de conserve doivent être goudronnées immédiatement après le remplissage et couchées de suite.

Le meilleur goudron est ainsi composé :

Poix de Bourgogne.......... ¹/₂ kilogramme.
Poix-résine................. ¹/₂ kilogramme.
Cire jaune................. 350 grammes.
Ocre rouge................. 60 grammes.

Maladies du vin. — Le vin peut contracter plusieurs maladies, dont les plus communes sont la graisse, le goût de fût et l'acide.

La graisse que l'on appelle aussi *tournure*, provient le plus souvent de la faiblesse du vin. Elle est caractérisée par la séparation de la matière colorante du liquide qui prend une couleur pâle et terne et un goût très-désagréable de suif.

Dans le principe du mal, il est possible de le guérir en ajoutant de l'acide tartrique ; mais pour peu que le mal ait fait des progrès, il est impossible de lui rendre son homogénéité et sa limpidité. Le fouettage et le collage ne font qu'aider la partie colorante à se précipiter ; il ne reste qu'un liquide à peine coloré qui n'est réellement plus du vin, et qui bientôt file comme un corps gras.

La graisse, ou tournure du vin blanc, se guérit plus facilement par le même procédé, à cause de l'absence de la partie colorante qui entre dans la composition du vin rouge.

Le goût de fût provient de la moisissure ou de la mauvaise qualité du bois. Il est difficile de remédier à ce défaut, quand il a acquis une certaine intensité. Dans le principe du mal, le plus sûr moyen est de changer le vin de futaille. On ne doit pas même destiner à la distillation le vin qui en est atteint, car le produit de la distillation en conserve la saveur. J'ai employé plusieurs moyens dont beaucoup de propriétaires se servent pour enlever au vin le mauvais goût dont je viens de parler. Aucun ne m'a si bien réussi que le suivant, découvert il y a environ vingt ans par M. Magnes, pharmacien. Ce moyen consiste à introduire dans la futaille 125 grammes d'huile d'olive par cent litres de vin, puis on agite le vin fortement avec un fouet de tonnelier. Huit jours après on soutire le vin, que l'on place dans une futaille saine et fraiche.

L'acidité ne peut jamais être corrigée lorsque la maladie est parvenue à une grande intensité; mais elle peut être arrêtée dans le commencement.

Lorsque la maladie a fait de grands progrès, l'alcool a presque tout disparu, et il y a trop d'excédant de ferment pour que le remède puisse agir.

Si l'acidité n'est pas très-développée, il est possible de l'arrêter en introduisant du sucre dans la futaille; le ferment se combinera avec le sucre, pour reformer de l'alcool.

Il faut préalablement changer le vin de futaille, sans agiter, car toujours la maladie commence par la partie supérieure, à cause du contact de l'air qui s'introduit par la bonde; aussi arrive-t-il souvent que les trois quarts du vin ne sont pas touchés de l'acidité. On doit donc goûter de temps en temps, pendant le soutirage, pour se convaincre si l'acidité est répandue dans tout le liquide, ou si elle n'a atteint qu'une plus ou moins grande épaisseur de la surface supérieure.

LE COMMANDANT.

Nous vous remercions, mon cher magistrat, de tous les détails dans lesquels vous êtes entré en nous parlant de la vigne et de ses produits. Ils nous prouvent combien nous sommes arriérés encore en ce qui touche cette culture, dont l'avenir, cependant, promet de bien grands avantages.

L'INSTITUTEUR.

Vous avez fait, commandant, quelques expériences sur l'aménagement de nos bois ; vous nous obligeriez beaucoup de nous les faire connaître, car, en général, nous ne comprenons pas nos intérêts dans leur exploitation. Il y a cependant beaucoup à faire pour arriver à en tirer le meilleur parti.

LE COMMANDANT.

L'aménagement des forêts et des bois est une science difficile que peu d'hommes ont étudiée d'une manière complète. Il me serait donc impossible d'entrer dans la discussion de toutes les phases de la croissance du chêne et de l'avantage ou de la perte qu'il y aurait à conserver les futaies pendant une longue suite d'années. Les observations que j'ai faites ne peuvent avoir qu'une importance relative et n'embrassent que l'exploitation de nos bois taillis.

L'aménagement est l'art de tirer le meilleur parti des bois et de les conserver dans un état durable de repeuplement et de prospérité. L'aménagement est aux bois ce que l'assolement est à une exploitation rurale et consiste donc à en retirer le plus fort revenu sans altérer la source de la production. Si des siècles d'observations sont nécessaires à un système complet et au triple point de vue des arts économiques, des constructions terrestres et des constructions navales, 25 à 30 ans suffisent largement à notre économie rurale. Des hommes spéciaux, entre autres M. de Perthuis, ont traité cette question dans sa plus haute sphère ; ils n'ont pu descendre à des calculs qui ne méritaient pas leur examen, mais ils méritent les nôtres à cause de leur importance dans l'économie rurale.

Dans nos contrées nous coupons nos taillis beaucoup trop tôt; il en résulte une perte énorme pour le revenu du propriétaire et une perte plus grande encore pour l'économie en général. Nous exploitons les taillis pendant leur jeunesse et n'attendons jamais leur virilité; la pesanteur du bois augmente cependant avec l'âge, et le degré de chaleur qu'il procure est toujours relatif à son poids.

Dans les pays où l'aménagement des taillis est bien compris, on ne les coupe qu'à 25 ou 30 ans, parce que c'est le moment où leur valeur est le plus élevée. Chez nous le bois est fort rare et nous le rendons plus rare encore en l'exploitant au moment où sa valeur combustible est encore très-faible, puisque c'est de 6 à 12 ans que les taillis sont généralement abattus. Rarement attend-on 15 ans, qui est encore loin de sa maturité, plus rarement encore à 25 qui est le commencement de sa virilité.

L'exposé que je viens de vous faire ne vous éclairerait pas beaucoup, mes chers camarades, si je n'appuyais pas par quelques calculs les considérations dont je viens de vous parler. J'ai fait à ce sujet quelques expériences que je tiens à vous soumettre et vous verrez combien nous nous éloignons dans notre pays des bons principes et de nos intérêts. J'ai fait exploiter à 6 ans une quantité mesurée de bois taillis. Il en est résulté l'assurance que le produit d'un hectare serait de 48 francs par an ou de 288 fr. pour les six ans. J'ai fait exploiter à 8 ans une même quantité du même taillis dont le produit annuel était de 60 francs ou de 480 francs pour les 8 ans. La même quantité du même taillis coupé à 10 ans a produit 82 francs par an ou 820 fr. pour les 10 ans. La même quantité a produit à 12 ans 93 fr. 30 cent. ou 1,119 fr. 60 cent. pour 12 ans, toujours par hectare. A 15 ans, cette quantité a produit à raison de 97 fr. par an ou 1,455 fr. pour les 15 ans. Je ne puis établir un calcul aussi précis pour les taillis de 20, 25 et 30 ans; mais il m'est facile de vous en fournir un très-approximatif pour un taillis de 24 ans. Ce bois se vendait à dix ans à peu près le même prix que celui sur lequel j'ai opéré. Mais qu'il valût plus ou moins, cette circonstance ne change rien au résultat; la progression dans les deux cas serait toujours proportionnelle à sa valeur vénale soit à 10 ans ou à 15 ans. Nous allons comparer la valeur du bois que peut produire un hectare à 15 ans à la valeur d'un hectare du même bois à 24 ans.

Je connais un propriétaire qui a laissé venir en garenne une portion notable d'un bois taillis qui a dans ce moment 24 ans. La quantité laissée a été évaluée à raison de 3,910 fr. l'hectare, chiffre qui représente un produit annuel de 156 fr. 40 cent. L'avantage pourrait sans nul doute se poursuivre jusqu'aux taillis de 30 ans; mais là, selon toute apparence, commencerait la décroissance.

J'ai vu M. l'instituteur prendre des notes; je suppose qu'il veut savoir si l'échelle croissante des taillis plus âgés présente un avantage notable sur les taillis coupés à l'époque où on les abat dans nos contrées.

L'INSTITUTEUR.

Il est vrai, commandant, que c'était là mon intention; mais comme pour arriver à une comparaison rigoureuse, il faut composer les intérêts de la valeur des taillis plus jeunes jusqu'à un âge plus avancé, afin de définir la différence de la valeur progressive des taillis que vous dites exister, je vous demande la permission de ne vous présenter ces calculs qu'à notre prochaine réunion. Il est trop tard pour les entreprendre aujourd'hui, car ils exigent plus de deux heures.

LE COMMANDANT.

Je vous remercie, mon jeune ami, de l'idée que vous avez eue : elle éclairera complètement la question.

DIX-SEPTIÈME SOIRÉE.

L'INSTITUTEUR.

Si vous voulez me le permettre, commandant, je vais faire connaître à ces messieurs les résultats de mon calcul. Je n'y ai compris que la coupe des bois à huit ans, âge auquel les taillis sont exploités souvent par les petits propriétaires. A 8 ans, l'hectare de bois a produit 480 fr. En composant l'intérêt pendant 2 ans ou jusqu'à 10 ans, nous obtenons 529 fr. 20 c., tandis que le bois exploité à 10 ans valait 820 fr. Différence en perte, de l'exploitation à 8 ans sur celle à 10 ans, 290 fr. 80 c.

Le taillis de 10 ans a produit 820 fr. par hectare, tandis que la même superficie de taillis de 15 ans a produit 1,455 fr. En composant les intérêts de la somme de 820 fr. pendant 5 ans, nous trouvons un produit de 1,047 fr. 10 c. C'est encore une différence en perte, du taillis exploité à 15 ans sur le taillis exploité à 10 ans, de 405 fr.

Le bois taillis coupé à 15 ans a produit 1,455 fr. En composant les intérêts jusqu'à 24 ans, ou pendant 9 ans, nous trouvons un produit de 2,150 fr. 42 c. Le bois taillis à 24 ans valait, à raison de 156 f. 40 c. par an, 3,910 f. Perte sur le taillis coupé à 15 ans, comparée au produit à 24 ans, 1,759 fr. 58 c.

LE COMMANDANT.

En vous remerciant, mon jeune ami, des soins que vous vous êtes donnés, je dois ajouter que, quel que soit l'étonnement que vous fassent éprouver les résultats des calculs que nous venons de faire, ils sont cependant très-réels et se représenteront à peu près les mêmes à quiconque voudra se donner la peine de faire des expériences comparatives.

LE CURÉ.

Permettez-moi, commandant, de couronner vos conseils par quelques considérations sur l'administration agricole, qui, je l'espère, ne seront pas sans résultat. Mon caractère m'autorise à vous les présenter, non-seulement dans un but matériel, mais encore moral et religieux.

Administration; valetage. — Dans l'exploitation par le valetage, l'autorité du propriétaire s'exerce directement et sans contrôle. Si ce genre de culture offre des avantages, il présente aussi des inconvénients. Pouvoir disposer à son gré des heures destinées au travail et modifier les cultures selon les circonstances, est, pour le propriétaire intelligent et assidu, un avantage considérable; mais il n'obtiendra pas toujours un travail satisfaisant et des soins nécessaires, parce que des gens qui ne sont pas intéressés à la prospérité des récoltes se laissent facilement aller à la mollesse et à l'insouciance.

Le choix pour former un bon valetage est difficile, je le sais, à cause de l'attrait qu'exercent sur la jeunesse de nos campagnes les métiers et le goût des déplacements.

Si les propriétaires s'en plaignent aujourd'hui, ne devraient-ils pas s'attribuer une bonne part de cet état de choses, eux qui si longtemps ont regardé comme au-dessous d'eux la vie des champs et les soins agricoles.

Il faut se hâter de dire que, malgré la pénurie des valets, les bons maîtres en trouveront toujours; car les bons valets recherchent aussi les bons maîtres.

Droits et devoirs du maître. — Le maître a le droit d'attendre de ses valets respect, obéissance à ses ordres, exécution consciencieuse des travaux, dévouement à ses intérêts, fidélité et moralité dans tous leurs actes.

En contre-poids de ces exigences nécessaires, le maître doit être tolérant pour les petits défauts dont aucun homme n'est exempt, et sévère pour les défauts graves. Il doit se séparer sans indécision d'un valet immoral et infidèle, quelle que soit son aptitude au travail. Un maître doit donner le bon exemple dans toutes ses actions ; car se montrer sévère pour des vices que l'on a soi-même est un fait dérisoire.

Il faut donc qu'il montre une bonne foi scrupuleuse dans toutes ses transactions, de peur qu'un valet, gâté par des exemples contraires, ne devienne infidèle lui-même. Si la faiblesse amoindrit l'autorité, les mauvais traitements la rendent insupportable. Un maître ne doit prendre conseil que de lui-même et ne pas encourager les délations qui souvent l'amènent à des sévérités injustes.

Par l'ordre qu'il doit établir dans les moindres détails de son exploitation, il rendra difficiles, si ce n'est impossibles, les tentations d'infidélité ; mais il ne faut pas que cet ordre ressemble à de la méfiance, qui blesse toujours un homme qui a de bonnes intentions.

Le salaire doit être convenable, pour pouvoir le grossir au bout de l'an par une petite récompense que le valet apprécie beaucoup, lorsqu'elle est donnée avec tact et convenance. Le maître doit la donner, non comme une aumône, mais comme une part du profit que lui ont valu les soins du valet. Rien ne l'encouragera à mieux faire que cette petite part qui lui est attribuée dans les bénéfices de l'exploitation.

L'insuffisance de la nourriture est une des causes les plus communes de l'irritation des valets contre leurs maîtres. Est-il possible, en effet, qu'un valet voie tous les jours la table confortable de son maître sans qu'une des miettes arrive sur la sienne ?

Si un maître est obligé de vivre de privations pour maintenir l'équilibre du ménage, le valet le comprend et s'associe bientôt au besoin d'économie qui doit présider à tous les détails domestiques. Si l'économie ne s'asseoit que sur la table des valets et que les privations soient réservées pour eux seuls, ces hommes ne se regarderont plus comme de la maison et seront dans un état constant d'irritation vis-à-vis de leur maître. C'est manquer, mes amis, aux plus saints devoirs de l'humanité, que de marchander la nourriture des hommes qui s'associent à vos travaux et enflent vos revenus de leurs sueurs. Il faut abandonner ces traditions coupables qui nous conduisent à spéculer sur la nourriture de nos agents agricoles, et dispenser largement une nourriture saine et conforme à notre position. Ce sont là des dépenses qui fructifient. L'excès contraire est un défaut qui amène des abus. L'ordre doit donc présider à la distribution de la nourriture, car l'ordre n'exclut pas l'humanité.

Beaucoup de propriétaires ont renoncé à la méthode d'exploitation directe, c'est-à-dire au moyen de domestiques, parce que, selon leurs calculs, le produit ne répondait pas à la dépense que cette méthode entraîne. Je suis convaincu que ce résultat devait être la conséquence du désordre de l'exploitation, et qu'au contraire le valetage est supérieur aux autres modes si l'on sait maintenir au-dehors et au-dedans des habitudes d'ordre et de moralité et se faire obéir par la persuasion; c'est chose plus facile que l'on ne le croit généralement.

Si Dieu, mes amis, n'avait pas institué le dimanche et ne s'était pas réservé un jour de la semaine pour que l'on chantât ses louanges, les hommes en auraient choisi un pour le repos des travailleurs. A ceux qui ne veulent pas croire à cette tradition divine, je dirai qu'un jour de repos sur sept est un besoin que l'humanité commande, et que s'ils ne veulent pas consacrer le dimanche aux devoirs religieux ils doivent le consacrer en entier au repos du corps.

Au double point de vue de la religion et de l'humanité, est bien coupable le maître qui après avoir retenu ses valets pendant six jours aux rudes travaux de la campagne, leur enlève à son profit le repos du dimanche; car si notre morale religieuse ne l'exigeait pas, la santé de ses domestiques leur fait un devoir de le leur abandonner.

Le repos justement dispensé, mes amis, est un bien qui profite, n'oublions jamais cette vérité si douce à tous les cœurs généreux.

Maître-valetage. — Ce mode d'exploitation qui tient du valetage et du métayage, ne date pas de bien loin encore, et a tous les inconvénients de ces deux derniers modes sans en avoir les avantages, à moins de conditions exceptionnelles, comme par exemple : la présence constante du propriétaire et la rencontre d'une famille dévouée au succès de l'entreprise.

Un valet peut être congédié en tout temps s'il ne remplit pas les conditions de travail et de moralité que le maître doit attendre de lui. Si le propriétaire et son maître-valet ne sympathisent plus, et que leur mésintelligence survienne au moment où le congé ne peut être donné, c'est-à-dire, à moins de six mois de terme annuel, tout en souffrira pendant près d'un an et demi : ordre, travail, assiduité, bonne exécution et surveillance, car le maître-valet n'a aucun intérêt matériel à la récolte ; son amour-propre ou l'intérêt qu'il porte au propriétaire peuvent seuls l'exciter aux soins de toute sorte.

Une si longue période de découragement ou d'obstination peut influer d'une manière fâcheuse sur les résultats des années qui suivront et retarder proportionnellement les progrès de l'exploitation. Cependant, un propriétaire qui sentirait le besoin d'exécuter sur son exploitation des travaux considérables d'assainissements, de transports de terre, ou qui verrait l'avantage de changer l'assolement de son domaine, choses qui s'obtiennent difficilement d'un métayer, pourrait avoir recours au maître-valetage pour arriver à son but, s'il n'aimait mieux les pratiquer au moyen de l'exploitation directe.

Le but atteint, le métayer me paraît supérieur au maître-valet, surtout si le propriétaire, n'habitant pas le domaine, ne doit pas apporter une surveillance de tous les instants.

Métayage. — Le métayage est encore le mode d'exploitation

le plus répandu dans nos départements du sud-ouest. Sans
doute, si nous le comparons aux modes dont je viens de parler,
nous le trouverons inférieur en vue de la culture alterne et des
progrès que les premiers permettent, parce que les domaines à
métayage sont abandonnés à des hommes routiniers et la plupart
ignorants, qui ne reçoivent de leurs maîtres ni secours intelligents, ni secours pécuniaires.

Tandis que les domaines cultivés par les propriétaires qui ont
compris tous les progrès que peut faire l'art agricole substituent
les cultures alternes à la vieille coutume, les domaines à métayage
restent encore dans l'ornière et conservent leur méthode économique, mais complétement stérile.

Le métayage tient-il de sa nature à un vice radical? Je ne le
pense pas. Sont-ce les propriétaires qui, en refusant à ce système
leur intelligence et le véritable esprit d'association, arrêtent les
progrès qu'il pourrait faire? Je suis disposé à le penser; car l'association peut devenir une cause de stérilité, suivant l'application
qui en sera faite, comme elle peut devenir une cause de richesse,
si son véritable esprit préside à son établissement.

Peut-on, en effet, nommer association le système du métayage,
alors que le travailleur apporte son contingent de sueurs bien
ou mal employé, et que le propriétaire n'apporte pas celui de l'intelligence et des capitaux qui lui incombe, et sans lequel l'apport
du métayer, sauf quelques rares exceptions, restera une peine
stérile?

Les propriétaires doivent, avant tout, amener leurs métayers,
à comprendre, par l'exemple et la persuasion, la supériorité des
cultures alternes sur la vieille routine. De ce premier pas fait
vers les progrès agricoles, naîtra la véritable association qui doit
être le caractère du métayage. Le propriétaire qui ne pourra parvenir à vaincre la résistance des métayers, ne devra pas hésiter à
avoir recours au maître-valetage, pendant quelques années.
Lorsque la réussite aura prouvé la supériorité de son système,
il trouvera facilement des métayers qui s'associeront à sa nou-

velle méthode avec autant de zèle qu'ils mettent maintenant d'acharnement à conserver leur vieille et pénible culture.[1]

Il est temps que les propriétaires apportent dans les soins de leur patrimoine leur capacité et une bonne direction ; mais pour que cet apport assure un avenir fructueux, les pères de famille doivent guider leurs enfants dans la carrière agricole d'assez bonne heure, pour qu'ils prennent le goût des champs et de l'agriculture, et ne pas attendre qu'après avoir poursuivi longtemps des emplois et des charges publiques, que le plus souvent ils n'atteignent pas, l'âge mûr ne les force à se retirer sur leur domaine et devenir, *trop tard*, propriétaires. Qu'arrive-t-il à cet âge? Étrangers à l'agriculture, sans goût pour cet art, si séduisant cependant, fatigués de plaisirs, rougissant presque du travail, ils trouvent plus commode de suivre les errements de leurs agents agricoles, visitent de temps en temps leur domaine et prennent enfin un modique revenu en se plaignant de ce mince produit qu'ils attribuent tantôt à la négligence, tantôt à l'infidélité de leurs métayers. Mais on doit leur répondre : vous êtes les premiers qui avez manqué au contrat d'association, car le métayer a fait l'apport de son travail, il ne sait pas faire autre chose, et vous avez négligé le vôtre ! Il a manqué une direction intelligente, c'est vous qui la deviez ; il a manqué des capitaux pour remplacer vos mauvais instruments par de meilleurs, c'est vous qui deviez les fournir. Vous deviez soutenir de vos conseils les labeurs des métayers et leur démontrer le vice de leur pénible culture ; vous les avez, cependant, abandonnés à leur ignorance et à leur inertie.

Que les propriétaires aient la capacité que donne l'étude et la volonté de faire les premiers sacrifices que demandent les améliorations, ils trouveront bientôt des métayers prêts à les seconder. La première réussite amènera la confiance ; mais il faut qu'ils

---

[1] L'auteur vient de donner un domaine à métayage avec un assolement triennal sans jachère.

aient foi dans l'application de leur nouveau système, et pour que leur résolution ne soit pas chancelante, ils doivent apporter dans leurs rapports avec les métayers l'instruction et l'expérience qui leur permettra d'écouter les nombreuses observations qui leur seront faites, sans que l'hésitation puisse les atteindre ; car paraître douter de la réussite, ce serait aux yeux des paysans la condamnation du moindre détail de la nouvelle méthode. Ce n'est que par la foi que donnent l'instruction agricole et l'expérience que les propriétaires raffermiront celle des métayers, toujours prêts à se décourager s'ils s'aperçoivent que leur maître doute du succès de son entreprise.

Peut-être les propriétaires rencontreront d'aussi grandes difficultés à faire adopter les instruments aratoires perfectionnés, quoique l'élan paraisse se faire sur bien des points. Ils ne doivent pas alors imposer leur volonté d'une manière brusque. Nous essaierons, nous verrons, doivent-ils répondre. On essaie d'abord, puis on compare le résultat et l'on amène les métayers, avec le plus de ménagement possible, à condamner eux-mêmes leurs vieux instruments.

Ces résultats obtenus, Messieurs, je n'hésite pas à affirmer que le métayage est un excellent mode d'exploitation. La direction est simple et peu assujétissante, l'exécution des travaux est plus prompte et les efforts mieux combinés à cause de l'avantage qu'a le métayer à l'emploi judicieux du temps. J'ai souvent provoqué par mon assertion des doutes sur les résultats que je proclame ; ces doutes, je les conçois, dans une contrée où le métayage fonctionne entouré des plus mauvaises conditions. L'état que nous lui connaissons n'est pas son état normal ; car les attributions du maître et du métayer, qui doivent être si distinctes, ne sont pas acceptées par les deux, non seulement dans toute leur plénitude, mais ne le sont pas, même en partie, par la plupart des propriétaires. Cependant, l'expérience a démontré que l'entente du maître et du métayer était possible, alors que chacun maintenait sa part d'attributions. Ce point essentiel reconnu,

peut-on nier que l'ordre., le travail et les soins intéressés du
métayer ne constituent une supériorité très-grande sur l'ordre,
le travail et les soins d'un maître-valet qui n'est, enfin, qu'un
agent salarié ?

Ce que je viens de vous dire sur l'administration agricole est
l'expression d'une conviction profonde que je désirerais faire passer dans l'esprit de tous. L'humanité, la moralité et les progrès
agricoles gagneraient beaucoup à ce que tous, dans le cercle de
leurs attributions, comprissent leurs devoirs et leurs intérêts.

LE RÉGISSEUR.

Je ne dois pas me permettre d'ajouter un mot à ce que notre
digne pasteur vient de nous dire sur les droits et les devoirs des
propriétaires. Ses conseils ont été trop bien sentis de nous tous
pour qu'un de nous reconnût la nécessité de les corroborer. Je
vous demande la permission d'appuyer de mon expérience les
raisonnements que vous venez d'entendre au sujet du valetage,
du maître-valetage et du métayage comparés entre eux.

Plus de vingt ans d'expérience comme régisseur, pendant lesquels j'ai essayé de trois systèmes, m'ont fourni le moyen de
répondre à toutes les objections qui pourraient m'être faites.

Les propriétaires du domaine que je régis me laissèrent libre
de choisir le système que je jugerais le plus fructueux. Comme
vous le savez tous, je n'ai pas d'appointements fixes ; n'ayant
qu'une part sur les produits, j'ai dû combiner mes moyens d'exploitation de manière à grossir le revenu pour grossir mon salaire. J'essayai d'abord l'exploitation directe par des valets ; ce
système me fournit un moyen facile d'opérer des réformes et des
réparations utiles ; mais je ne pus jamais obtenir de mes agents
agricoles qui ne se trouvaient pas à la portée d'une surveillance
continue, comme, par exemple, sur les métairies un peu éloignées de la principale habitation ; je ne pus les conserver que sur
l'exploitation centrale, celle que j'habite. J'eus recours plus tard

au maître-valetage qui me fournit une économie sensible sur toutes les branches de dépenses; mais je reprochais à ce système l'indolence et l'indifférence, au sujet de toutes les cultures, de la part des maîtres-valets, malgré tous les avantages que je pouvais leur faire, même en dehors de nos conditions.

Si je renonçai à l'exploitation directe, à cause des dépenses qu'entraîne ce système, je dus abandonner le valetage à cause de la difficulté, voire même l'impossibilité qu'il y avait à rencontrer des hommes qui s'attachassent à la prospérité des cultures et qui prissent à cœur la tâche qu'ils s'imposaient. J'eus donc recours au métayage. Avant de faire passer chez les métayers la foi que j'avais sur les réformes que j'avais établies, j'ai été obligé d'en venir à des changements dans le personnel et dans les moyens ; mais j'ai eu bientôt lieu de me féliciter du parti que j'avais pris. Le chiffre des frais d'exploitation mit à découvert une différence sensible en faveur du métayage. En outre, et chose remarquable, Messieurs, c'est que le paiement des frais d'exploitation, dans le système du métayage, ressortant d'une part proportionnelle des produits, ces frais sont nécessairement en rapport avec ce produit. Dans les autres systèmes, au contraire, que les récoltes soient abondantes ou mauvaises, que les denrées soient chères ou à vil prix, les frais d'exploitation restent toujours les mêmes. Que deux années de mauvaises récoltes ou de bas prix des denrées viennent imposer aux propriétaires ou aux fermiers des pertes considérables, il pourra en résulter un complet découragement, s'ils ne sont pas assez forts pour parer à ces éventualités.

Le valet ou le maître-valet vit bien ou mal sur la propriété qu'il travaille; mais, à moins de conditions exceptionnelles, il se voit condamné à poursuivre une carrière qui ne lui profitera pas, non plus qu'à sa famille; et c'est là la cause du peu d'intérêt qu'il prend au succès de l'exploitation.

Il y a communauté d'intérêt, au contraire, entre le propriétaire et le métayer; ce dernier sait qu'il peut améliorer sa position et celle de sa famille ; il est d'ailleurs encouragé par de fréquents exemples de métayers qui rentrent sous le toit paternel avec une aisance dont ils sont d'autant plus fiers qu'ils l'ont gagnée par leur travail et leur intelligence.

Avances à faire par les propriétaires. — Le chiffre des avances que doivent faire les propriétaires, indiqué par quelques agronomes, ont dû faire reculer la plupart d'entre eux. Quelques écrivains, en effet, ont prétendu que celui de 300 à 400 francs par hectare était nécessaire pour arriver aux améliorations qu'exigent les progrès agricoles. La culture par le métayage exige beaucoup moins. Que faut-il pour une métairie de 30 hectares pour la soumettre à un assolement triennal et la cultiver avec soin?

Deux charrues en fer à 35 fr. l'une..........	70ᶠ
Une herse Valcourt...........................	50
Un extirpateur...............................	50
Une houe à cheval............................	65
TOTAL........	235

Si le métayer craint de fournir sa part d'avances pour l'ensemencement des prairies artificielles, il ne faut pas reculer devant cette seconde dépense qui doit être si féconde en résultats. La première année, on ne peut arriver à l'ensemencement du tiers de la métairie en fèves, vesces, trèfle ou sainfoin; il faut se contenter de semer :

Trois hectares en vesces qui exigent 4 hectolitres, 50 litres, à 20 francs l'hectolitre................	90ᶠ
Trois hectares en trèfle ou sainfoin qui exigent 50 kilogrammes de graines.........................	54
Un hectare en fèves qui n'exige pas d'avances.......	»
TOTAL..........	144
Soit donc une avance de...........	379 fr. ;

somme bien modique, à coup sûr, comparée aux résultats

qu'elle doit produire au moyen des deux réformes capitales introduites dans l'exploitation : celle du matériel et celle de l'assolement. Les autres réformes dont le commandant nous a parlé arriveront insensiblement et sans avances appréciables, si ce n'est, la seconde année, l'achat de quelques semences de prairies artificielles; tels sont les transports de terres, les assainissements par les divers procédés, les soins à donner aux fumiers, les fanages à la méthode Klapmeyer, etc... D'un autre côté, l'introduction des cultures alternes produit une économie sur les semences du froment qui, dès la première année, indemnise d'une partie des avances; car, dans les années suivantes, les semences des prairies artificielles seront recueillies sur le domaine.

A proprement parler, les avances sont peu de choses ; mais des difficultés d'une autre nature se dresseront pour faire repousser les innovations; elles viendront de la masse des métayers qui, au besoin, pourront se coaliser pour les empêcher jusqu'au moment où, plus éclairés par les exemples qu'ils auront sous les yeux, ils engageront eux-mêmes les maîtres indolents à suivre le torrent des progrès.

Pour opposer à cette résistance des moyens victorieux, les hommes éclairés doivent s'unir à leur tour, afin de détacher de cette association les hommes qui auront témoigné une confiance intelligente, et s'en servir pour prouver à leurs confrères que leur résistance est un non-sens et qu'ils mettent eux-mêmes obstacle à leur bien-être. C'est en applaudissant aux innovations dans les réunions des comices cantonaux; c'est en stimulant par de petites récompenses pécuniaires et honorifiques le zèle des métayers, que l'on parviendra à vaincre cette fâcheuse résistance.

Je suis convaincu, enfin, qu'il n'y a de progrès possible qu'en s'aidant d'un esprit d'association où chacun apportera sa part de forces, d'activité et d'intelligence. Oui, l'association du propriétaire et du métayer est d'une absolue nécessité pour arriver à la réussite; elle doit être complète. Il faut donc que les propriétaires intelligents se rapprochent et s'entendent pour arriver à ce résultat. La fondation des comices cantonaux, dans le département de Tarn-et-Garonne, est un grand pas fait vers les améliorations de toute espèce; il ne s'agit plus que de prendre notre mandat au sérieux.

Division des grandes métairies. — On croit trop généralement que les petites exploitations sont plus productives que les grandes; aussi, depuis bien des années, cherche-t-on à multiplier les métairies. Cette pensée a une apparence trompeuse qui disparait quand on raisonne sur tous les résultats de cette révolution territoriale.

Sur une petite métairie, le colon ne peut jamais acquérir de l'aisance; et cette perspective, qui le décourage, l'empêche de se livrer avec ardeur au travail. Une partie du personnel ne peut y être utilement employée, c'est une surcharge qui pèse sur la propriété, et qui est aussi contraire aux intérêts du maître que du colon; car si tous consomment, les uns ne produisent pas.

Sur une forte métairie, au contraire, tous les bras sont actifs; il est rare qu'il y en ait trop. Certains de grossir leur pécule, tous les membres de la famille travaillent avec ardeur. Le travail se fait mieux et les frais sont moins considérables, car, dans un moment d'urgence, un nombreux personnel peut être porté sur un point, et c'est là un des plus grands avantages que l'on puisse avoir sur une exploitation agricole.

Quand on songe, enfin, qu'avec si peu de soins et de si minces avancés les propriétaires pourraient grossir considérablement leur revenu et faire l'aisance de leurs colons, on ne comprend pas l'apathie où sont plongés la plupart d'entre eux. L'art agricole est, cependant, l'un des plus attrayants, et qu'il me soit permis d'ajouter encore que, s'il demande quelques connaissances et de l'intelligence, il n'exige pas une grande capacité.

Fermage. — Le fermage est si peu répandu dans nos contrées, que je ne crois pas nécessaire de m'étendre longuement sur ses avantages et ses inconvénients. Les propriétaires se décideraient difficilement dans nos départements à consentir des baux à long terme; c'est le seul appât, cependant, qui attirerait des fermiers et des capitaux.

Peu habitués à voir des fermiers faire fortune, nos propriétaires, en général, auraient du regret d'avoir consenti un bail à un fermier qui ferait de grands bénéfices sans qu'ils se rendissent compte des causes qui les ont amenés. Ils seraient convaincus que leur domaine avant le fermage ne leur produisait pas plus, ou pas autant que depuis le fermage.; qu'importe, le fermier faisant trop bien ses affaires, ils se croiraient dupes de leur traité. Leur regret les empêcherait de faire la part des capitaux apportés par le fermier et des soins intelligents qu'ils distribuent tous les jours. Qu'il ait sur son domaine un métayer ou un fermier, le propriétaire doit désirer qu'il fasse des bénéfices ; c'est la plus sûre garantie de l'élévation du domaine ; c'est là encore, mes amis, une réforme que nous devons apporter dans nos mœurs, et nous convaincre, enfin, que, si le fermier ou le bordier ne perd pas, c'est le propriétaire qui gagne le plus.

Un fermier stimulé par l'appât du profit fera certainement les plus grands sacrifices pour arriver au plus haut produit de l'exploitation; il ne sera assuré de retirer un avantage de ses capitaux qu'autant que le bail sera à long terme. Si un fermier jetait sur un domaine ses capitaux et ses sueurs, alors que la durée du bail serait courte, le propriétaire profiterait seul des améliorations qu'auraient obtenues l'intelligence et les avances du fermier.

Dans les contrées où le fermage est le système le plus répandu, les propriétaires sont entièrement étrangers à la culture, et c'est là un grand mal. Habitués à recevoir leurs revenus sans déplacement, ils dépensent la plus grande partie du produit de leurs domaines dans les centres de population et obligent ainsi à la souffrance celle qui féconde ces domaines, que les maîtres connaissent à peine.

N'est-ce pas, en effet, l'absence des propriétaires qui a conduit l'Irlande à l'état de pauvreté où elle se trouve? N'est-ce pas l'absentisme qui autrefois faisait de nos campagnes un théâtre de misère, alors que les villes étaient enflées de luxe et de confort général? Si cet état existe encore dans de certaines contrées, il se fait depuis quelques années une révolution qui sera fructueuse, n'en doutons pas.

Le goût de la campagne, celui même de l'agriculture, s'élève dans les hautes régions de la société. Les moyens de déplacement prompts et faciles que procurent les voies ferrées tendront à les développer davantage.

Du moment où les propriétaires viendront dépenser dans nos campagnes une partie de leurs revenus, il se fera un équilibre moral au profit de nos pauvres travailleurs, ce qui, en augmentant leur aisance, fera cesser leur découragement. Ce sera une source où l'agriculture puisera un puissant élément de progrès, et le besoin de l'ordre et de la stabilité, des racines plus fermes.

Le fermage peut donc être avantageux s'il est régi par un bail de longue durée, parce qu'un fermier, certain alors de recueillir les fruits de son travail et de ses avances, fera progresser les cultures beaucoup mieux qu'un métayer, qui, toujours sous le coup d'un congé, craint de s'aventurer en faisant des dépenses qui pourraient ne profiter qu'à son successeur. Le fermage serait plus avantageux encore si le propriétaire aidait de ses conseils les fermiers timides qui hésiteraient d'entrer dans les bonnes voies agricoles; mais il faudrait que le propriétaire eût une instruction suffisante.

Si, au contraire, un propriétaire ne devait apporter que des idées utopiques et des conseils qui ne seraient pas basés sur l'intelligence et l'instruction agricole, sa présence gênerait le fermier et arrêterait dans sa marche le succès de l'exploitation.

Les rapports du propriétaire et du fermier doivent ressortir d'une parfaite égalité, qui ne doit s'arrêter qu'aux limites posées par la différence d'instruction et d'éducation. Le fermier ne peut et ne doit pas être considéré comme un subordonné, ou ce serait bien mal comprendre cette institution. Il faut secouer ces restes d'anciens préjugés à cet égard pour rapprocher de la carrière agricole des hommes instruits qui, ne possédant pas de propriétés territoriales, mettraient à profit leur intelligence et des capitaux trop restreints pour acheter une exploitation qui pût suffire à leur activité, mais qui suffiraient à l'amélioration d'une grande exploitation. Ces hommes craignent, en devenant fermiers, de se placer dans une infériorité qui blesserait leur amour-propre.

Si la différence d'éducation et de manière du propriétaire et du fermier est quelquefois un obstacle à une grande intimité, elle ne doit pas empêcher les rapports bienveillants et fréquents qui relèvent le fermier et initient le propriétaire aux connaissances pratiques de l'agriculture sans lesquelles son instruction théorique serait plutôt nuisible qu'utile.

Je conclus donc, Messieurs, en vous disant qu'à mon avis l'exploitation directe ou le valetage est le système le plus fructueux si le maître est instruit, actif et sédentaire; que le métayage serait bien supérieur au valetage si les propriétaires se décidaient à faire les avances minimes nécessaires pour sortir de l'ornière agricole où les retient une antique routine; que le fermage est une bonne institution, et deviendrait meilleure encore si elle arrivait à se poser sur les bases que je viens de vous indiquer.

LE CURÉ.

Nous avons bien rempli, mes amis, nos veillées de cet hiver; les beaux jours sont revenus, et avec eux les travaux de la campagne, que vous allez reprendre en mettant en pratique la nouvelle instruction que vous avez acquise. L'hiver prochain nous nous réunirons de nouveau; chacun de vous apportant le fruit de ses expériences, nous pourrons discuter le système de culture qu'il aura adopté. Resserrant ainsi les observations que tous vous pourrez faire, nous obtiendrons d'année en année un plus haut degré d'instruction.

FIN.

TABLE DES SOIRÉES DU VILLAGE

OU MANUEL AGRICOLE.

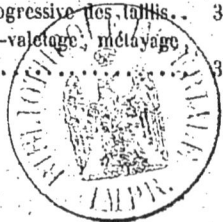

NOTE DE L'AUTEUR.

Au moment où les Soirées agricoles allaient être livrées à la publicité, l'auteur a ouï parler d'un assolement triennal pratiqué depuis plusieurs années par M. de France, propriétaire à Saint-Clar (Gers). Quoique différant de celui indiqué dans le tableau contenu dans cet ouvrage, les principes en sont les mêmes et les résultats des deux modes doivent se toucher de près. Dans l'assolement suivi par l'intelligent propriétaire de Saint-Clar, le froment succède aux prairies artificielles ou aux fourrages, tandis que le froment succède aux récoltes sarclées dans le tableau proposé par l'auteur.

L'assolement adopté par M. de France est ainsi conçu :

1re année, froment.

2e   récoltes sarclées.

3e   fourrages, prairies artificielles.

Sans nul doute, en combinant son assolement, M. de France a dû choisir la culture des vesces comme base de ses fourrages; car le trèfle de Hollande ou le sainfoin ne peuvent être compris dans cette combinaison qu'accessoirement et en dehors de l'assolement puisque ces cultures ne pourraient succéder au froment, à la suite duquel elles doivent se placer naturellement, qu'en y restant deux ans.

Les terrains du domaine de M. de France doivent appartenir probablement à la classe des terrains calcaires, légers, friables, quoique substantiels, mais qui conviennent peu au trèfle de Hollande et beaucoup au contraire aux vesces, surtout lorsque le printemps est pluvieux.

**

L'assolement de M. de France est excellent, surtout s'il est parvenu à fumer ses champs deux fois en trois ans, c'est-à-dire pour recevoir l'emblavure et les récoltes sarclées.

La culture du troisième tiers étant plus fécondante qu'épuisante, cet assolement doit produire de très-beaux résultats, alors même que le maïs serait la base des récoltes sarclées avec intermittence, en partie, de cultures moins épuisantes.

Sur le domaine régi par l'assolement biennal, on semait autrefois 30 hectolitres de froment; il n'en est plus semé que 20, suivant le nouveau système, et le rendement annuel est plus grand aujourd'hui qu'autrefois.

Ce bon procédé a permis à M. de France d'élever déjà à 40 le nombre de ses bestiaux, qui sont abondamment nourris avec les produits de ses prairies artificielles; la paille est consommée en entier pour litière.

Autrefois et avec l'assolement biennal, le domaine ne nourrissait pas la moitié du bétail qui l'enrichit aujourd'hui. La folle avoine avait envahi les terrains; elle disparaîtra comme elle a disparu sur le domaine de M. Rivière et sur celui de l'auteur, dès la seconde rotation des assolements adoptés par eux.

L'auteur a cité ce nouvel exemple d'assolement triennal dont la réussite vient en aide aux conseils qu'il a donnés à ses collègues; car il tient à appuyer ses conseils comme sa critique par des faits acquis, seuls moyens d'engager l'agriculture à sortir de la routine qui la tient enchaînée.

ERRATA

DES SOIRÉES AGRICOLES DU VILLAGE.

Pages 36, lignes 19. *Au lieu de :* pourquoi le serait-elle à la culture des champs ; *lisez :* pourquoi serait-elle utile à la culture des champs.

— 57, — 3. *Au lieu de :* les labours, les billons qui ; *lisez :* les labours en billons qui.

— 59, — 11. *Au lieu de :* j'ai fait immédiatement ; *lisez :* je fais immédiatement.

— 59, — 25. *Au lieu de :* l'assolement triennal ; *lisez :* l'assolement biennal.

— 73, — 9. *Au lieu de :* le Métayer ; *lisez :* un Métayer.

— 83, — 14. *Au lieu de :* marécages ; *lisez :* marnages.

— 99, — 4. *Au lieu de :* plâtras agissant ; *lisez :* plâtrage agissant.

— 104, — 7. *Au lieu de :* en coulant avec l'humidité ; *lisez :* en contact avec l'humidité.

— 104, — 9. *Au lieu de :* comme terrain ; *lisez :* comme terreau.

— 127, — 5. *Au lieu de :* chaque année, je crois donner ; *lisez :* chaque année, je crois, donne.

— 135, — 18. *Au lieu de :* propres à envahir la terre ; *lisez :* propres à enrichir la terre.

— 147, — 23. *Au lieu de :* les talus détruisent ; *lisez :* les loches détruisent.

— 154, — 34. *Au lieu de :* quantité du produit ; *lisez :* qualités des produits.

— 157, — 28. *Au lieu de :* de ne pouvoir purger la terre ; *lisez :* de ne pouvoir en purger la terre.

— 158, — 17. *Au lieu de :* docteur Cosché ; *lisez :* docteur Couhé.

— 177, — 24. *Au lieu de :* l'espace de dix ans ; *lisez :* l'espace de six ans.

— 177, — 25. *Au lieu de :* avoine (folle avoine) ; *lisez :* avron (folle avoine).

Pages 180, lignes 7. *Supprimez :* betteraves.

— 197, — 22. *Au lieu de :* les herbages ; *lisez :* les hersages.

— 205, — 27. *Au lieu de :* lupin en foin ; *lisez :* lupin enfoui.

— 206, — 12. *Au lieu de :* Bayonne, près Romans ; *lisez :* Bayanne, près Romans.

— 217, — 15 et 21. *Au lieu de :* port ; *lisez :* part.

— 218, — 10, 19, 22. *Au lieu de :* port ; *lisez :* part.

— 254. — 32. *Au lieu de :* 0m,0300 ou 30 centimètres ; *lisez :* 0m,300 ou 30 centimètres.

— 260, — 1. *Au lieu de :* matière ferme ; *lisez :* matière tenue.

— 298, — 33. *Au lieu de :* le vin qui sort de la cave ; *lisez :* le vin qui sort de la cuve.

www.ingramcontent.com/pod-product-compliance
Lightning Source LLC
Chambersburg PA
CBHW060356200326
41518CB00009B/1168